◉ 新・電気システム工学 ◉
TKE-18

先端
電力システム工学

変革期にある電力システムの安定運用に向けて

横山明彦

数理工学社

編者のことば

20 世紀は「電気文明の時代」と言われた．先進国では電気の存在は，日常の生活でも社会経済活動でも余りに当たり前のことになっているため，そのありがたさがほとんど意識されていない．人々が空気や水のありがたさを感じないのと同じである．しかし，現在この地球に住む 60 億の人々の中で，電気の恩恵に浴していない人々がかなりの数に上ることを考えると，この 21 世紀もしばらくは「電気文明の時代」が続くことは間違いないであろう．種々の統計データを見ても，人類の使うエネルギーの中で，電気という形で使われる割合は単調に増え続けており，現在のところ飽和する傾向は見られない．

電気が現実社会で初めて大きな効用を示したのは，電話を主体とする通信の分野であった．その後エネルギーの分野に広がり，ついで無線通信，エレクトロニクス，更にはコンピュータを中核とする情報分野というように，その応用分野はめまぐるしく広がり続けてきた．今や電気工学を基礎とする産業は，いずれの先進国においてもその国を支える戦略的に第一級の産業となっており，この分野での優劣がとりもなおさずその国の産業の盛衰を支配するに至っている．

このような産業を支える技術の基礎となっている電気工学の分野も，その裾野はますます大きな広がりを持つようになっている．これに応じて大学における教育，研究の内容も日進月歩の発展を遂げている．実際，大学における研究やカリキュラムの内容を，新しい技術，産業の出現にあわせて近代化するために払っている時間と労力は相当のものである．このことは当事者以外には案外知られていない．わが国が現在見るような世界に誇れる多くの優れた電気関連産業を持つに至っている背景には，このような地道な努力があることを忘れてはいけないであろう．

本ライブラリに含まれる教科書は，東京大学の電気関係学科の教授が中心となり長年にわたる経験と工夫に基づいて生み出したもので,「電気工学の体系化」および「俯瞰的視野に立つ明解な説明」が特徴となっている．現在のわが国の関係分野において，時代の要請に充分応え得る内容を持っているものと自負している．本教科書が広く世の中で用いられるとともにその経験が次の時代のより良い新しい教科書を生み出す機縁となることを切に願う次第である．

最後に，読者となる多数の学生諸君へ一言．どんなに良い教科書も机に積んでおいては意味がない．また，眺めただけでも役に立たない．内容を理解して，初めて自分の血となり肉となる．この作業は残念ながら「学問に王道なし」のたとえ通り，楽をしてできない辛いものかもしれない．しかし，自分の一部となった知識によって，人類の幸福につながる仕事を為し得たとき，その苦労の何倍もの大きな喜びを享受できるはずである．

2002年9月　　編者　関根泰次・日髙邦彦・横山明彦

「新・電気システム工学」書目一覧

まえがき

電力システムは，発電，送電，変電，配電，需要家のさまざまな要素が統合された電気エネルギーを発生・輸送・利用するシステムであり，現代社会において必要不可欠で最も巨大なシステムである．そして，この電気エネルギーを高品質で供給が途絶えることなく，できるだけ安価に需要家に供給することが求められている．また，2000 年以降の世界的な電力自由化の流れを受けて，わが国でも卸電力市場や需給調整市場などの市場制度の導入，発送電分離などが行われ，それと共に地球温暖化対策として太陽光発電や風力発電などの再生可能エネルギー電源が大量導入されてきており，電力システムの計画，運用，制御はますます複雑化し，難しくなっている．

本書では，この変革期にある電力システムを安定かつ経済的に運用するための設備・運用計画，運用，制御について，基礎的な理論・技術から最新の話題までを，式や豊富な図を用いてわかりやすく体系的に記述するように努めた．これからも電力システムの制度改革は続き，計画・運用の業務もさまざまに変化していくものと思われ，いかなる場合にも備えて，基礎的な理論・技術を理解しておくことが重要である．電力システム工学は，これまで計算機の発達と共に進歩してきたと言ってよく，近年ではより大規模な電力システムを，より高速かつ正確に解析し，制御を行うことが可能になってきた．その意味で，今後も電力システムは，ますます技術と経済性の両面からシステム全体の最適性を追い求めていくことになろう．その際にも本書がお役に立てば幸いである．

なお，電力システムの静的，動的な振る舞いを理解するのに必要な送電分野の基礎的な内容は，本ライブラリの「基礎 電力システム工学」に記述してあるのであわせて読んでいただきたい．

なお，章末問題の解答については，本書のページ制約を考慮して，本書には含めず数理工学社のサポートページに載せているので，そちらを参照されたい．

本書の執筆にあたり，最新データの提供や記載内容の確認に多くの方々のご協力を得た．また，数理工学社の田島伸彦氏，鈴木綾子氏，西川遣治氏に大変お世話になった．皆さんに心から謝意を表したい．

2022 年 5 月　　横山明彦

目　　次

第 3 章　経済運用による給電調整　55

［章末問題の解答について］

章末問題の解答はサイエンス社・数理工学社のホームページ

https://www.saiensu.co.jp

でご覧ください．

1 緒　論

電力システムの定義，特徴，発展の歴史について学ぶ．また，電力システムの計画・運用・制御は技術面だけでなく，制度面からも大きな影響を受けるので，わが国における **2000** 年以降の市場原理に基づいた電力自由化の制度面での変遷についても説明する．

1 章で学ぶ概念・キーワード

- 電力システム
- 電力貯蔵機能
- 系統構成
- 系統連系
- 電力自由化
- 再生可能エネルギー大量導入

1.1 電力システムとは

電力システムは，図 1.1 に示すように，電力の発生・輸送・消費を担う発電所，送電線，変電所，負荷などの構成要素からなるシステムである．電力システム工学とは，これらの電力システムの構成要素がシステムの中でどのような役割を果たしているか，システム全体の特性はどのようになっているか，システムに我々の望む性能をもたせるには，いかなる構成要素をいかに組み合わせて建設し運転すればよいかを扱う学問分野である．これに関連する学問分野は，発電工学，送配電工学，電力機器工学，情報通信工学，システム工学，技術経済学など幅広い．

電力システムに望む性能には，以下のようなものが挙げられる．

(1) 周波数が一定であること
(2) 電圧が一定であること
(3) 波形が正弦波であること
(4) 停電がないこと
(5) コストが安いこと

一般に (1)–(3) は，「電気の品質」が良いことと定義される．広義には (4) も含まれる．本書ではこれらの項目それぞれについて説明することになる．

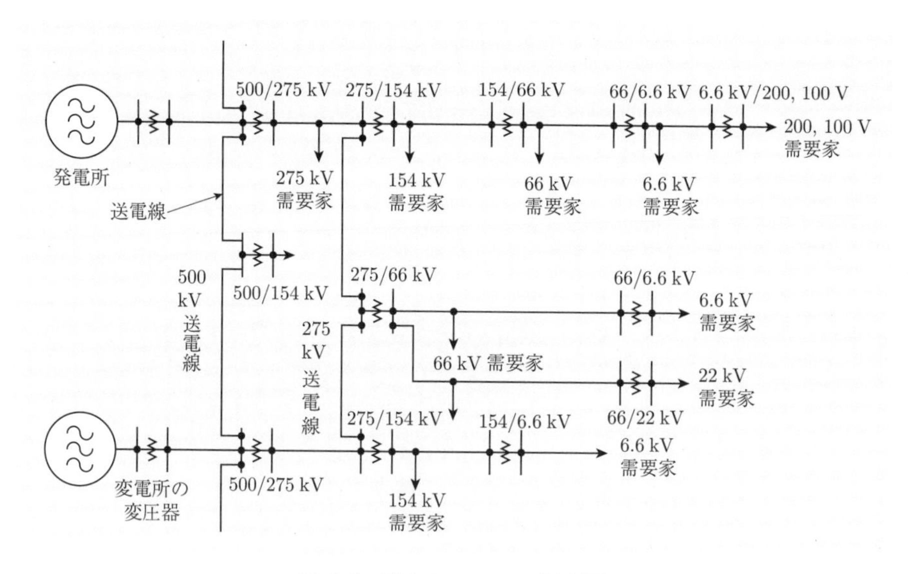

図 1.1 電力システムの概略図

1.2　電力システムの特徴

電力システムの特徴は以下の通りである．

(1)　大規模な貯蔵機能をもたない

電力システムでは，2 章で述べるように，周波数を一定に維持するために電力供給量（発電量）と電力消費量（需要量または負荷量ともいう）は瞬時で，つまり kW ベースで等しくなければならず，供給量が消費量より大きい場合には，供給量を減らすか，余剰電力を貯蔵する必要がある．この瞬時に供給量と消費量が等しくなければならないことを**同時同量性**という．

電力を大規模に貯蔵する装置には，図 1.2 に示す**揚水発電所**がある．揚水発電所は，従来は，夜間の電力需要の少ない時間帯に揚水運転を行うことで電気エネルギーを水の位置エネルギーに変換・貯蔵し，電力需要の多い昼間に発電運転をすることで負荷を平準化し，火力発電機の燃料コストの低減に貢献してきた．近年では，太陽光発電の増加により，昼間の余剰電力の貯蔵に貢献している．また，出力変化速度が火力機と比較して速く，応答性が良いことから**調整力**電源として系統の信頼性向上にも貢献している．わが国では昭和初期から導入され始め，既に約 27 GW 導入されている [1] が，2022 年現在ではもう適地が少なくなってきている．

最近では，大容量の**蓄電池**（二次電池）の利用も始まっている．蓄電池は他の電力貯蔵技術と比較すると高エネルギー密度・高効率であり，応答速度も非常に速い．こうした特徴から，大容量蓄電池を設置することで短周期から長周期まで幅広い需

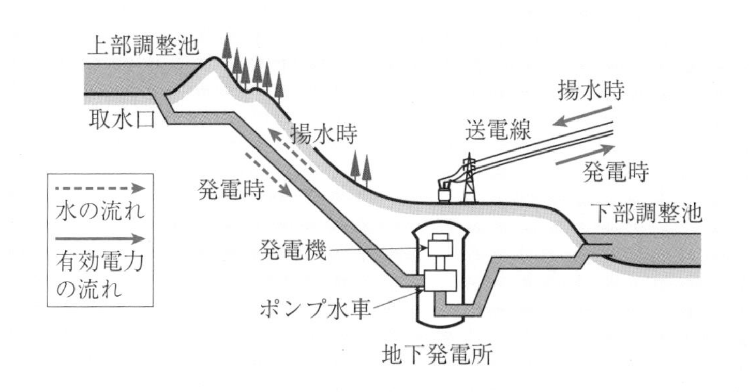

図 1.2　揚水発電所の概略図

表 1.1　蓄電池の特徴

	鉛蓄電池	NaS 電池	ニッケル水素電池	リチウムイオン電池	レドックスフロー電池
エネルギー効率［%］	85	90	95	95	85
エネルギー密度［Wh/hg］	25	87	22.5	92	10
SOC 計測	△	△	△	○	◎
寿命［サイクル数］	4500	4500	3500	15000	100000
安全性	○	△	○	△	◎

［2］ 福島敏ほか「電力系統における蓄電池利用・制御技術の最新動向」，電気学会誌，137 巻 10 号（2017 年）より作成

要変動に対応することができる．現在導入されている蓄電池は鉛蓄電池，ナトリウム硫黄電池（NaS 電池），ニッケル水素電池，リチウムイオン電池，レドックスフロー電池などである．表 1.1 にこれらの蓄電池の特徴を示す[2]．蓄電池の導入量は，揚水発電所と比べるとまだわずかである．

以上に挙げた電力貯蔵装置の総導入量は，わが国の発電設備容量約 307 GW（2019 年度）の 1 割以下である．

(2)　動的特性は全体的かつ局所的である

有効電力の不均衡によって発生する系統不安定性（同期不安定性）や周波数不安定性は系統全体に広がる現象であり，送電線地絡事故による発電機脱調現象や発電機大量脱落による周波数低下現象から系統全体が崩壊することがある．一方，4 章で述べるように無効電力の不均衡によって発生する電圧の変動は系統の局所的な現象である．発電機や変電所の電力用コンデンサにより供給される遅れ無効電力はその周りの送電線や負荷で消費され，遠方に伝わることはないので，その不均衡による電圧の変動も局所的になる．重負荷状態の系統において，負荷の定電力特性に関係して発生する負荷端の電圧不安定現象は，有効電力と無効電力の両者に関係するので系統全体に広がる現象となる．このように，系統の有効電力，無効電力の不均衡に起因する現象は，全体的かつ局所的となる．

(3)　生物のように発育成長する

電力システムは，電気事業が始まって以来，需要が拡大し，それにあわせて交流の三相 3 線式系統が拡大してきた．その途中で，別の性質をもった独立の電力シ

ステムが誕生することもなく，交流系統が建設され，連系され拡大してきている．鉄道システムを見ると，需要の拡大とともに，在来線の拡大が止まり，新幹線が建設され，その次に磁気浮上鉄道が建設されるまでになっている．通信システムにおいても，有線の固定電話から，無線通信が普及し，インターネット通信が加わっている．電力システムでは，交流系統に直流送電システムが補完的に入ってきているが，独立した新たな直流電力システムはまだ見られない．

(4)　国，地域により異なった性格をもつ

電力システムでは，国土の形や需要の分布，電気事業の発展の形態などにより系統の形（**系統構成**）は変わる．また，信頼性の維持の考え方によっても系統構成が変わる．欧州大陸や米国東部の系統は，図 1.3(a) に示すような**メッシュ形**になっており，欧州各国の系統も図 1.3(c) に示すようなメッシュ形になっている．米国の西

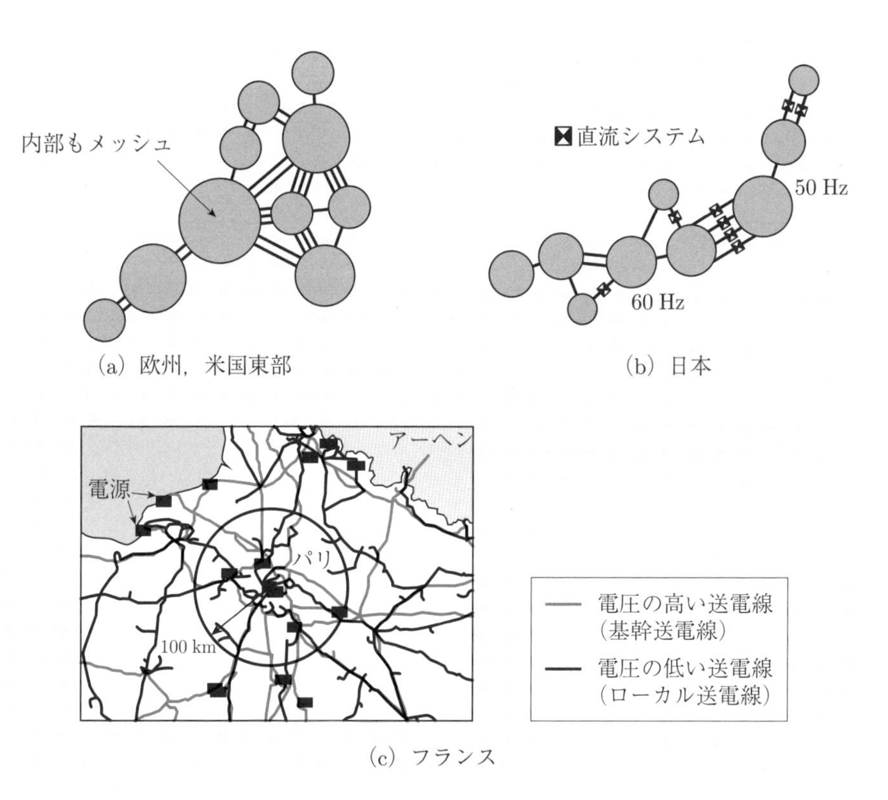

(a) 欧州，米国東部　(b) 日本

(c) フランス

図 1.3　系統構成

地域系統は**ループ形**となっており，わが国の系統は全体としては図 1.3(b) に示すような**串形**，各地域の基幹系統は図 1.1 に示すようなループ形，基幹系統電圧より低い電圧レベルの系統は**放射状形**となっている．ループ形とは，発電所間または変電所間が複数の異なるルートの送電線で環状に接続・運用されている系統で，メッシュ形とは，ループが複数連系した系統をいう．放射状形とは，発電所間または変電所間が1ルートの送電線で接続・運用されている系統で，設備上はメッシュ形やループ形になっている系統において，そのままの形で運用せずに，一部の送電線を開放し運用するような場合を含むものとなっている．串形は，わが国独自の形で，わが国の細長い国土で，串に各地域の系統が団子のようにささっているように見えるのでそう呼ばれており，一種の放射状形とも言える．

ループ形（メッシュ形）と放射状形（串形）の特性の違いは，表 1.2 に示す通りで，放射状形は，系統内の潮流調整や電圧調整の容易さ，保護リレーの整定の容易さ，事故波及防止リレーの有効性，短絡電流抑制，停電復旧の容易さなどの点で有利であり，ループ形は常時の供給能力は大きく，ある程度の事故に対しては停電が発生しない利点があるが，ある一定以上の大きな事故に対しては大停電になる危険性がある．

表 1.2　ループ形と放射状形の特性

	(常時の)供給の能力（アデカシー）	混雑管理（潮流調整，電圧調整）	リレーの整定	系統状態の把握や推定
ループ（メッシュ）系統	大（設備利用度大）	複雑	複雑	難しい（潮流計算）
放射状系統	小	容易	容易	容易

	ある程度の事故	事故波及防止能力（セキュリティー）	事故波及防止リレーの有効性	短絡電流	停電復旧	大規模停電防止の基本的考え方
ループ（メッシュ）系統	停電は発生しない	小（場合によっては大停電）	場合によっては悪影響（整定が複雑）	大（場合によっては遮断容量超える）	複雑	波及する前に抑える
放射状系統	下流側に停電	大（停電範囲の限定）	有効	抑制できる	系統切換（逆側から供給）	停電範囲の限定

□：長所

[3] 資源エネルギー庁「電力系統の構成及び運用に関する研究会 報告書」（2007 年 4 月）より作成

(5)　巨大な設備産業である

電気事業は，発電および送配電設備を中心に大規模な設備投資がなされ，他産業に比べて固定資産比率が88％程度と高い（全産業平均：55％程度）という特徴をもっており，特に1980年代から1990年代にかけては毎年約3〜5兆円に及ぶ大規模な設備投資がなされてきた．電力自由化が始まった2000年代以降，設備投資額は減少傾向にあるが，それでも近年は図1.4に示すように，発送電あわせて毎年2兆円前後で推移しており高額である．

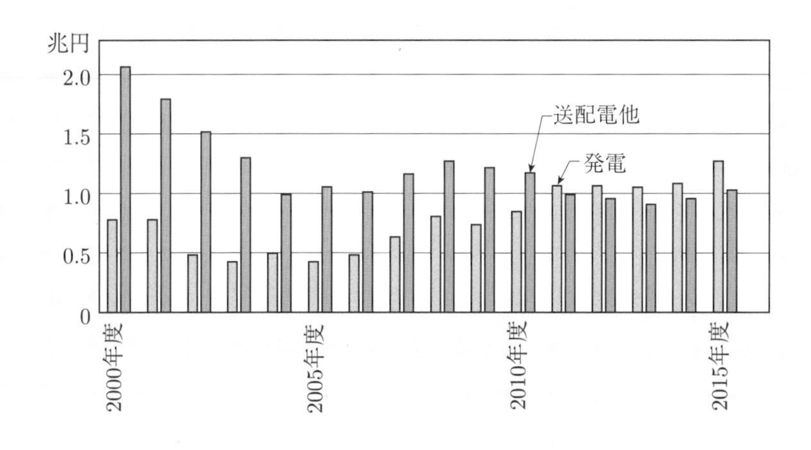

図1.4　電力会社の設備投資額の推移

［4］資源エネルギー庁「電気事業の財務・会計等」（2016年10月5日）より作成

1.3 わが国の電力システムの変遷

電気事業としての電力供給は，1882年に米国・ニューヨークのマンハッタン南端のパール街で，直流2線式により白熱電球を点灯させたことから始まった．わが国も1887年に東京・日本橋の茅場町で，210V直流3線式により家庭の電灯約130個（1892年には1万個を超える）を点灯させる発電・配電事業が始まった．

1.3.1 単独串形系統から低圧内輪連系系統へ

1890年代には世界中で交流送電が始まり，1900年代に入ると，大規模な水力発電所よりの遠距離送電が行われるようになった．この系統は**単独串形系統**と呼ばれ，図1.5のように，水力発電所からの1ルートの送電線で負荷に供給されていた．このような単独串形系統がいくつもでき，系統事故で供給支障が起こった際の**電力融通**は，負荷を隣の串形系統に切り換えて行っていた．その後，低圧側（66/77kV）を連系し，常時は水系ごとに需給バランスをとって運用し連系線潮流をできるだけ小さくし，特別の場合に電力融通を行い，系統事故などの場合には連系線の遮断を行う形から，図1.6のように常時，連系線で電力融通を行う**低圧内輪連系系統**となった．電力融通が特別の場合から常時になったのは，水力発電所が大型化し，ピーク火力発電所などが接続されたことにより連系線潮流を小さくすることができなくなったのと，保護リレー，遮断器などの信頼性が向上することにより，事故による系統全体の停電を防ぐことができるようになったためである．また，連系が高圧側でなく低圧側で行われたのは，当時は高抵抗中性点接地方式が採用されており，事故電流による通信線への誘導電流を小さくするために中性点接地抵抗を大きくすると，事故時の健全相電圧が大きくなり，高圧側での絶縁レベルを超えるためであった．

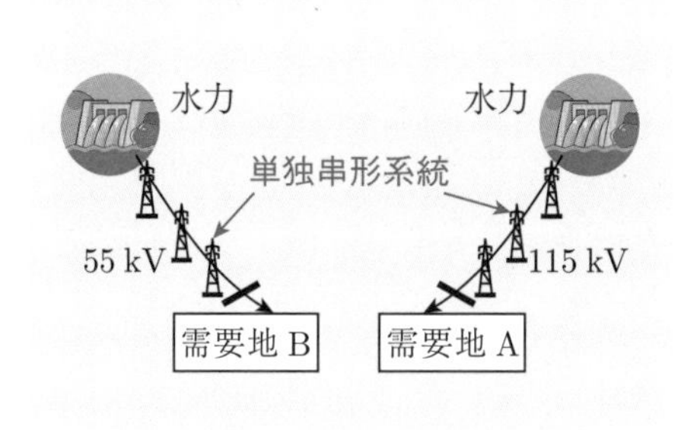

図1.5 単独串形系統

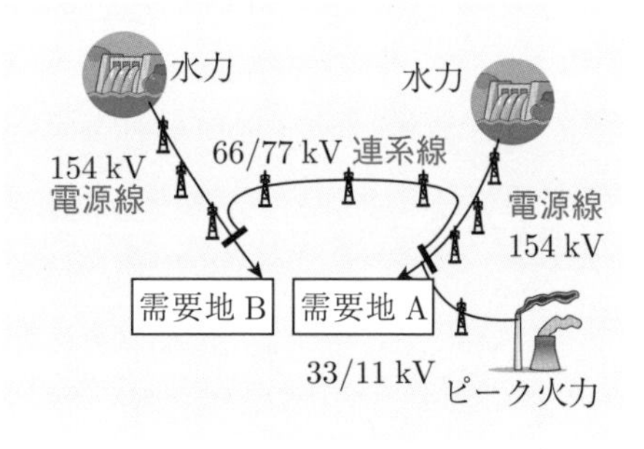

図1.6 低圧内輪連系系統

1.3.2　適正連系と多重外輪連系系統

第二次世界大戦後の 1950 年代から高度成長期に入り，大容量の送電が必要となり，遮断器の容量や連系線容量も不足するようになると，送電電圧は 275 kV に昇圧された．そして，図 1.7 に示すような 275 kV 超高圧連系線で常時電力融通し，154 kV 以下の連系線は，緊急時のみに使用する形の**超高圧外輪連系系統**となった．高圧側で連系できるようになったのは，275 kV 送電線に**直接接地方式**が採用され，事故時の健全相電圧上昇の問題がなくなったためである．275 kV 外輪連系系統は，無限大母線のようにどこからでも必要な電力を供給できるようなイメージから**パワープール**と呼ばれた．

このような連系がどんどん進み系統が拡大していったが，1965 年に，ニューヨーク大停電や御母衣（みほろ）事故による関西電力大停電など事故波及による広域大停電が発生

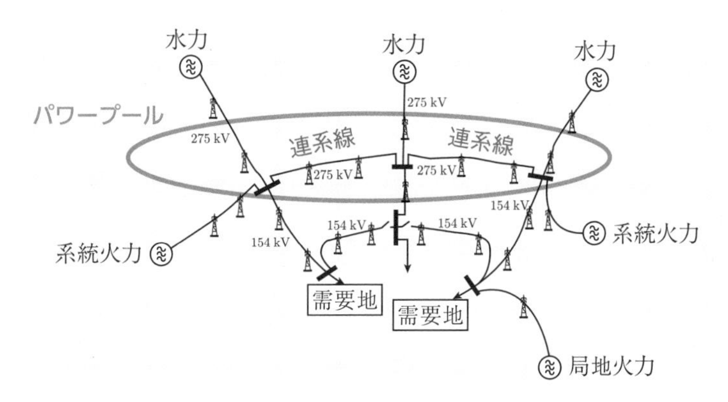

図 1.7　超高圧外輪連系系統

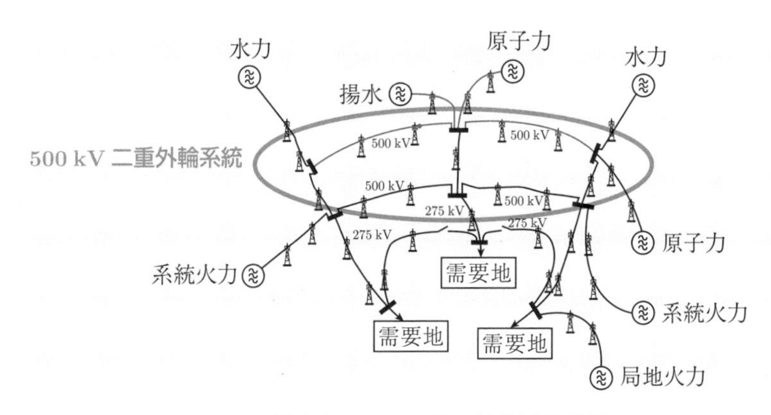

図 1.8　500 kV 第二外輪連系系統

した．これは，連系が進むことにより，一つの事故の影響が系統全体へ波及しやすくなったためである．これらの広域停電事故により連系に対する検討が進み，**適正連系**という概念が現れ，系統を適正な規模のブロックに分け，ブロック間の固定点で事故時に系統分離をして全系崩壊を防止することのできる**ブロック化連系**が採用された．図 1.3(b) に示すように，わが国の系統全体もブロック化連系になっているといってもよい．

一方，まだ連系が弱いので事故波及が起こるという考えから，さらに連系を強化し系統に余裕を与えようとする**第二外輪連系**も採用された．1973 年に東京電力においてわが国初の 500 kV 送電線が運開し，図 1.7 の 275 kV の外輪連系線の外側に 500 kV 外輪連系線を建設し二重外輪系統とし，その外側にさらに図 1.8 のように 500 kV 外輪連系線を建設し 275 kV の外輪連系線を緊急時のみに利用することになった．これは **500 kV 第二外輪連系系統**と呼ばれる．その後，東京電力では，500 kV 第二外輪連系線の外側に 1000 kV の UHV 送電線（現在では 500 kV で運用中）を図 1.9 の青い太線のように建設し，三重の外輪連系系統となっている．

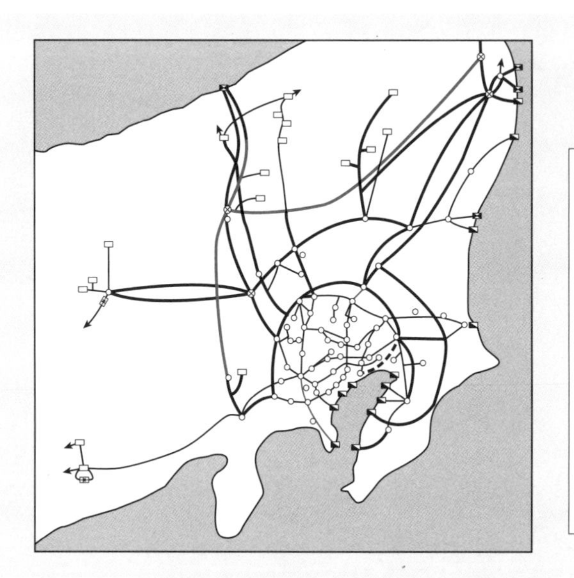

図 1.9　2005 年の東京電力の電力系統

［5］電気学会全国大会資料「東京電力の電力系統—これまでの発展と今後の展望」（2005 年）より作成

1.3.3　再生可能エネルギー大量導入に伴う電力システムの変化

わが国では，1973年の第一次オイルショックにより石油に頼らない安定的なエネルギーが求められることとなり，1974年から「サンシャイン計画」という国家プロジェクトが立ち上がり，太陽光発電などの再生可能エネルギーの開発が本格的に始まった．このプロジェクトにおいては，太陽光発電を一般住宅に普及させるための低コスト化と高性能化が課題であった．また，地熱発電では，1980年から資源調査が始まり，1996年には国内各地に50万kWの地熱発電設備が運転されるようになり，風力発電では1981年に国内初の100kW風車が開発され，1991年に青森県の竜飛崎に国内初のウィンドファームが完成している．

1990年代に入り，地球温暖化問題が世界的な課題となり，太陽光発電では，技術開発の他に，一般住宅普及に向けた制度改革が行われた．これまで太陽光発電は自家発電・自家消費であったのが，1992年に一般住宅での太陽光発電による**余剰電力**を，電力会社が家庭への電力販売価格で自主的に買い取る制度が始まり，2009年にはこの買取制度が電力会社に義務化された．この買取価格は，家庭への販売価格より高くなり，この上乗せされた部分が一般国民負担となった．この期間には太陽光発電の設備容量は，図1.10に示すように，年平均5～9％で増加している．

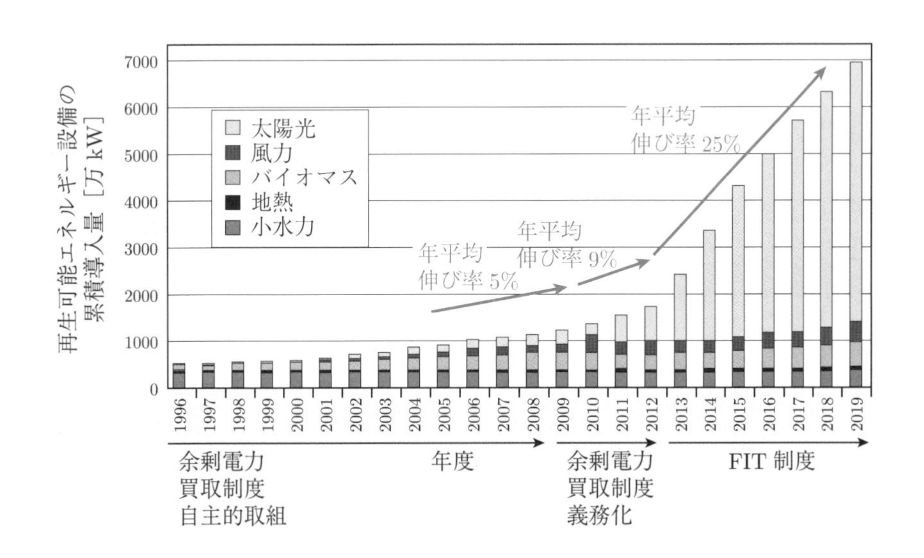

図1.10　わが国での再生可能エネルギーの設備容量の推移

［6］　環境エネルギー政策研究所「データでみる日本の自然エネルギーの現状（2019年度　電力編）」（2020年7月20日）より作成

2012年には，太陽光発電だけでなく，風力，水力，地熱，バイオマス発電などの再生可能エネルギー電源からの電気を高い固定価格で買い取る制度（feed in tariff：**FIT**）が始まり，これにより一般住宅での小容量の太陽光発電所だけでなく大容量の太陽光発電所もたくさん建設され，図1.10に示すように，太陽光発電の設備容量は年平均約25％という驚異的な伸び率で増加している．ちなみにわが国の最大ピーク需要は，2001年度は約18200万kWであったが，2019年度は約16500万kWであるので，この再生可能エネルギー設備容量はピーク需要の42％にもなっており，今後この比率はさらに大きくなると予想されている．これにより，電力システムには次のような大きな変化が現れている．

(1)　**逆潮流**　図1.1に示すように，電力は大規模発電所（上流）から需要家（下流）に向けて一方向に流れていたものが，需要家において大量の太陽光発電によって電力が発生すると，需要家（下流）から上流に向けても電力が流れるようになる．これを**逆潮流**と呼んでいる．

(2)　**配電線電圧上昇**　太陽光発電設備からの逆潮流により，配電系統では図1.11に示すように，配電線の電圧上昇が発生する．この場合，需要家の電圧を4.1節で述べる規定電圧範囲に維持するために，太陽光発電の出力を抑制する，柱上変圧器を分割する，遅れ無効電力を発生させるSVCを設置するなどの対策をとる必要がある．

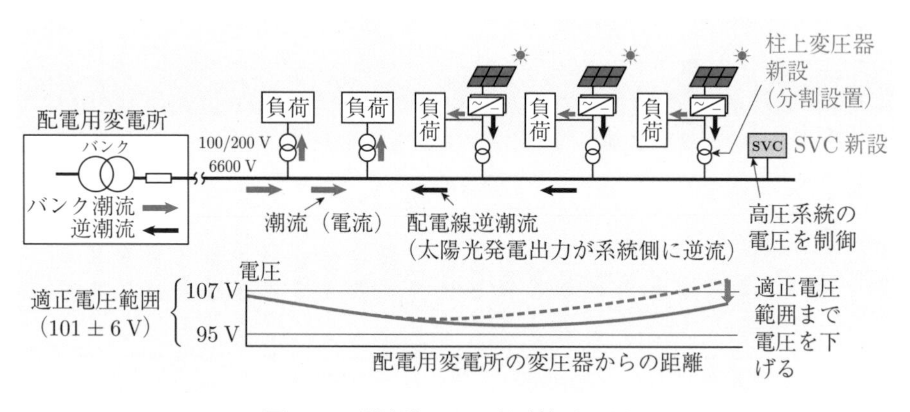

図1.11　逆潮流による配電線電圧上昇

(3)　**調整力不足**　太陽光発電などの天候に依存して発電出力が大きく変動する**自然変動電源**が大量に導入されると，例えば図1.12に示すように太陽光発電電力が時系列で大きく変動し，負荷需要も変動する．そのため発電と負荷需要の瞬時瞬時のバランスが大きく崩れ 2.1 節で述べる周波数が変動する．一方，この需給のアンバランスをなくすために発電調整をする火力発電所は，自然変動電源が増えてくると運転停止せざるを得なくなり，その結果として，発電調整する容量（**調整力**）が少なくなる．したがって，3.8 節で述べるように，この調整力を必要量確保することが必要となる．

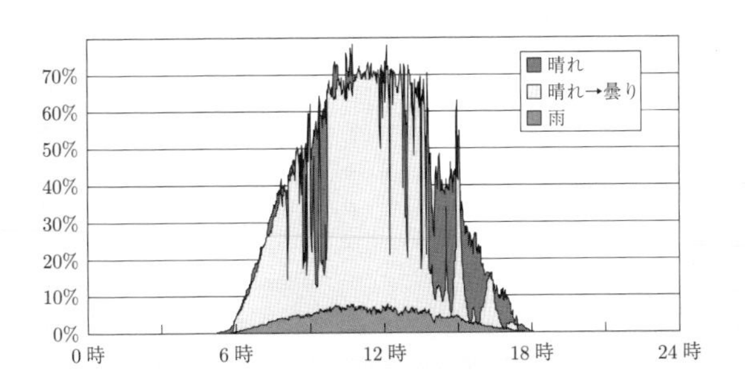

図 1.12　太陽光発電の出力変動

(4)　**余剰電力**　図 1.10 に示すように，大量の再生可能エネルギー電源が導入され，上の (3) で述べたように，火力発電所が調整力を確保するために運転停止をせずに最小出力で運転することになると，図 1.13 に示すように，春や秋の低需要期には発電出力が負荷需要を大きく超過することがある．この場合，2.1 節で述べる周波数が大きく上昇するので，この自然変動電源からの出力のうち負荷需要を超過する**余剰電力**を抑制するか，それを揚水発電の揚水運転か蓄電池などで貯蔵する必要がある．

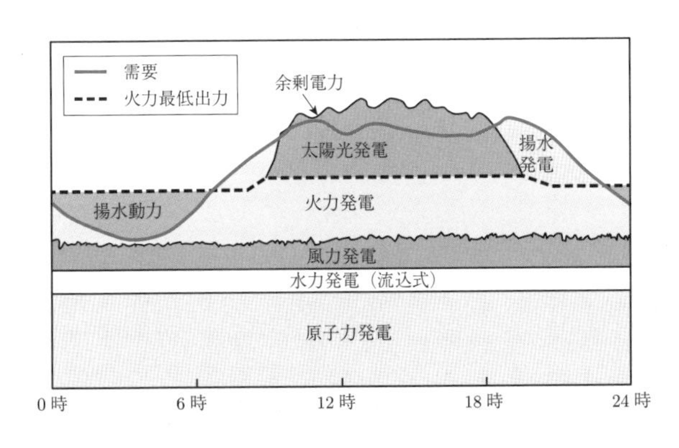

図 1.13　余剰電力問題

(5)　**系統慣性不足**　送電網に並列された同期発電機は，図1.14に示すように，タービンや水車，発電機の回転子に定格容量 [MW] × 数秒 程度のエネルギーを蓄積しており，周波数が変化したときに，回転数が変化し高速にこのエネルギーを放出したり吸収したりして，系統の安定性に貢献している．これは回転体の慣性によるものである．この回転体による蓄積エネルギーを送電網に連系されたすべての同期発電機について足し合わせたものを**系統慣性**と呼んでいる．系統慣性が大きくなれば，系統事故時，発電機が加速・減速したり，周波数が変動したりすることをある程度抑制することができる．

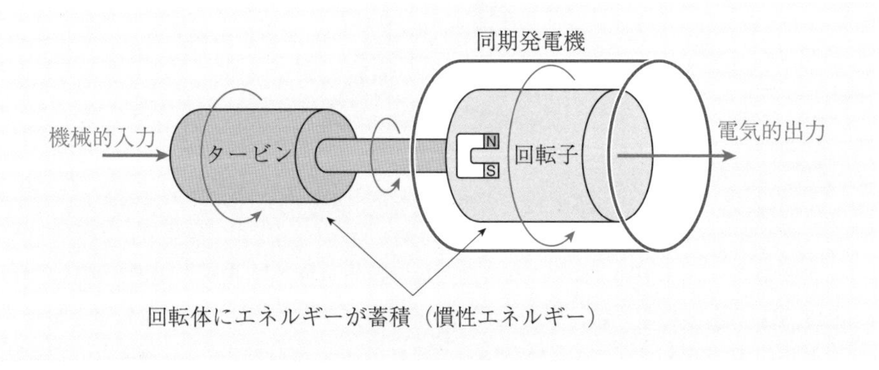

図 1.14　同期機の慣性エネルギー

太陽光発電などの多くの自然変動電源はパワーエレクトロニクスを用いた電力変換器（インバータ）を介して送電網と連系されるので，これらが大量に導入されると，同期発電機を用いた火力発電所が解列され系統慣性が少なくなる．そして，系統慣性が少なくなると系統安定度上の問題が顕在化する．これに対して，余分に火力発電所を連系し部分負荷運転したり，太陽光発電や蓄電池の系統連系インバータに仮想同期発電機特性を持たせたりするなどの系統慣性を確保する方策が必要となる．

(6)　**送電容量不足**　風力発電については，適地が陸上，洋上を合わせて，北海道，東北，九州などの地域に限られているので，その地域に大量の風力発電設備を設置する場合，その発電電力をすべてその発生地域で消費することは難しく，東京や大阪の大消費地まで送電する必要がある．そのためには，わが国全体の送電網の増強が必要で，図 1.15 に示すように政府主体で計画が立てられている．これは**マスタープラン**と呼ばれている．特に，北海道から東京への 800 万 kW については**高電圧直流送電システム**（HVDC）が考えられており，この風力電源線の他に，東京エリア内の送電網の増強も必要になる．これらの投資額は相当高額になるものと試算されている．

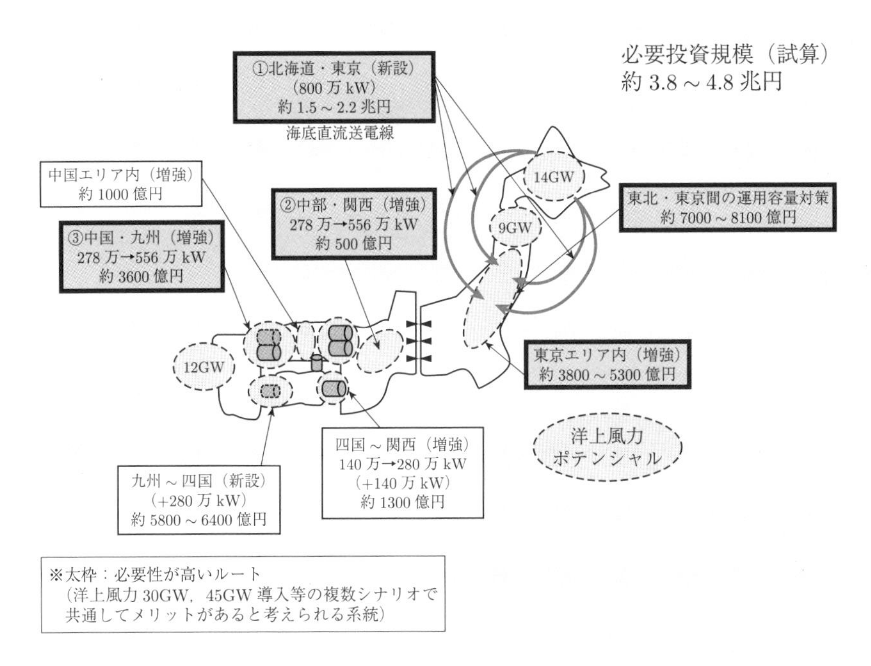

図 1.15　マスタープラン中間整理の概要
（電源偏在シナリオ 45 GW の例）

［7］資源エネルギー庁「再生可能エネルギー大量導入・次世代電力ネットワーク小委員会　中間整理（第 4 次）」（2021 年 10 月）より一部編集

余剰電力による太陽光発電出力抑制

九州電力エリアでは，需要の少ない春や秋に，太陽光発電の増加により，下図の2018年5月3日の例に示すように，13時頃に太陽光発電の出力が電力需要の80％程度になり，また火力発電所の出力調整力や揚水発電所の活用による需給バランスの調整力も非常に少なくなり，厳しい需給状況が頻繁に発生するようになった．そして，とうとう2018年10月13日に九州本土においてわが国で初めて約40万kWの太陽光発電の出力抑制を行った．この日以降，頻繁に出力抑制が行われている．その後，2022年に入って4月9日に四国電力エリア，4月10日に東北電力エリア，4月17日に中国電力エリア，5月8日に北海道電力エリアにおいて各エリアで初の出力抑制が行われた．この太陽光発電出力抑制は，次のような対策を行った後に，まだ余剰電力がある場合に行うことができるルールになっている．

① 揚水運転による再生可能エネルギーの余剰電力の吸収，火力発電などの出力抑制制御
② 連系線を活用した他地域への送電
③ バイオマス発電の出力制御

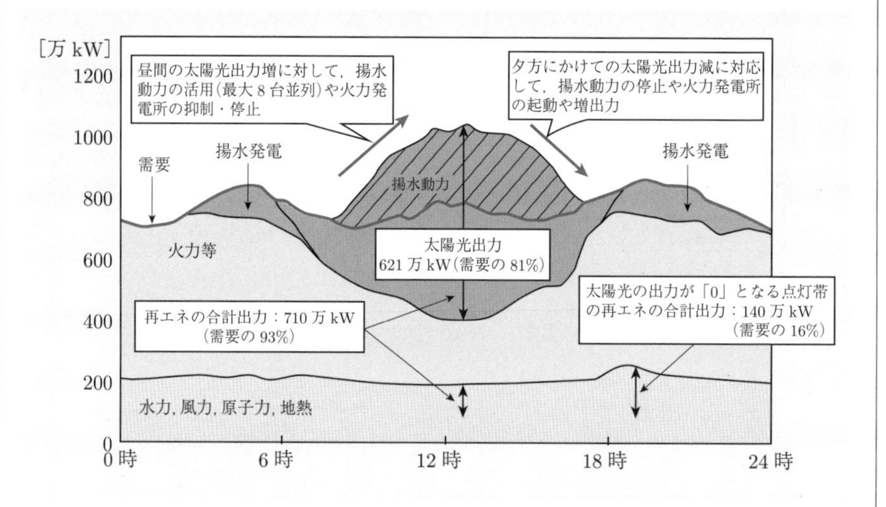

2018年5月3日の九州電力エリアの需給状況

[8] 資源エネルギー庁，九州電力株式会社「第17回系統WG参考資料1」（2018年10月10日）より作成

1.4　わが国の電力自由化の変遷

1.4.1　2011 年東日本大震災前

わが国では，第二次世界大戦後から主として，電力会社が地域独占で，図 1.16 に示すように発電所，送配電網を所有しその地域の需要家に電力を供給してきた．しかし，2000 年以降欧米で電力自由化が進展し，わが国においても，図 1.17 に示すように，2005 年に**日本卸電力取引所**（**JEPX**：Japan electric power exchange）がスポット市場，先渡市場にて電力取引を開始し，電力会社の他に新規参入者である**特定規模電気事業者**（**PPS**：power producer and supplier）などが JEPX を介して電気を 30 分ごとに売買することができるようになり，PPS は電力会社の送配電網を利用して高圧需要家（契約電力 50 kW 以上）に直接電気を供給できるようになった．いわゆる電力の部分自由化が始まった．PPS が電力会社の送配電網を電力会社と公平に利用することができるように監視をしたり利用ルールを策定したりする中立機関（**電力系統利用協議会**，**ESCJ**：electric power system council of Japan）も設置された．電力システムを運用する点では，電力会社の発電部門と送配電部門が一体として運用されており，JEPX での電力取引量もそれほど多くなかった．この時期は，電力会社と PPS の送電網の利用の公平性に大きな注意が払われた．

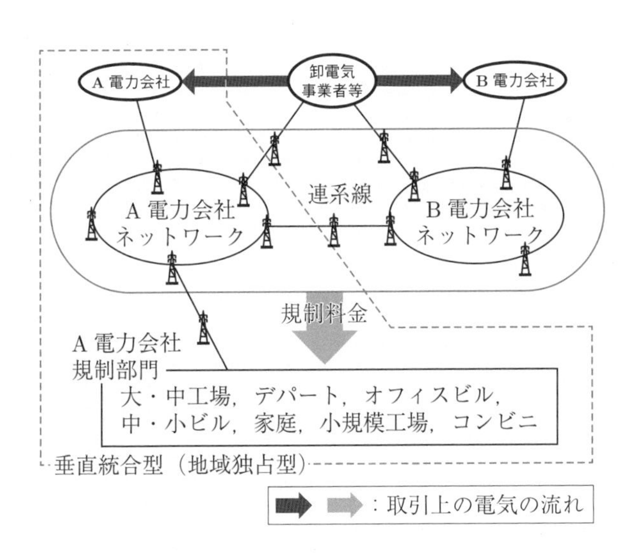

図 1.16　垂直統合型電気事業

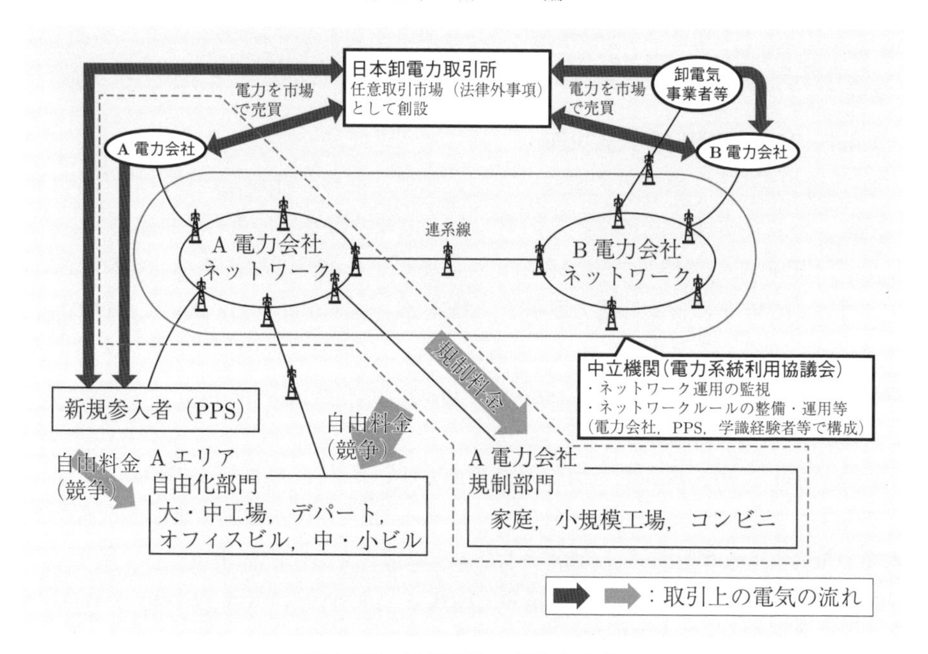

図 1.17　電気事業の部分自由化

1.4.2　2011 年東日本大震災後

2011 年 3 月 11 日に東日本大震災が発生し，多数の発電所や送配電設備の損壊により大停電が発生し，その後，東京電力エリアでは供給力不足から 10 日間にわたり計画停電も行われた．この震災により災害時におけるエネルギー供給の脆弱性が露呈したことを契機に，電力の低廉かつ安定的な供給を一層進めることへの社会的要請が高まり，次の 3 つの目的を掲げ，新たな電力システム改革（全面自由化）が開始された．

(1)　**安定供給の確保**　震災以降，多様な電源の活用を推進し，送配電部門の中立化を図りつつ，需要側の工夫を取り込むことで，需給調整能力を高めるとともに，広域的な電力融通を促進する．

(2)　**電気料金の最大限抑制**　競争の促進や，全国大で安い電源から順に使う**メリットオーダー**の徹底，需要家の工夫による**需要抑制**（**DR**：demand response）などを通じた発電投資の適正化により，電気料金を最大限抑制する．

(3)　**需要家の選択肢や事業者の事業機会の拡大**　需要家に多様な電力の選択肢を提供する．また，他業種・他地域からの参入や新技術を用いた発電や DR などの活用を通じてイノベーションを誘発する．

図 1.18 に示すように，電気事業は，発電事業，送配電事業，小売電気事業の 3 つに分けられ，一般電気事業者である電力会社は，2020 年に送配電部門を**法的分離**し送配電会社を設立し，送配電部門はより公平性，中立性を高めることになった．需要家はすべて自由化されたが，経過措置として一部に規制料金が残った．また，図 1.17 の中立機関は 2015 年に**電力広域的運営推進機関**（**OCCTO**：organization for cross-regional coordination of transmission operators）に変わり，電力システムのさまざまな課題の検討を行っている．また，上記の 3 つの目的に加えエネルギー供給の 3E である経済性，環境性，信頼性を，事業者の経済合理的な行動を通じてより効率的に達成する点から，図 1.19 に示す市場が整備されてきた．kWh 価値を取引する**卸電力市場**（**スポット市場やベースロード市場**）の他に，将来の発電能力を確保するために kW 価値を取引する**容量市場**，周波数を一定に維持する調整力を確保するために ΔkW 価値を取引する**需給調整市場**，小売電気事業者や需要家の再エネ価値の安定的な調達とカーボンフリー電源の投資促進のために非化石価値を取引する**非化石価値取引市場**などが創設された．

電力システムを運用する点で見ると，自由化が進むにつれて JEPX での電力取引量が多くなり，発電側の出力が毎日の市場での取引結果に大きく依存するようになるので日々の運用は複雑になっている．**供給力確保義務**は小売電気事業者に課せられ，**周波数・電圧維持義務**など電力品質の維持義務は送配電事業者に課せられており，このために送配電事業者は**調整力**（事故時の予備力も含まれる）を図 1.19 に示す需給調整市場から調達する．供給力の確保に関しては，全面自由化前は電力会社が一元的に行っていたが，全面自由化後は小売電気事業者が複数集まって**バランシンググループ**（**BG**：balancing group）を作って卸電力取引市場なども活用して行っており，供給力が確保されず供給力不足になったときには送配電事業者が調整力を用いて解消する．ただし，1.1 節で述べた供給信頼性を含めた電力品質の維持を経済的に行うという電力システムに望まれる性能を実現する目標は，電力自由化後においても変わりはない．

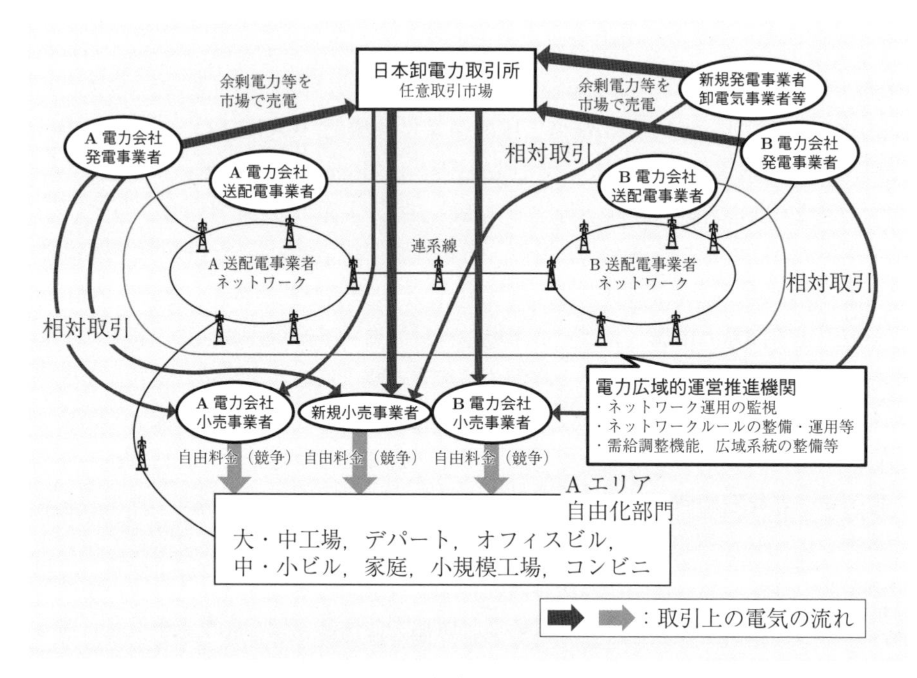

図1.18　電気事業の全面自由化

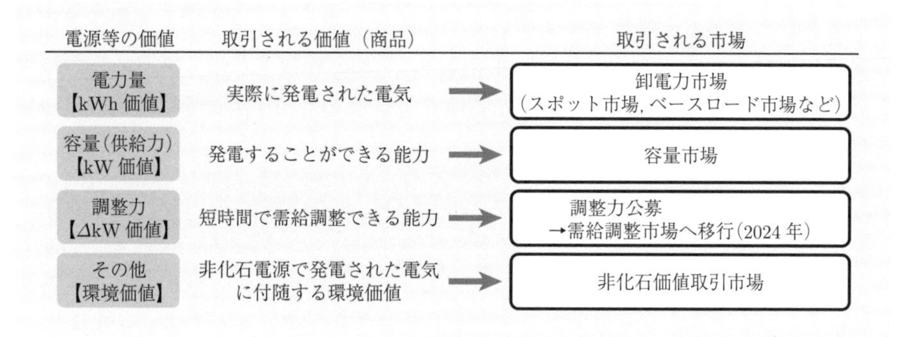

電源等の価値	取引される価値（商品）	取引される市場
電力量【kWh価値】	実際に発電された電気	卸電力市場（スポット市場，ベースロード市場など）
容量(供給力)【kW価値】	発電することができる能力	容量市場
調整力【ΔkW価値】	短時間で需給調整できる能力	調整力公募→需給調整市場へ移行(2024年)
その他【環境価値】	非化石電源で発電された電気に付随する環境価値	非化石価値取引市場

図1.19　電力関連市場の整備

1 章の問題

□**1** 最近の揚水発電所は可変速揚水発電所が採用されている．この可変速揚水発電所が採用される理由を述べよ．

□**2** 蓄電池は，系統側だけでなく，ビルや工場の需要家側にも設置される場合がある．この需要家に蓄電池を設置する理由について述べよ．

□**3** 分散型発電からの逆潮流で配電線電圧が上昇することを，下図の配電線モデルにおいてベクトル図を用いて説明せよ．ベクトル図は需要家端の電圧を基準とし，逆潮流の電流 $\dot{I}$ は負荷力率 1 とし，図の向きを正とする．

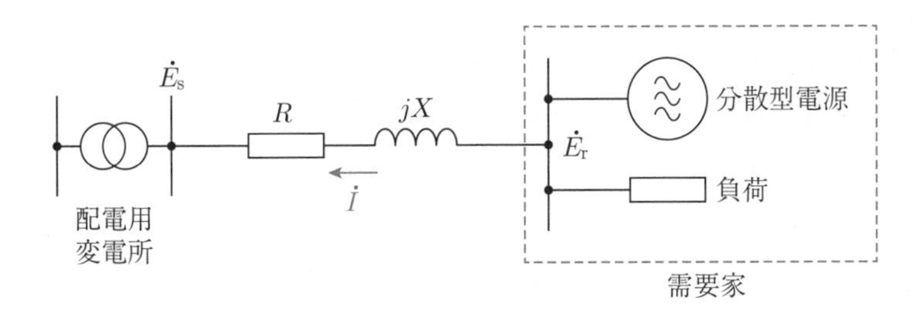

□**4** 定格容量 100 万 kW の発電機が定格速度 50 Hz で回転している．蓄積エネルギー定数（単位慣性定数）H は 3 sec である．回転速度が定格速度から 0.5 Hz 低下した場合，慣性エネルギーは何 MJ 放出されるか求めよ．

□**5** 高電圧直流（HVDC）送電システムは交流送電と比べてどのようなメリットがあるか述べよ．

2 周波数–有効電力制御

電力システムにおける周波数–有効電力制御について学ぶ．周波数は，発電機から供給される有効電力と負荷で消費される有効電力の差によって変化することを述べ，負荷変動の周期，大きさによって周波数を一定に維持するための発電機の有効電力出力を制御する方式が**3**つに分けられることを説明する．そして，本章では，その中の調速機運転（ガバナフリー）と負荷周波数制御（**LFC**）の**2**つについて説明する．

2章で学ぶ概念・キーワード

- 周波数
- 負荷変動
- 周波数–有効電力特性
- 調速機運転（ガバナフリー）
- 系統定数
- 負荷周波数制御（LFC）
- 定周波数制御方式（FFC）
- 周波数バイアス連系線潮流制御方式（TBC）

2.1 周波数とは

すべての発電機が同期して一定の電気角速度で回転する定常状態，または外乱後にすべての発電機の電気角速度が同期しながら変化する準定常状態を考えると，図2.1のように電力システム内の多数の発電機を1つの等価発電機，送電線網を1つの送電線，多数の需要家を1つの負荷で表現することができる．水車やタービンによって発電機へ入力される機械的入力 P_{m} と発電機から送電線に出力する電気的出力 P_{e} が等しければ発電機は一定の電気角速度 ω [rad/s] で回転する．送電線の抵抗分を無視し，送電線損失を零と仮定すると，P_{e} は負荷の需要と一致するので，発電機への機械的入力と負荷の需要が一致すれば電気角速度 ω は変化しないことになる．角周波数とは発電機つまり系統内の発電機群の電気角速度 ω のことであり，周波数 f は $f = \frac{\omega}{2\pi}$ [Hz] となる．P_{m} と P_{e} の大小関係から周波数は次のように変化する．

(1) $P_{\mathrm{m}} > P_{\mathrm{e}}$ ならば，タービン，水車や発電機回転子にエネルギーが蓄積され発電機の回転数が上昇し，周波数は上昇する．

(2) $P_{\mathrm{m}} < P_{\mathrm{e}}$ ならば，タービン，水車や発電機回転子からエネルギーが放出され発電機の回転数が下降し，周波数は下降する．

この P_{m} と P_{e} の大小関係は，負荷が増減したり，系統に並列されている発電機や送電線が事故によりトリップしたりして生じる．大きな事故直後に同期安定性が崩れ個々の発電機がそれぞれ異なった角速度で回転する場合には，系統の周波数の定義は難しく，ここではすべての発電機が同期して回転している定常状態や事故後の準定常状態を前提としている．したがって，周波数制御システムでは，系統内の周波数はどこでも同じであると仮定し，系統内のある選ばれた変電所の電圧波形を計測し系統周波数が計算されている．

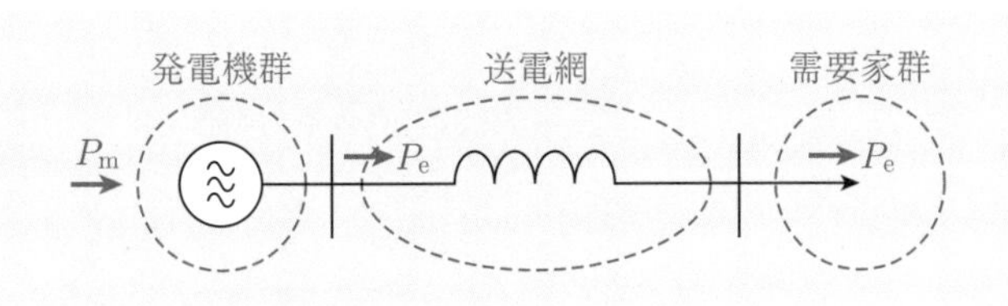

図 2.1 周波数に関する系統モデル

2.2 周波数変動の影響と周波数の制御目標

周波数が大きく変動した場合，需要家側の一般家庭では，インバータを利用した機器が多くなっているのであまり大きな影響は受けない．また，産業部門では，電動機を多用するが，インバータ制御が普及してきているので大きな影響は受けない．ただ，高速回転の交流電動機を使用する製紙工場や，紡糸延伸工場，化学繊維のポリエステル製造工場では，周波数と電動機回転数はほぼ比例するので，電動機そのものの振動や発熱，電動機を利用して製造している製品にムラが発生するなどの問題を引き起こす場合がある．また，機器内蔵の時計の中には周波数を基準に動いているものがあり，周波数が変動すると時間の進みや遅れが発生する．

一方，発電機側では，周波数が大きく変化する，つまり回転数が大きく変化することによって，タービンでは最終段動翼の共振や軸の振動による疲労，発電機では過励磁や過負荷，ボイラ，原子力補機では給水ポンプや冷却材ポンプなどの能力低下などの問題が発生する．わが国では，タービン動翼の共振による疲労を考慮すると，例えば 60 Hz 系統では 58.0〜60.5 Hz の範囲を超えると運転可能時間が急速に短くなる．また，発電機の過励磁では，周波数が 5 % 以上低下すると，電圧を定格値に維持するために，励磁系が磁束量を増大させ，鉄心損失が増大し温度が上昇する．これらの問題から発電機を保護するために，特に周波数低下側に周波数リレーが設置されており，基準周波数から数 Hz（例えば 5 %Hz）低下した場合に，数秒以内に発電機を遮断するように**周波数低下リレー**（**UFR**：under frequency relay）が設置されている．周波数が上昇する場合は，ほとんど運用者の判断にて手動で遮断する．

わが国では，大きな事故などにより，周波数が 5 %Hz（50 Hz 系統で 2.5 Hz，60 Hz 系統で 3.0 Hz）以上低下すると，ほとんどの発電機が UFR で解列され全域停電になる恐れがあるので，周波数がそこに達する前に 0.5 Hz 以上低下で揚水運転中の揚水発電所を遮断し，約 1〜2 Hz 低下で一定量の負荷を遮断し，1.5〜2 Hz 低下で地域間の系統分離を行う UFR が設置されている．このような事故時に周波数を維持し全域停電を防止する一連の制御システムの下で，想定する最大事故により周波数低下が 5 %Hz に達しないように平常時の周波数を制御する目標範囲が表 2.1 のように設定されている．北海道と沖縄が ±0.3 Hz と他地域より大きいのは，交流系統としては単独系統で，系統規模が小さく周波数調整力が少ないからである．平常時は周波数を一定にするだけでなく，周波数の偏差の時間積分である**時差**もある範囲内に収めるようにしている．

表 2.1　平常時の周波数・時差制御目標

	北海道	東地域	中西地域	沖縄
周波数範囲 [Hz]	50 ± 0.3	50 ± 0.2	60 ± 0.2 60 ± 0.1（滞在率 95％）	60 ± 0.3
最大許容時差 [sec]	±3	±5	±10	±8

わが国の周波数統一論争

わが国の電力システムは，世界でも珍しく，図 1.3(b) に示すように，静岡県の富士川と新潟県の糸魚川を境にして東側の 50 Hz 系統と西側の 60 Hz 系統に分かれている．これは，1886 年に，東京の電力会社（東京電燈）が 50 Hz のドイツのアルゲマイネ社から，大阪の電力会社（大阪電燈）が 60 Hz のアメリカの GE 社から発電機を購入したことに始まる．その後，大阪に距離的に近い神戸電燈，名古屋電燈もアメリカから発電機を購入していき，西日本で 60 Hz が広まっていった．

それに対して，逓信省の技師であった渋沢元治氏は 1907 年に電気学会で，「電気のレーチングについて」と題した講演会で「周波数を 1 つに定めることは電力供給上重要な問題である」と周波数統一の重要性を説いている．その後，1945 年までに国の委員会で周波数の統一が数回議論され，周波数統一が提言されたが，1960 年に九州内で 60 Hz 統一が完成しただけで，統一の費用，作業期間が膨大なものになるということで見送られてきた．2011 年の東日本大震災により東京電力管内で計画停電が行われたことを契機に周波数統一の話が再燃したが，発電機，変圧器，調相設備，負荷電動機，保護リレーなどの設備取り換えが必要で莫大な費用が掛かること，周波数を統一しても安定度上の問題などからアメリカの東西系統のように BTB（back to back）system で直流分割をする必要のあること，既に世界的には 50 Hz と 60 Hz の大きな電力設備の市場があることなどから，周波数統一の話は消えていった．

その代わりに，この両周波数系統の間に 3 か所設置されている周波数変換所を増強することが決まり，2021 年 4 月現在，総容量は 210 万 kW であるが，もう 90 万 kW 増強し，総容量を 300 万 kW とすることになっている．

2.3　電力システムの負荷変動と制御分担

2.3.1　負荷変動のパワースペクトル分析と制御分担

電力システムの負荷は電灯やエアコン，電動機などさまざまな種類の負荷から構成され，時々刻々と変動している．図 2.2(a) の日負荷曲線に周波数成分ごとのパワースペクトル分析をすると図 2.2(b) のようになり，負荷変動は変動周期によって大きく A, B, C の 3 つの領域に分類される．すなわち，図 2.3 に示すような変動周期が数分以下の**サイクリック成分** A，数分から 10 数分程度までの**フリンジ成分** B，および 10 数分以上の**サステンド成分** C に分けられる．

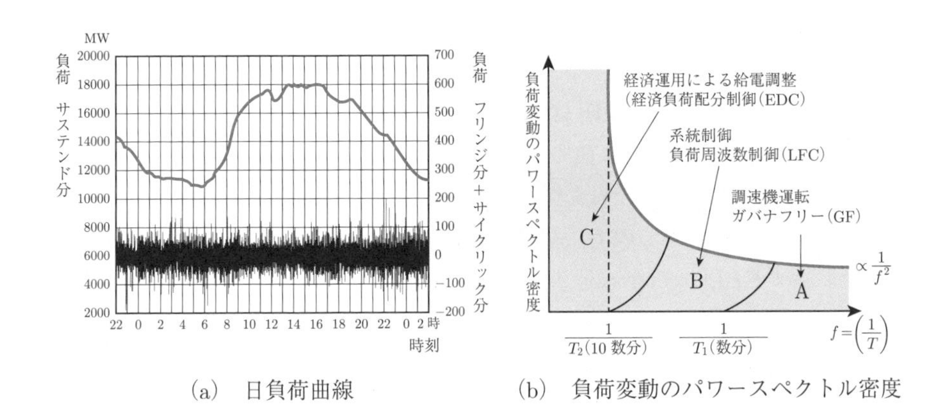

(a)　日負荷曲線　　(b)　負荷変動のパワースペクトル密度

図 2.2　日負荷曲線のパワースペクトル分析

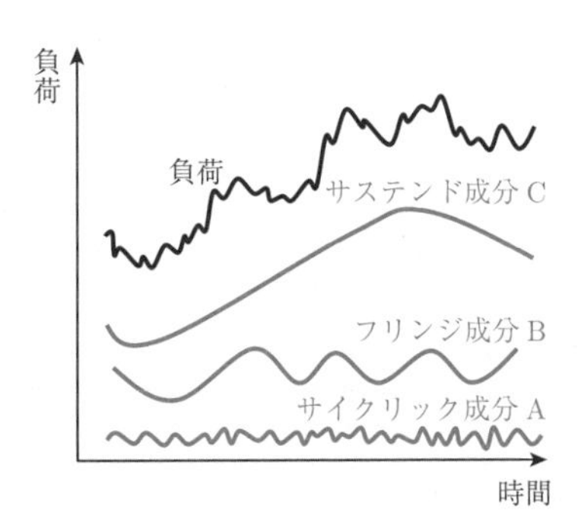

図 2.3　負荷変動の周波数成分

サイクリック成分Aとフリンジ成分Bは偶発的に頻繁に起きる不規則変化であり，これらを予測するのは難しいため，これらの負荷変化に対してはフィードバック制御により発電出力を調整する．一方，サステンド成分Cは一日の間に起きる周期の長い比較的大きな変化で，ある程度予測が可能である．また，サイクリック成分Aやフリンジ成分Bに対するように，負荷変化が発生してからフィードバック制御で発電出力を調整すると，発電出力が発電機の出力上下限に達して調整できなくなる．そこで，一日の負荷変化に対してあらかじめ系統に並列すべき発電機を決定し，燃料費などの経済性を考慮してそれらの並列発電機の出力を調整する計画運転を行う．

サイクリック成分Aの調整は，各発電機の回転速度偏差を入力とする調速機（ガバナ）を用いてローカルに行われるので**調速機運転（ガバナフリー）**という．フリンジ成分Bの調整は，系統の周波数偏差や地域間連系線の有効電力潮流偏差を入力として，中央給電指令所の制御システムにより各発電所に対して集中的に行われ，系統制御または**負荷周波数制御（LFC：load frequency control）**という．サステンド成分Cの調整は，負荷変化の予測に基づいて発電機の総燃料費が最小となるように，中央給電指令所または発電事業者の発電出力制御システムにより各発電所に対して集中的に行われるので，**経済運用による給電調整**または**経済負荷配分制御（EDC**または**ELD**：economic load dispatching control）という．負荷変動成分A, B, Cに対して発電出力を制御して周波数を基準値に維持する周波数–有効電力制御の全体像を図2.4に，水力，汽力，コンバインド発電所ごとの周波数制御機能の概略を図2.5に示す．

図2.2(b)に示されるガバナフリーの制御領域AとLFCの制御領域Bの境界の変動周期は，周波数制御に用いられる発電所の特性と容量，EDCの制御方式などで決められる．発電所の特性としては，火力発電所では自動ボイラ制御の時定数，水力発電所ではサージタンクを含めた水理系の共振周期などが大きな要因として考慮される．

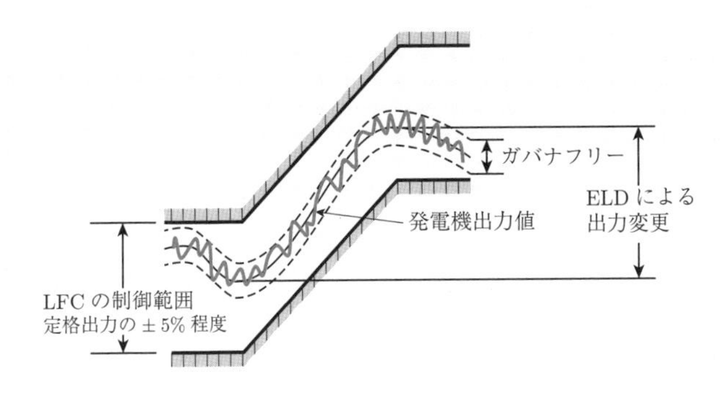

図 2.4　発電機による需給バランス制御の全体像

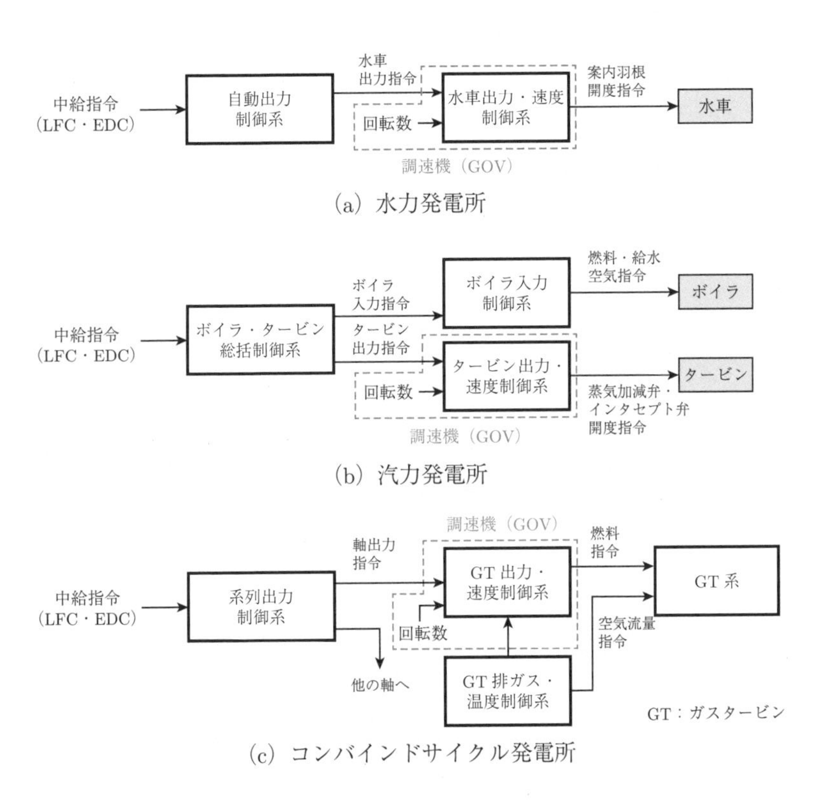

図 2.5　各種発電所の周波数制御機能

2.3.2 負荷変動のフリンジ分・サイクリック分の特性

負荷変動のサイクリック成分Aとフリンジ成分Bは頻繁に偶発的に起きる不規則変化であるので，ランダム性が高い．そこで，系統内で独立かつランダムに変動する負荷 x_i（$i = 1, 2, \ldots, n$）の平均値を μ_i，標準偏差を σ_i とし，これらの負荷の総量を x，その平均値を μ，標準偏差を σ とすると

$$x = x_1 + x_2 + \cdots + x_n \tag{2.1}$$

$$\mu = \mu_1 + \mu_2 + \cdots + \mu_n \tag{2.2}$$

$$\sigma^2 = \sigma_1^2 + \sigma_2^2 + \cdots + \sigma_n^2 \tag{2.3}$$

が成り立つ．ここで，すべての負荷で平均値と標準偏差が等しいと仮定すると

$$\mu = n\mu_i \tag{2.4}$$

$$\sigma^2 = n\sigma_i^2 \qquad \therefore \quad \sigma = \sqrt{n}\,\sigma_i \tag{2.5}$$

となり，総負荷の平均値に対する標準偏差である％変動量は

$$\frac{\sigma}{\mu} = \frac{\sqrt{n}\,\sigma_i}{n\mu_i} = \frac{1}{\sqrt{n}}\frac{\sigma_i}{\mu_i} \tag{2.6}$$

となる．これは，ランダムに変動する負荷の変動は，負荷を集合することによりある程度相殺され，相対的に小さくなることを示している．これは，負荷の**平準化**とも呼ばれ，系統を連系するメリットとなる．

また，(2.4)式，(2.5)式，(2.6)式を，系統容量（または総需要）P [MW]を用いて表すと

$$\mu \propto P, \quad \sigma \propto \sqrt{P} \tag{2.7}$$

$$\therefore \quad \frac{\sigma}{\mu} \propto \frac{\sqrt{P}}{P} = \frac{1}{\sqrt{P}} \tag{2.8}$$

となり，系統容量が大きくなれば相対的に負荷変動量は小さくなる．(2.7)式より負荷変動の標準偏差 σ_{D} [MW]は比例係数を γ [$\sqrt{\mathrm{MW}}$]とすると

$$\sigma_{\mathrm{D}} = \gamma\sqrt{P} \tag{2.9}$$

となる．わが国の各地域系統のデータを分析すると，平日の深夜帯（2〜5時）および朝の負荷の立ち上がり（7〜10時）では $\gamma = 0.5$〜0.6 [$\sqrt{\mathrm{MW}}$]程度であり，昼間帯（14〜17時）では $\gamma = 0.2$〜0.3 [$\sqrt{\mathrm{MW}}$]となり，時間帯別で違いがある．また，隣り合う2つの地域の負荷変動は無相関となっている[9]．

2.4　周波数–有効電力特性

本節では，図 2.2(b) における負荷変動の超短周期成分であるサイクリック成分 A に対する調速機運転による制御について説明する．

2.4.1　静　特　性

発電機の調速機（ガバナ）は，図 2.5 に示すように，回転速度を一定値に制御するように発電機の機械的入力を調整する．水力発電所では水車入口の**案内羽根**の弁開度を調整する．また，汽力発電所や原子力発電所では，蒸気タービン入口の**蒸気制御弁**（高圧タービンの入口の蒸気加減弁や中・低圧タービンの入口のインタセプト弁）の開度を調整する．ガスタービン発電機と蒸気タービン発電機のコンバインドサイクル発電所では，ガスタービンへの燃料流量を調整する．これらの発電機群の回転速度つまり系統の周波数と発電機群の機械的入力の間には図 2.6 の関係がある．これは，需要つまり発電機群の電気的出力が減少し，系統周波数が上昇すると，各発電機の調速機により弁開度が小さくなり発電機群の機械的入力が減少することを意味している．ここでは定常状態または事故後の準定常状態を考えているので，図 2.6 の横軸は発電機群の電気的出力と考えてもよく，図 2.6 は周波数と発電機群の電気的出力（以後，**発電出力**と呼ぶ）の静的特性でもある．この図は個々の発電機にも適用でき，定格出力での回転速度つまり定格回転速度を f_{N}，無負荷時回転速度を f_0 とすると，

$$\varepsilon = \frac{f_0 - f_{\mathrm{N}}}{f_{\mathrm{N}}} \times 100\,[\%\mathrm{Hz}/100\,\%\mathrm{MW}] \tag{2.10}$$

は**調定率**と呼ばれ，ε が小さいほどわずかの周波数変化で大きく発電出力が変化する．わが国の調定率 ε は，水力機で約 3〜4 %Hz/100 %MW，火力機で 4〜5 %Hz/100 %MW となっている．

一方，負荷では図 2.7 に示すように，周波数が上昇すると負荷の消費有効電力は増加する．この性質は負荷の**自己制御性**と呼ばれている．負荷の中でも，電動機をもつ負荷，例えばポンプ，空冷ファン，業務用エアコンなどの割合が大きい場合には，周波数上昇に対する消費有効電力の増加率 β_{p} [%MW/%Hz] は大きくなる．逆にインバータ機器が普及するにしたがって β_{p} は小さくなっていく．わが国の β_{p} は，おおよそ 1.2〜1.5 %MW/%Hz となっているが大きくばらついており，β_{p} の精度を高めるためには，より多くのデータを収集し分析する必要がある．

無損失送電網では図 2.6 の横軸の総発電出力と図 2.7 の横軸の総負荷は一致する

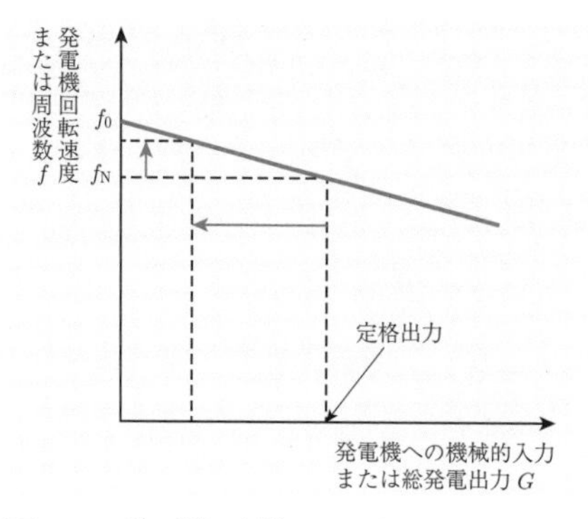

図 2.6　発電機（群）の電力–周波数特性

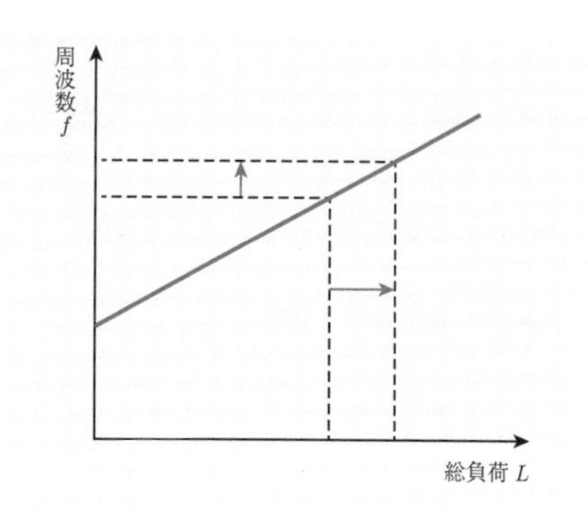

図 2.7　負荷の電力–周波数特性

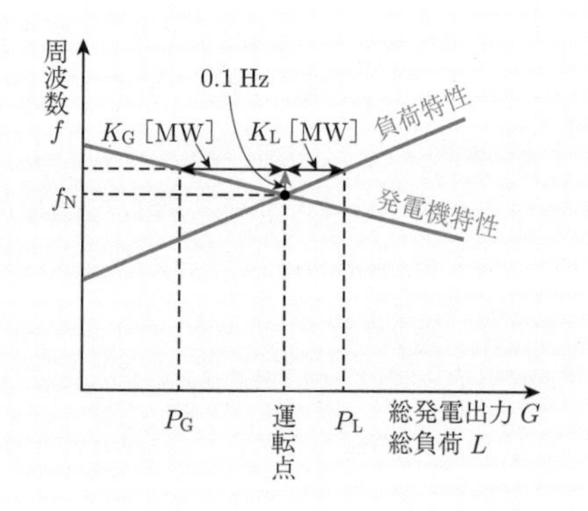

図 2.8　負荷の自己制御性による周波数の安定化

ので，図 2.8 のように同一の図に描くことができ，発電機特性と負荷特性の直線の交点が運転点となる．もし，何らかの理由で周波数が上昇すると，発電機の機械的入力が減少し，負荷つまり発電機の電気的出力は増加するので，発電機は減速し周波数は下降し，元の運転点に戻る．これは，この運転点が外乱に対して安定であることを示しており，負荷の自己制御性により周波数の安定性が保証されていることになる．

さて，図 2.8 に示すように系統周波数が 0.1 Hz 上昇すれば発電出力が K_G [MW] 減少し，総負荷が K_L [MW] 増加する特性をもつ系統内で，図 2.9 のように発電出力と総負荷が平衡している状態から，発電出力が ΔP_G [MW]，総負荷が ΔP_L [MW] 増加したとき，周波数はどれだけ変化するかを求めよう．周波数が Δf [0.1 Hz] 上昇するとおき，定常状態では系統内の発電出力の増加量と総負荷の増加量が等しい

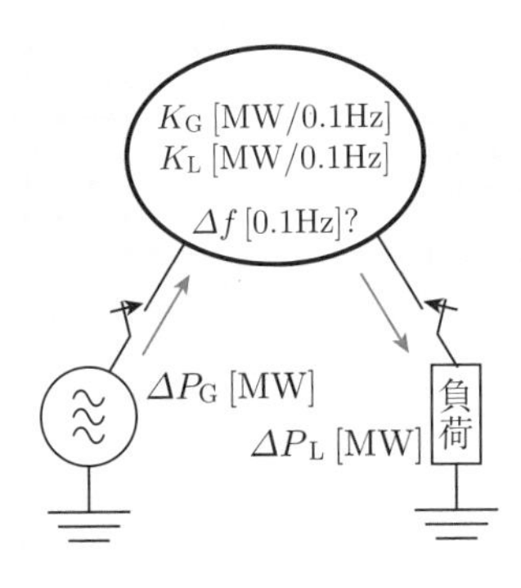

図 2.9　周波数変化の計算モデル

ので次式が成り立つ．

$$\Delta P_G - K_G \Delta f = \Delta P_L + K_L \Delta f \tag{2.11}$$

$$\therefore \quad \Delta f = \frac{\Delta P_G - \Delta P_L}{K_G + K_L} = \frac{\Delta P}{K} \tag{2.12}$$

ただし，$\Delta P = \Delta P_G - \Delta P_L$, $K = K_G + K_L$（> 0）で，K_G [MW/0.1 Hz] は**発電機特性定数**，K_L [MW/0.1 Hz] は**負荷特性定数**，K [MW/0.1 Hz] は**系統定数**と呼ばれ，ΔP は発電出力増加から負荷増加を除いたもので，**正味の発電出力増加**と呼ばれる．

(2.12) 式より，$\Delta P > 0$（発電出力増加 $>$ 負荷増加）のとき $\Delta f > 0$ となり周波数は上昇し，$\Delta P < 0$（発電出力増加 $<$ 負荷増加）のとき $\Delta f < 0$ となり周波数は下降することがわかる．また，系統定数 K が大きいほど，周波数変化は小さいことがわかる．つまり，系統内に調定率が小さい発電機が多数並列されており，負荷の自己制御性が強いほど周波数は変化しにくくなる．

K_G の値は，系統内の並列発電機の定格容量の総和，各発電機の調定率などによって異なり，K_L の値は，負荷の総容量，負荷の特性などによって異なる．したがって，K_G, K_L の値は時々刻々変化し，その和である系統定数 K の値も時々刻々変化することに注意を要する．そこで，K_G の値を並列発電機の定格容量の総和，K_L の値を負荷の総和で除して

$$\%K_G = \frac{K_G}{\text{並列発電機の定格容量の総和 [MW]}} \times 100 \ [\%\text{MW}/0.1\,\text{Hz}] \tag{2.13}$$

$$\%K_{\mathrm{L}} = \frac{K_{\mathrm{L}}}{\text{負荷の総和}\,[\mathrm{MW}]} \times 100\,[\%\mathrm{MW}/0.1\,\mathrm{Hz}] \tag{2.14}$$

とすれば，$\%K_{\mathrm{G}}, \%K_{\mathrm{L}}$ はほぼ一定となることがわかっている．

厳密には，(2.13) 式と (2.14) 式の分母が異なるので，$\%K_{\mathrm{G}}$ と $\%K_{\mathrm{L}}$ をそのまま足して系統定数 $\%K$ を求めることはできず，それぞれの時刻で $\%K_{\mathrm{G}}$ と $\%K_{\mathrm{L}}$ の値を $K_{\mathrm{G}}\,[\mathrm{MW}/0.1\,\mathrm{Hz}]$ と $K_{\mathrm{L}}\,[\mathrm{MW}/0.1\,\mathrm{Hz}]$ に変換して，それらを足して系統定数 $K\,[\mathrm{MW}/0.1\,\mathrm{Hz}]$ を求めることが必要であるが，近似的に，並列発電機の定格容量の総和と負荷の総和が等しいと仮定して，$\%K_{\mathrm{G}}$ と $\%K_{\mathrm{L}}$ をそのまま足して系統定数 $\%K$ とすることが多い．

$\%K$ の値は，発電機脱落などの事故時のデータを基に分析されており，わが国の電力会社各社では 1 %MW/0.1 Hz（ただし，北海道電力では 0.6 %MW/0.1 Hz）が設定されている [9]．$\%K_{\mathrm{L}}$ は，先に述べた β_{p} の値（1.2〜1.5 %MW/%Hz）から計算するとおおよそ 0.2〜0.3 %MW/0.1 Hz となり，したがって，逆算すると，各社の $\%K_{\mathrm{G}}$ の値は 0.7〜0.8 %MW/0.1 Hz と推定できる．また，$\%K_{\mathrm{L}}$ の値は，大きな電源脱落時にガバナフリー発電機が余力を出し切ったあとの周波数低下特性からも計算できる．

例題 2.1

50 Hz 単独系統において，$\%K_{\mathrm{G}} = 1.0$ [%MW/0.1 Hz]，$\%K_{\mathrm{L}} = 0.2$ [%MW/0.1 Hz] とする．この系統の並列発電機がすべて定格で運転していたとき，総発電量の 5 % の発電機が脱落したとすると周波数は何 Hz になるか求めよ．ただし，発電機は定格出力以上に出力して周波数調整できるものとする．

【解答】 並列発電機の総定格容量 P [MW] は総負荷量に等しいので，(2.13) 式，(2.14) 式より

$$K_{\mathrm{G}} = \frac{P}{100}\,[\mathrm{MW}/0.1\,\mathrm{Hz}], \quad K_{\mathrm{L}} = \frac{2P}{1000}\,[\mathrm{MW}/0.1\,\mathrm{Hz}]$$

また，発電量変化は $\Delta P_{\mathrm{G}} = -\frac{5}{100}P$．(2.12) 式より

$$\Delta f = \frac{\Delta P_{\mathrm{G}} - \Delta P_{\mathrm{L}}}{K_{\mathrm{G}} + K_{\mathrm{L}}} = \frac{-\frac{5}{100}P - 0}{\frac{P}{100} + \frac{2P}{1000}} = -\frac{25}{6}$$
$$\cong -4.17\,[0.1\,\mathrm{Hz}] = -0.417\,[\mathrm{Hz}]$$

したがって，$f = 50 - 0.417 = 49.583$ [Hz]． ■

2.4.2 動　特　性

周波数の変化つまり発電機の回転数の変化が発生し，調速機（ガバナ）により機械的入力，発電出力が変化し，回転数つまり周波数が一定値に落ち着くまでには一定の時間がかかる．図 2.10 の周波数制御シミュレーション用のブロック線図例が示すように，調速機，タービン系，慣性をもつ発電機などに時間遅れがあり，ステップ上に発電電力が変化したあとおおよそ 2〜3 秒で，(2.12) 式により計算される周波数変化に落ち着く．これは負荷変動の特性のところで述べた通常の負荷変動の周期より十分に短いので，一般にはこの制御の過渡的な動特性は無視してよい．しかしながら，発電所脱落などの瞬時の大きな負荷変動や導入が進んでいる太陽光発電や風力発電などの自然変動電源の出力変化による周波数への影響を解析する際には動特性を考慮する必要がある．

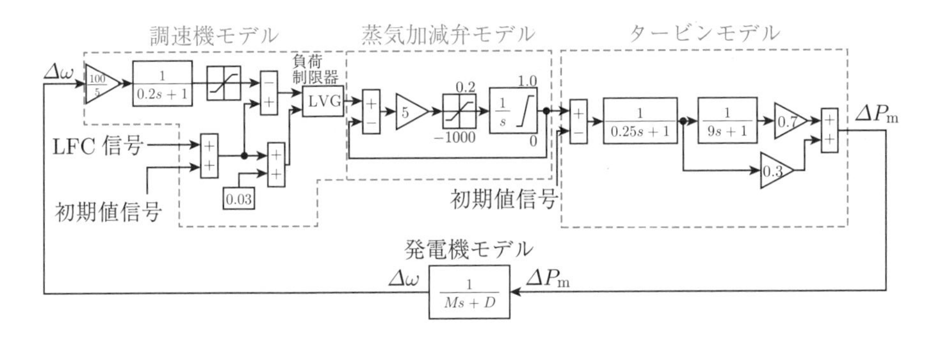

図 2.10　電力系統の周波数制御モデルの一例

PV インバータ電源の増加による慣性力低下問題

太陽光発電などの**インバータ電源**（ここでは **PCS**：power conditioning system と表す）が大量に導入された電力システムにおいて，PCS の総発電出力がそのときの総負荷需要の何 % になれば系統に周波数安定性や系統安定性の問題が発生するかをあらかじめ知っておくことは重要である．

ここで，地震などで大規模な発電所が突然脱落することを考えてみよう．発電所脱落後は，総発電出力が総需要より小さくなるので，周波数は低下を始める．周波数の動きは，図 2.10 のモデルによってシミュレーションができる．系統慣性が PCS の導入によって小さくなると，図 2.10 の発電機モデルの慣性定数 M が小さくなり，

周波数変化率（**RoCoF**：rate of change of frequency）または周波数低下率は，下図のように大きくなり，周波数は同期発電機がUFRで遮断される周波数低下限度より低下する．RoCoFが2 Hz/secより大きくなるとPCSは連鎖脱落し発電出力が不足するので，ますます周波数は低下速度を速め，周波数低下限度を超えると同期発電機が遮断・解列される．このようにして発電力がなくなり大停電となる可能性が大きくなる．

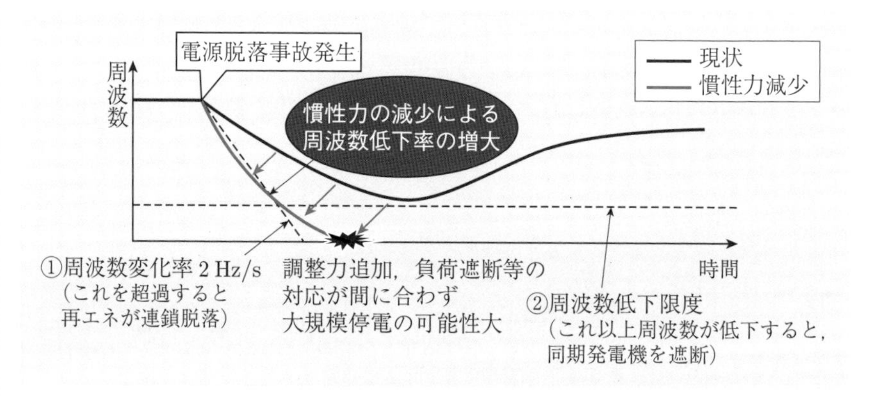

大規模電源脱落時の周波数の変化

送電線での地絡故障などによる過渡安定性も，系統慣性が小さくなると悪化するので，それによって送電線の運用容量の限度値を下げることが必要となる．

この系統慣性を管理する指標として，以下に示す総需要（MW）に対する非同期電源（MW）の比率（**SNSP**：The system non synchronous penetration）と系統全体の**系統慣性エネルギー** [MW·sec] が世界で用いられている．

$$\mathrm{SNSP} = \frac{\text{非同期電源出力} + \text{直流送電による輸入電力}}{\text{総需要} + \text{直流送電による輸出電力}}$$

系統慣性エネルギー

$$= \sum_{\text{統計すべての並列発電機}} \left(\text{発電機の蓄積エネルギー定数} \times \text{発電機の定格容量}\right)$$

アイルランドでは，2020年のピーク時に $\mathrm{SNSP} \leq 75\,\%$ を目標に，アメリカのテキサス系統では，系統慣性エネルギー ≥ 100 [GW·sec] を目標に掲げている．

2.5　地域間連系線の周波数–有効電力特性

2.5.1　静　特　性

系統定数 K_{A} [MW/0.1 Hz] をもつ系統 A と系統定数 K_{B} [MW/0.1 Hz] をもつ系統 B が地域間連系線で連系されているとする．いま，連系線に有効電力潮流 P_{T0}（以降，**連系線潮流**と呼ぶ）が系統 A から系統 B に向かって流れており，平衡状態にあるとする．ここで，図 2.11 のように，この平衡状態から系統 A と系統 B においてそれぞれ正味の発電出力変化 $\varDelta P_{\mathrm{A}}$ [MW]（$= \varDelta P_{\mathrm{GA}} - \varDelta P_{\mathrm{LA}}$）と $\varDelta P_{\mathrm{B}}$ [MW]（$= \varDelta P_{\mathrm{GB}} - \varDelta P_{\mathrm{LB}}$）が発生し，それに伴い連系線潮流 P_{T0} [MW] が $\varDelta P_{\mathrm{T}}$ [MW] 増加し，周波数が $\varDelta f$ [0.1 Hz] 上昇したとする．この $\varDelta f$ と $\varDelta P_{\mathrm{T}}$ を求めよう．

連系線潮流の増加分 $\varDelta P_{\mathrm{T}}$ は系統 A にとっては負荷の増加，系統 B にとっては発電出力の増加とみなせるので，系統 A と系統 B のそれぞれにおいて，正味の発電出力の増加分に関する (2.12) 式が成立することから次式が得られる．

$$K_{\mathrm{A}}\varDelta f = \varDelta P_{\mathrm{A}} - \varDelta P_{\mathrm{T}} \tag{2.15}$$

$$K_{\mathrm{B}}\varDelta f = \varDelta P_{\mathrm{B}} + \varDelta P_{\mathrm{T}} \tag{2.16}$$

(2.15) 式，(2.16) 式から

$$\varDelta f = \frac{\varDelta P_{\mathrm{A}} + \varDelta P_{\mathrm{B}}}{K_{\mathrm{A}} + K_{\mathrm{B}}} \tag{2.17}$$

$$\varDelta P_{\mathrm{T}} = \frac{K_{\mathrm{B}}\varDelta P_{\mathrm{A}} - K_{\mathrm{A}}\varDelta P_{\mathrm{B}}}{K_{\mathrm{A}} + K_{\mathrm{B}}} \tag{2.18}$$

ここで，系統 A で正味の発電出力が増え，系統 B では何も変化がないとすると，$\varDelta P_{\mathrm{A}} > 0$，$\varDelta P_{\mathrm{B}} = 0$ となり，(2.17) 式，(2.18) 式は

$$\varDelta f = \frac{\varDelta P_{\mathrm{A}}}{K_{\mathrm{A}} + K_{\mathrm{B}}} > 0 \tag{2.19}$$

$$\varDelta P_{\mathrm{T}} = \frac{K_{\mathrm{B}}\varDelta P_{\mathrm{A}}}{K_{\mathrm{A}} + K_{\mathrm{B}}} > 0 \tag{2.20}$$

となる．連系線がない場合の系統 A の周波数変化 $\varDelta f_{\mathrm{A}}$ は，(2.12) 式より

$$\varDelta f_{\mathrm{A}} = \frac{\varDelta P_{\mathrm{A}}}{K_{\mathrm{A}}} > \frac{\varDelta P_{\mathrm{A}}}{K_{\mathrm{A}} + K_{\mathrm{B}}} \tag{2.21}$$

が成り立つ．ここから，連系することにより系統定数が大きくなり，つまり単位周波数変化当たりの調速機による発電出力調整量が，系統 A と系統 B の両方から供給されるので大きくなり，周波数変動が小さくなることがわかる．これが，系統連系のメリットである．

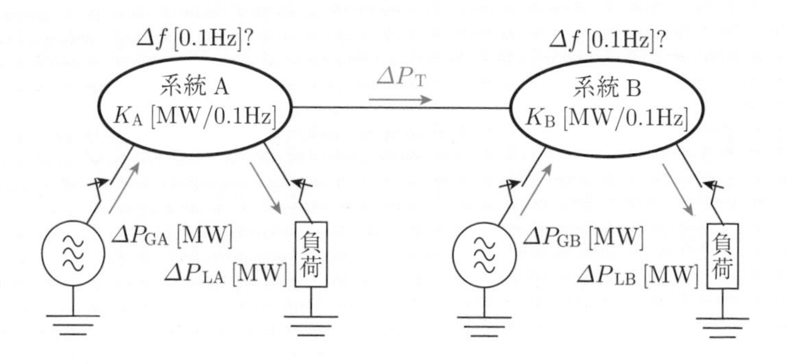

図 2.11 連系系統における周波数変化の計算モデル

例題 2.2

図 2.11 の連系系統において，系統 A の並列発電機の総定格容量および総負荷量を 4000 万 kW，系統定数を $\%K_{\mathrm{A}} = 1.2\,[\%\mathrm{MW}/0.1\,\mathrm{Hz}]$，系統 B の並列発電機の総定格容量および総負荷量を 1000 万 kW，系統定数を $\%K_{\mathrm{B}} = 1.2\,[\%\mathrm{MW}/0.1\,\mathrm{Hz}]$ とする．このとき連系線潮流は 0 であった．系統 A において，負荷が 100 万 kW 増加した．このときの周波数変化量 [Hz] と連系線潮流変化量 [万 kW] を求めよ．また，系統連系がない場合の系統 A の周波数変化も求めよ．

【解答】 系統 A の系統定数は，

$$K_{\mathrm{A}} = 1.2\,[\%\mathrm{MW}/0.1\,\mathrm{Hz}] \times 40000\,[\mathrm{MW}] = 480\,[\mathrm{MW}/0.1\,\mathrm{Hz}]$$

系統 B の系統定数は，

$$K_{\mathrm{B}} = 1.2\,[\%\mathrm{MW}/0.1\,\mathrm{Hz}] \times 10000\,[\mathrm{MW}] = 120\,[\mathrm{MW}/0.1\,\mathrm{Hz}]$$

系統 A の正味の発電出力変化は，$\Delta P_{\mathrm{A}} = \Delta P_{\mathrm{GA}} - \Delta P_{\mathrm{LA}} = -1000\,[\mathrm{MW}]$.
(2.17) 式より，

$$\Delta f = \frac{\Delta P_{\mathrm{A}}}{K_{\mathrm{A}} + K_{\mathrm{B}}} = \frac{-1000}{480 + 120} = -\frac{1000}{600} \cong -1.67\,[0.1\,\mathrm{Hz}] = -0.167\,[\mathrm{Hz}]$$

(2.18) 式より，

$$\Delta P_{\mathrm{T}} = \frac{K_{\mathrm{B}} \Delta P_{\mathrm{A}}}{K_{\mathrm{A}} + K_{\mathrm{B}}} = \frac{-120 \times 1000}{480 + 120} = -\frac{120000}{600} = -200\,[\mathrm{MW}]$$

したがって，周波数は 0.167 Hz 低下し，連系線潮流は B 系統から A 系統に向けて 20 万 kW 増加する．

系統連系がない場合の系統 A の周波数変化は，(2.21) 式より

$$\Delta f_{\rm A} = \frac{\Delta P_{\rm A}}{K_{\rm A}} = \frac{-1000}{480} \cong -2.08\,[0.1\,{\rm Hz}] = -0.208\,[{\rm Hz}]$$

となり，0.208 Hz 低下する．■

系統 A にのみ正味の発電出力の変動が発生した場合，(2.17) 式，(2.18) 式より

$$\Delta f = \frac{1}{K_{\rm B}}\Delta P_{\rm T} \tag{2.22}$$

となり，系統 B にのみ変動が発生した場合は

$$\Delta f = -\frac{1}{K_{\rm A}}\Delta P_{\rm T} \tag{2.23}$$

となり，連系線潮流偏差 $\Delta P_{\rm T}$ と周波数偏差 Δf の関係は図 2.12 に示すような直線となる．実際には，系統 A と系統 B に同時に変動が発生するので $\Delta P_{\rm T}$ と Δf の関係はこの直線から外れる．

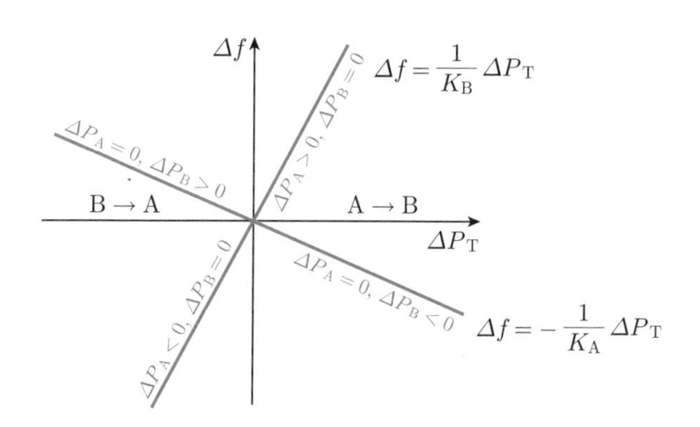

図 2.12　連系線潮流偏差と周波数の関係

さて，正味の発電電力変化のうち，各系統内の発電出力変化 $\Delta P_{\rm GA}$ と $\Delta P_{\rm GB}$ は計測できるが，一般に，各系統内の多数の負荷の変化 $\Delta P_{\rm LA}$ と $\Delta P_{\rm LB}$ を計測することはできない．しかしながら，周波数変化 Δf と連系線潮流変化 $\Delta P_{\rm T}$ を計測すれば，(2.15) 式，(2.16) 式より

$$K_{\rm A}\Delta f + \Delta P_{\rm T} = \Delta P_{\rm A} = \Delta P_{\rm GA} - \Delta P_{\rm LA} \tag{2.24}$$

$$K_{\rm B}\Delta f - \Delta P_{\rm T} = \Delta P_{\rm B} = \Delta P_{\rm GB} - \Delta P_{\rm LB} \tag{2.25}$$

となり，正味の発電電力変化 $\Delta P_{\rm A}$ と $\Delta P_{\rm B}$ が計算でき，発電出力変化 $\Delta P_{\rm GA}$ と

ΔP_{GB} は発電所で計測できるので，各系統の負荷変化 ΔP_{LA} と ΔP_{LB} を求めることができる．このように周波数変化 Δf と連系線潮流変化 ΔP_{T} を計測すれば，各系統内の負荷変化量を知ることができ，次項で述べる負荷周波数制御に使用することができる．負荷変化量を正確に計算するには，系統定数 K を正確に推定することが必要であり，大きな系統事故時に発電所の脱落量と周波数の時間変化データから系統定数のチェックが行われる．

2.5.2　統計的性質

連系系統の総容量 P [MW] と連系線潮流変動 ΔP_{T} [MW]，周波数変動 Δf [0.1 Hz] の標準偏差との関係を (2.17) 式，(2.18) 式と負荷変動の標準偏差の (2.9) 式から統計的に解析をすると

$$\sigma_{\Delta f} = \frac{\gamma}{\%K\sqrt{P}} \tag{2.26}$$

$$\sigma_{\Delta P_{\mathrm{T}}} = \gamma\sqrt{\alpha(1-\alpha)P} \tag{2.27}$$

となり，周波数変動の標準偏差は連系系統容量 P の平方根に反比例し，連系線潮流変動の標準偏差は連系系統容量 P の平方根に比例することがわかる [9]．

ただし，ここでは系統 A と系統 B の容量比を $P_{\mathrm{A}} : P_{\mathrm{B}} = \alpha : (1-\alpha)$，系統定数を $\%K_{\mathrm{A}} = \%K_{\mathrm{B}} \equiv \%K$ と仮定している．また，両系統の ΔP_{A}, ΔP_{B} の変動は無相関であると仮定し，発電出力変化 ΔP_{GA}, ΔP_{GB} は制御によるもので不規則性はなく，それらの標準偏差は無視できるので

$$\sigma^2_{\Delta P} = \sigma^2_{\Delta P_{\mathrm{A}}} + \sigma^2_{\Delta P_{\mathrm{B}}} = \sigma^2_{\Delta \mathrm{LA}} + \sigma^2_{\Delta \mathrm{LB}} = \sigma^2_{\mathrm{D}} \tag{2.28}$$

となり，各系統の $\sigma^2_{\Delta P_{\mathrm{A}}}$, $\sigma^2_{\Delta P_{\mathrm{B}}}$ は，次式のように連系系統の $\sigma^2_{\Delta P}$ を系統容量比で配分した値としている．

$$\sigma^2_{\Delta P_{\mathrm{A}}} = \frac{P_{\mathrm{A}}}{P}\sigma^2_{\Delta P}, \quad \sigma^2_{\Delta P_{\mathrm{B}}} = \frac{P_{\mathrm{B}}}{P}\sigma^2_{\Delta P} \tag{2.29}$$

また，各系統における負荷変動 ΔP_{LA}, ΔP_{LB} に対して発電出力を ΔP_{GA}, ΔP_{GB} 変化させて負荷変動を抑制していると考えると，その差である正味の発電出力変化 ΔP_{A}, ΔP_{B} は各系統の周波数制御の調整残ともみなせる．この各系統の調整残 ΔP_{A}, ΔP_{B} が正規分布に従うとして統計的に解析すると，連系線潮流偏差 ΔP_{T}，周波数偏差 Δf の確率密度分布は次のようになる [9]．

(1)　両系統で % 系統定数が等しい場合（$\%K_{\mathrm{A}} = \%K_{\mathrm{B}} \equiv \%K$）

自系統内の調整残と連系系統の調整残を系統容量の平方根比で配分した調整残

との関係が，$\sigma^2_{\Delta P_\mathrm{A}} < \frac{P_\mathrm{A}}{P}\sigma^2_{\Delta P}$ $\left(\sigma^2_{\Delta P_\mathrm{B}} > \frac{P_\mathrm{B}}{P}\sigma^2_{\Delta P}\right)$ の場合は，分布は図 2.13(a) のように直線 $\Delta f = -\frac{1}{K_\mathrm{A}}\Delta P_\mathrm{T}$ の方に傾き，$\sigma^2_{\Delta P_\mathrm{A}} > \frac{P_\mathrm{A}}{P}\sigma^2_{\Delta P}$ $\left(\sigma^2_{\Delta P_\mathrm{B}} < \frac{P_\mathrm{B}}{P}\sigma^2_{\Delta P}\right)$ の場合は，分布は図 2.13(b) のように直線 $\Delta f = \frac{1}{K_\mathrm{B}}\Delta P_\mathrm{T}$ の方に傾く．ここで，$K_\mathrm{A} = \%K_\mathrm{A}P_\mathrm{A}$, $K_\mathrm{B} = \%K_\mathrm{B}P_\mathrm{B}$ である．

(2)　両系統で調整残が連系系統の調整残を系統容量の平方根比で配分した調整残に等しい場合 $\left(\sigma^2_{\Delta P_\mathrm{A}} = \frac{P_\mathrm{A}}{P}\sigma^2_{\Delta P},\ \sigma^2_{\Delta P_\mathrm{B}} = \frac{P_\mathrm{B}}{P}\sigma^2_{\Delta P}\right)$

系統定数の関係が，$\%K_\mathrm{A} > \%K$ $(\%K_\mathrm{B} < \%K)$ の場合は，分布は図 2.13(a) のように直線 $\Delta f = -\frac{1}{K_\mathrm{A}}\Delta P_\mathrm{T}$ の方に傾き，$\%K_\mathrm{A} < \%K$ $(\%K_\mathrm{B} > \%K)$ の場合は，分布は図 2.13(b) のように直線 $\Delta f = \frac{1}{K_\mathrm{B}}\Delta P_\mathrm{T}$ の方に傾く．

(1), (2) は，ある時間帯の実測から得られる連系線潮流偏差 ΔP_T，周波数偏差 Δf の分布が図 2.13(a) のように直線 $\Delta f = -\frac{1}{K_\mathrm{A}}\Delta P_\mathrm{T}$ の方に傾けば，その時間帯では系統 A の方が調速機（ガバナ）の調整力が大きく調整残が少ないことを示しており，図 2.13(b) のように直線 $\Delta f = \frac{1}{K_\mathrm{B}}\Delta P_\mathrm{T}$ の方に傾けば，系統 B の方が調速機（ガバナ）の調整力が大きく調整残が少ないことを示している．

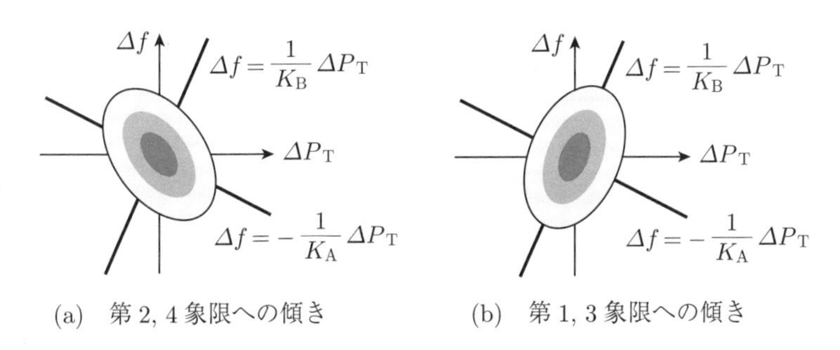

(a)　第 2, 4 象限への傾き　　(b)　第 1, 3 象限への傾き

図 2.13　ΔP_T–Δf の確率密度分布

2.5.3　動　特　性

系統 A で負荷のみが ΔP_LA 増加したとすると，系統 A から系統 B に向かう連系線潮流変動 ΔP_T は (2.20) 式から

$$\Delta P_\mathrm{T} = -\frac{K_\mathrm{B}}{K_\mathrm{A} + K_\mathrm{B}}\Delta P_\mathrm{LA} \quad (< 0) \tag{2.30}$$

となるが，大きな系統が長距離の連系線で連系されている場合など，いわゆる疎連系のときには，2.4.2 項で述べたように 2〜3 秒で周波数変動や連系線潮流変動が収まらず長周期で振動し続けることがある．

図 2.14 に示すように，系統 A を慣性定数 $M_{\rm A}$ の等価発電機，系統 B を慣性定数 $M_{\rm B}$ の等価発電機とおき，連系線のリアクタンスを X とする．系統 A の負荷が $\Delta P_{\rm LA}$ 増加し，発電機の機械的入力 $P_{\rm m}$ は変化せず，連系線潮流が $\Delta P_{\rm T}$ 増加すると仮定すると，定常状態からの変化分についての発電機の動揺方程式は次式のようになる．

$$M_{\rm A}\frac{d^2\Delta\varphi_{\rm A}}{dt^2} = -\Delta P_{\rm T} - \Delta P_{L{\rm A}} \tag{2.31}$$

$$M_{\rm B}\frac{d^2\Delta\varphi_{\rm B}}{dt^2} = \Delta P_{\rm T} \tag{2.32}$$

一方，連系線潮流 $P_{\rm T}$ は

$$P_{\rm T} = \frac{V_{\rm A}V_{\rm B}}{X}\sin(\varphi_{\rm A} - \varphi_{\rm B}) \tag{2.33}$$

となるので

$$\Delta P_{\rm T} = \left\{\frac{V_{\rm A}V_{\rm B}}{X}\cos(\varphi_{\rm A} - \varphi_{\rm B})\right\}(\Delta\varphi_{\rm A} - \Delta\varphi_{\rm B}) = C(\Delta\varphi_{\rm A} - \Delta\varphi_{\rm B}) \tag{2.34}$$

ここで，$C = \frac{V_{\rm A}V_{\rm B}}{X}\cos(\varphi_{\rm A} - \varphi_{\rm B})$ で，これを**同期化力**という．

(2.31) 式，(2.32) 式，(2.34) 式から

$$\frac{d^2\Delta P_{\rm T}}{dt^2} = -C\left(\frac{1}{M_{\rm A}} + \frac{1}{M_{\rm B}}\right)\Delta P_{\rm T} - \frac{C}{M_{\rm A}}\Delta P_{\rm LA} \tag{2.35}$$

が得られる．これは $\Delta P_{\rm T}$ に関する 2 階常微分方程式で，$t = 0$ において，$\Delta P_{\rm T} = 0$，$\frac{d\Delta P_{\rm T}}{dt} = 0$ とすると，解は

$$\Delta P_{\rm T} = \frac{M_{\rm B}}{M_{\rm A} + M_{\rm B}}\Delta P_{\rm LA}(\cos\omega t - 1) \tag{2.36}$$

で，図 2.15 の振動解となる．ただし，$\omega = \sqrt{C\left(\frac{1}{M_{\rm A}} + \frac{1}{M_{\rm B}}\right)}$ で振動周期 T は，$T = \frac{2\pi}{\omega}$ [sec] である．

連系線が長距離の場合，リアクタンス X が大きくなるので同期化力 C が小さくなり，それに伴い ω が小さくなり連系線潮流の振動周期 T が長くなることがわかる．また，系統が大きくなり慣性定数が大きくなっても，ω が小さくなり振動周期 T が長くなる．連系線潮流の変動の中心値は $-\frac{M_{\rm B}}{M_{\rm A}+M_{\rm B}}\Delta P_{\rm LA}$ で (2.30) 式とは異なるが，これはこの解析では，発電機の機械的入力 $P_{\rm mA}$，$P_{\rm mB}$ を一定としており，調速機の効果を考慮していないからである．

連系系統の周波数解析には，先の連系線潮流解析に用いたモデルに図 2.10 の発電機のタービン・水車系，速度制御系，LFC・EDC を加えた図 2.16 のようなモデルを用いる．

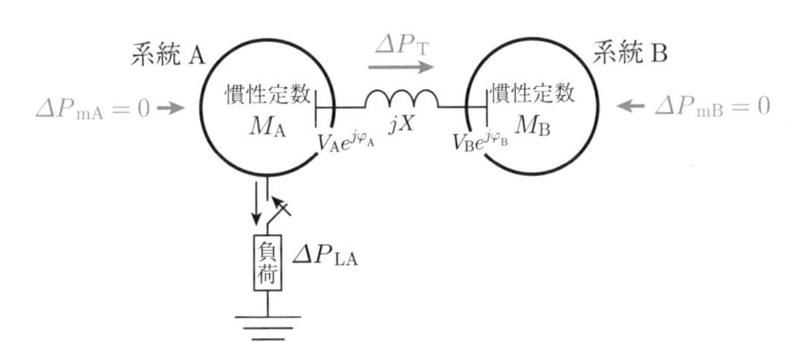

図 2.14　連系系統の連系線潮流の長周期振動解析モデル

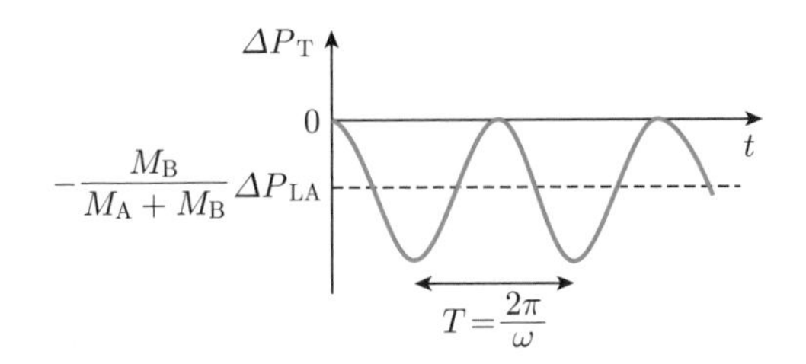

図 2.15　連系線潮流の振動の様子

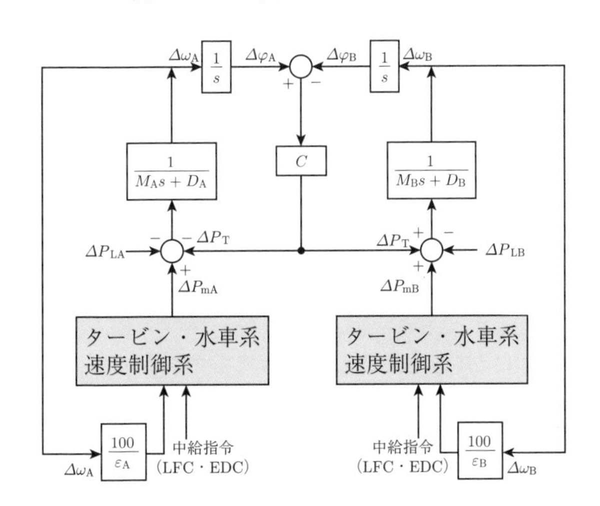

図 2.16　連系系統の周波数解析モデル

例題 2.3

図 2.14 の 50 Hz 連系系統において，系統 A の並列発電機の総定格容量および総負荷量を 4000 万 kW，定数系統 B の並列発電機の総定格容量および総負荷量を 1000 万 kW とする．系統定数は $\%K = 1.2\,[\%\mathrm{MW/0.1\,Hz}]$，蓄積エネルギー定数は $H = 3\,[\mathrm{sec}]$ で両系統同じとする，このとき連系線潮流は 0 であった．連系点電圧は両系統とも 500 kV とし，二回線 100 km 連系線のリアクタンスを $X = 25\,[\Omega]$ とする．系統 A において，負荷が 100 万 kW 増加した．連系線潮流の振動周期と変動の中心値を求めよ．

【解答】　系統 A の慣性定数は，

$$M_{\mathrm{A}} = \frac{2H}{\omega_0} S_{\mathrm{A}} = \frac{2 \times 3}{2\pi \times 50} \times 40000 = \frac{2400}{\pi}\,[\mathrm{MW \cdot sec^2/rad}]$$

系統 B の慣性定数は，

$$M_{\mathrm{B}} = \frac{2H}{\omega_0} S_{\mathrm{B}} = \frac{2 \times 3}{2\pi \times 50} \times 10000 = \frac{600}{\pi}\,[\mathrm{MW \cdot sec^2/rad}]$$

平常時の連系線潮流は 0 なので，連系点間の位相差は 0 である．

両系統間の同期化力は，

$$C = \frac{V_{\mathrm{A}} V_{\mathrm{B}}}{X} \cos(\varphi_{\mathrm{A}} - \varphi_{\mathrm{B}}) = \frac{500 \times 500}{25} \times 1 = 10000\,[\mathrm{MW/rad}]$$

したがって，

$$\omega = \sqrt{C\left(\frac{1}{M_{\mathrm{A}}} + \frac{1}{M_{\mathrm{B}}}\right)} = \sqrt{10000 \times \left(\frac{\pi}{2400} + \frac{\pi}{600}\right)} \cong 8.09\,[\mathrm{rad/sec}]$$

$$\therefore \quad T = \frac{2\pi}{\omega} = \frac{2\pi}{8.09} \cong 0.776\,[\mathrm{sec}]$$

連系線潮流の変動中心値は，

$$-\frac{M_{\mathrm{B}}}{M_{\mathrm{A}} + M_{\mathrm{B}}} \Delta P_{\mathrm{LA}} = -\frac{600}{2400 + 600} \times 1000 = -200\,[\mathrm{MW}]$$

で系統 B から系統 A に 20 万 kW 流れている状態である．　■

2.6 負荷周波数制御

本節では，図 2.2(b) における負荷変動の短周期成分であるフリンジ成分 B に対する負荷周波数制御について説明する．負荷周波数制御の方式には，**定周波数制御方式**（**FFC**：flat frequency control），**定連系線潮流制御方式**（**FTC**：flat tie line control），**周波数バイアス連系線潮流制御方式**（**TBC**：tie line load frequency bias control）などがあるが，わが国では，FFC と TBC が用いられている．

2.6.1 定周波数制御方式（FFC）

FFC は，連系線潮流の変動には無関係に，周波数偏差のみを計測し，周波数が基準値より高ければ発電出力を減少させ，周波数が基準値よりも低ければ発電出力を増加させて周波数を基準値に戻す．ただし，連系線潮流とは無関係に制御するために，連系線潮流は変動する．連系線潮流 P_{T}–周波数 f の静的な特性は図 2.17 のようになる．制御としては，周波数偏差 Δf に系統定数 K を乗じた $K\Delta f$（系統内の正味の発電出力変化）を LFC 指令値として，これに比例積分制御を乗じたものを水車またはタービン出力・速度制御系に入力するのが一般的である．

連系線潮流を一定にするためには，FFC を行う系統の連系相手側の系統で，何らかの方法で連系線潮流の制御をする必要がある．このようなことから，FFC は単独系統または連系系統内の主要系統に適している．わが国では，東京電力，北海道電力，沖縄電力で採用されている．

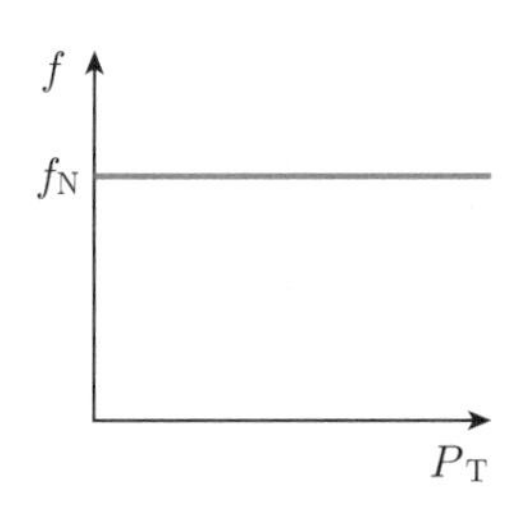

図 2.17 FFC 特性

2.6.2　定連系線潮流制御方式（FTC）

FTCは，周波数とは無関係に，連系線潮流のみを計測し，自系統から流出方向の連系線潮流が設定値より大きければ発電出力を減少させ，連系線潮流が設定値より小さければ発電出力を増加させて，連系線潮流を設定値に戻す．この方式は，周波数とは無関係に制御するために，連系系統内で周波数を一定に維持する制御（前項のFFCや次項のTBC）が必要となる．例えば，相手側系統がFFCを行う場合は，連系線潮流 P_{T}–周波数 f の静的な特性は図2.18のようになり，交点が運転点となる．このようなことから，この方式は連系系統内の比較的小容量の系統に適用される．わが国では採用されていない．

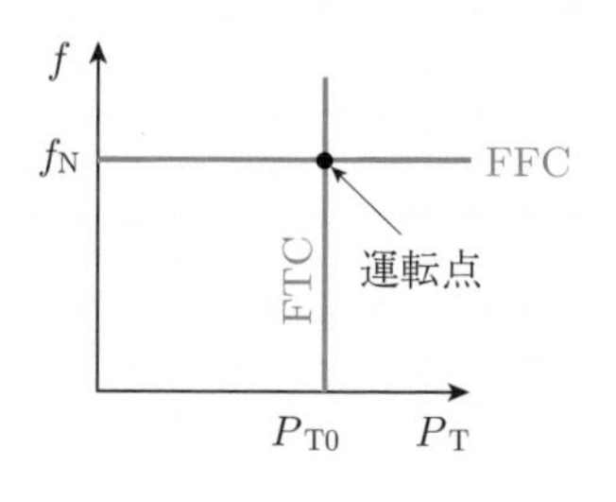

図2.18　連系系統における FFC–TBC 特性

2.6.3　周波数バイアス連系線潮流制御方式（TBC）

TBCでは，周波数偏差と連系線潮流偏差の両方を計測し，自系統内の負荷変化量を推定し，これを自系統内の発電所で処理する．図2.19のように連系系統の系統A, BでTBCを行う場合，各系統での負荷変化量 $\varDelta P_{\mathrm{LA}}$, $\varDelta P_{\mathrm{LB}}$ は次のようにして知ることができる．両系統の系統定数を K_{A}, K_{B} とし，両系統の発電出力の変化 $\varDelta P_{\mathrm{GA}}$, $\varDelta P_{\mathrm{GB}}$ はこの時点ではまだ零とすると，(2.15)式，(2.16)式から

$$\varDelta P_{\mathrm{LA}} = -K_{\mathrm{A}}\varDelta f - \varDelta P_{\mathrm{T}} \tag{2.37}$$

$$\varDelta P_{\mathrm{LB}} = -K_{\mathrm{B}}\varDelta f + \varDelta P_{\mathrm{T}} \tag{2.38}$$

となる．この量は，各系統における発電所の出力の制御必要量を示すもので，**地域要求量**（**AR**：area requirement）と呼ばれる．この周波数偏差に乗ずる系統定数に相当する量は**バイアス値**と呼ばれるので，この方式を**周波数バイアス連系線潮流制御方式**と呼んでいる．

例えば，系統AがTBCを行っている場合，バイアス値が系統Aの系統定数に等しく整定されていれば，定常状態では発電出力 $\varDelta P_{\mathrm{GA}}$ は地域要求量 $\varDelta P_{\mathrm{LA}}$ に等しくなるので $-K_{\mathrm{A}}\varDelta f - \varDelta P_{\mathrm{T}} = 0$ となり，連系線潮流 P_{T}–周波数 f の静的な特性は，図2.20のように直線 $K_{\mathrm{A}}\varDelta f + \varDelta P_{\mathrm{T}} = 0$ となる．ここでも，系統定数が正しく推定されていることが重要である．他の系統BがFFCまたはTBCを行う場合は図2.21のようになり，交点が運転点となる．わが国では，FFCを採用している東京電力，北海道電力，沖縄電力以外の地域はTBCを採用している．

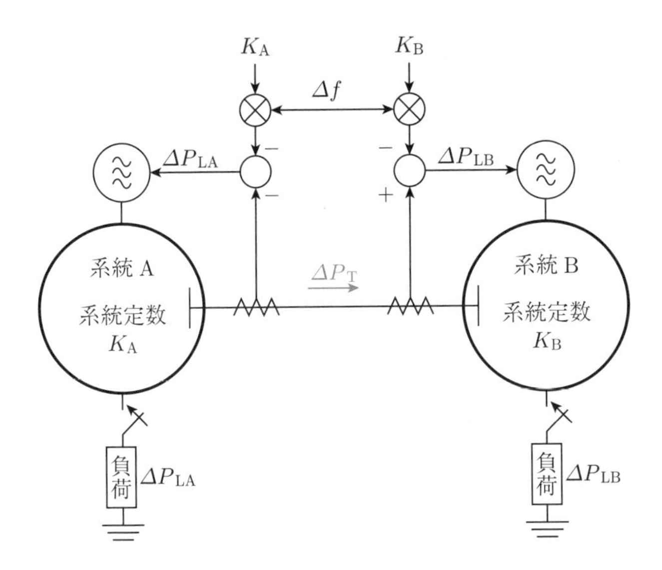

図 2.19　TBC 方式

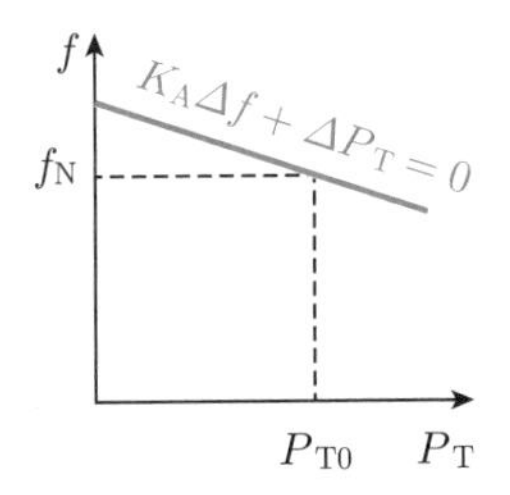

図 2.20　TBC 特性

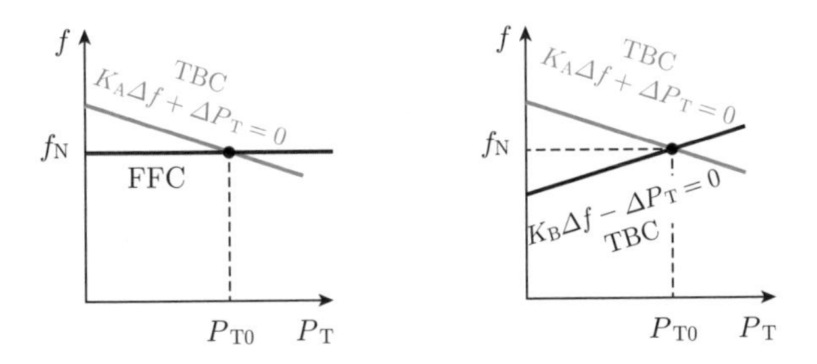

図 2.21　連系系統における TBC–FFC，TBC–TBC 特性

例題 2.4

例題 2.2 の両系統において，負荷変化により，周波数が 0.2 Hz 低下し，連系連潮流が系統 A から B に向けて 30 万 kW 増加した．両系統における負荷変化量 ΔP_{LA}, ΔP_{LB} をそれぞれ求めよ．

【解答】 例題 2.2 より系統 A, B の系統定数は,

$$K_{\mathrm{A}} = 480\,[\mathrm{MW/0.1\,Hz}], \quad K_{\mathrm{B}} = 120\,[\mathrm{MW/0.1\,Hz}]$$

(2.37) 式と (2.38) 式より

$$\begin{aligned}
\Delta P_{\mathrm{LA}} &= -K_{\mathrm{A}}\Delta f - \Delta P_{\mathrm{T}} = -480 \times \left(-\frac{0.2}{0.1}\right) - 300 \\
&= 660\,[\mathrm{MW}] = 66\,[\text{万 kW}] \\
\Delta P_{\mathrm{LB}} &= -K_{\mathrm{B}}\Delta f + \Delta P_{\mathrm{T}} = -120 \times \left(-\frac{0.2}{0.1}\right) + 300 \\
&= 540\,[\mathrm{MW}] = 54\,[\text{万 kW}]
\end{aligned}$$

■

2.6.4 LFC 制御系を考慮した周波数変化と連系線潮流変化

ここでは，連系系統における FFC–TBC 制御方式について説明する．両者とも比例制御を行うものとする．系統 A は FFC で比例ゲインを G_{A}，系統 B は TBC で比例ゲインを G_{B} とする．系統 A, B の制御発電所の出力を

$$\Delta P_{\mathrm{GA}} = -G_{\mathrm{A}}(K_{\mathrm{A}}\Delta f) \tag{2.39}$$

$$\Delta P_{\mathrm{GB}} = -G_{\mathrm{B}}(K_{\mathrm{B}}\Delta f - \Delta P_{\mathrm{T}}) \tag{2.40}$$

と制御すると，(2.15) 式，(2.16) 式から

$$\begin{aligned}
K_{\mathrm{A}}\Delta f &= \Delta P_{\mathrm{GA}} - \Delta P_{\mathrm{LA}} - \Delta P_{\mathrm{T}} \\
&= -G_{\mathrm{A}}K_{\mathrm{A}}\Delta f - \Delta P_{\mathrm{LA}} - \Delta P_{\mathrm{T}}
\end{aligned} \tag{2.41}$$

$$\begin{aligned}
K_{\mathrm{B}}\Delta f &= \Delta P_{\mathrm{GB}} - \Delta P_{\mathrm{LB}} + \Delta P_{\mathrm{T}} \\
&= -G_{\mathrm{B}}(K_{\mathrm{B}}\Delta f - \Delta P_{\mathrm{T}}) - \Delta P_{\mathrm{LB}} + \Delta P_{\mathrm{T}}
\end{aligned} \tag{2.42}$$

が成り立つ．したがって

$$\Delta f = -\frac{\Delta P_{\mathrm{LA}} + \frac{1}{1+G_{\mathrm{B}}}\Delta P_{\mathrm{LB}}}{K_{\mathrm{A}}(1+G_{\mathrm{A}}) + K_{\mathrm{B}}} \tag{2.43}$$

$$\Delta P_{\mathrm{T}} = \frac{-K_{\mathrm{B}}\Delta P_{\mathrm{LA}} + K_{\mathrm{A}}\frac{1+G_{\mathrm{A}}}{1+G_{\mathrm{B}}}\Delta P_{\mathrm{LB}}}{K_{\mathrm{A}}(1+G_{\mathrm{A}}) + K_{\mathrm{B}}} \tag{2.44}$$

となる．

FFC に積分制御が行われる場合には周波数変化が，TBC に積分制御が行われる場合には地域要求量が時間とともに 0 になる．(2.39) 式，(2.40) 式で表される制御用発電所の出力はそれぞれの変化の積分になり，例えば負荷増加で周波数が低下した場合には，FFC の発電所では出力が増加する．TBC–TBC 制御方式については，章末問題 6 を参照されたい．

2.6.5　中央制御方式による負荷周波数制御

中央給電指令所（以降，中給という）に設置された制御システムに計測された系統の周波数，連系線潮流を取り込み，その設定値からの変化量から各系統に必要な制御量 AR を算出し，各周波数調整用発電所に発電出力制御信号を送信する．火力発電所については，3 章にて述べる EDC 信号と一緒に発電出力制御信号を送信するために，発電機ごとに発電出力増減信号を送信するが，水力発電所については，中給から発電所ごとに発電出力増減信号を送信し，発電所で各発電機に信号を分配する．わが国ではすべての電力会社で中央制御方式が採用されており，AR から算出された各 LFC 対象発電所への発電出力制御信号は約 2〜20 秒周期で送信される．中央制御方式の概略図を図 2.22 に示す．一部の電力会社（送配電事業者）の中給からは，図 2.23 に示すように，発電出力制御信号を数値による指令ではなく，指令をパルス信号として発信している．ガバナフリー，LFC 対象発電機の出力変化速度は，火力機でおおよそ 1〜5 %MW/min であるが，水力機では，ダムの貯水容量や，水路系のサージハンチングなどによる水圧上昇の制約を考慮し，出力変更過程での過度なオーバーシュートを防ぐために，10〜100 %MW/min とばらつきが大きくなっている．パルス信号指令では，この出力変化速度を参考に，1 パルス当たりの出力変化量を決めている．

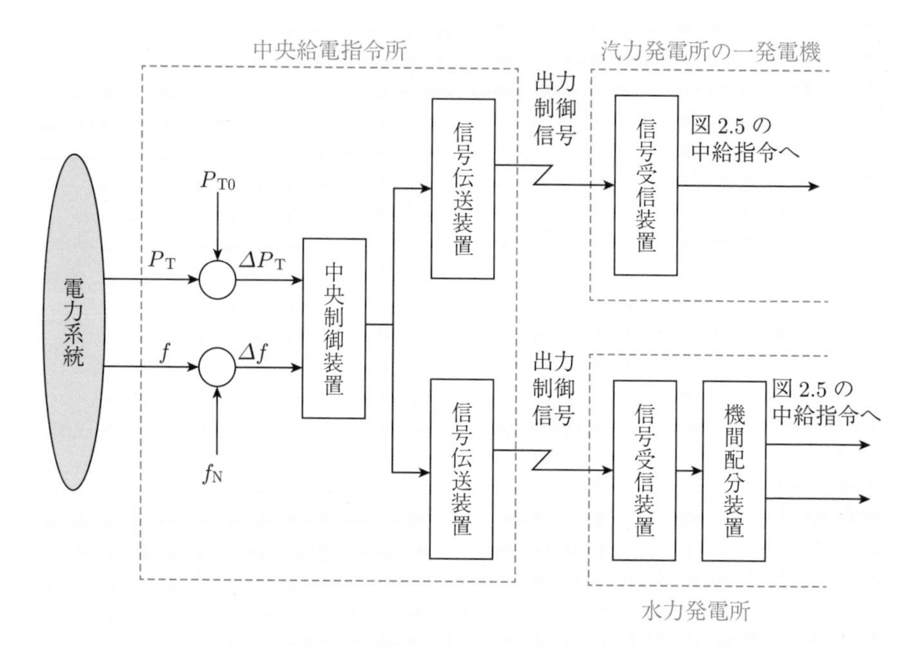

図2.22　中央制御方式の制御システム

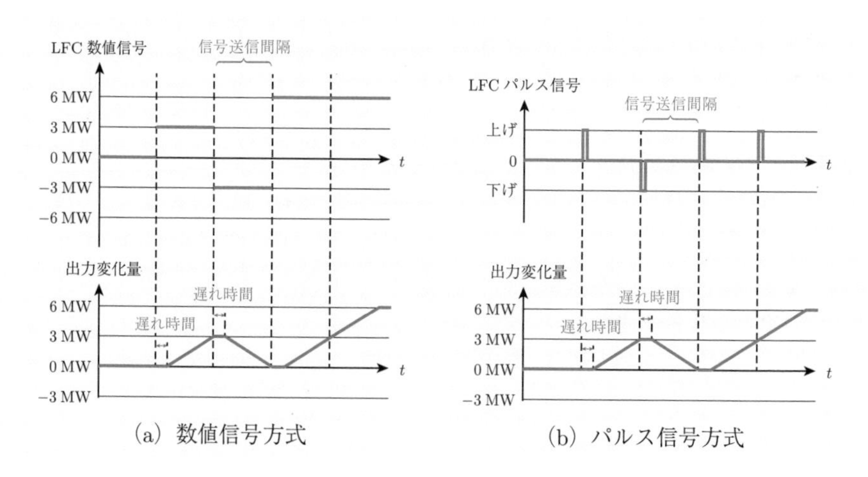

(a) 数値信号方式　　(b) パルス信号方式

図2.23　LFC信号送信方式の概念図

2.7　LFC の必要調整容量

連系系統における許容周波数偏差が決まると，それに連系系統の系統定数を乗ずることで，連系系統内で許容できる負荷変動の調整残が求まる．この許容調整残を各系統に配分して，各系統はそれぞれの負荷変動の調整残をこの許容調整残以内に抑制するように制御すればよい．したがって，各系統における LFC の**必要調整容量**（regulating capacity）とは，各系統がそれぞれの負荷変動の調整残をこの許容調整残以内に抑制するために必要な発電機出力調整のための容量である．

必要調整容量 RC [MW] は，抑制したい負荷変動量 CL [MW] と負荷変動の許容調整残 $\Delta P_{\mathrm{L\,res}}$ [MW] から，統計的に考えると図 2.24 のように次式で求めることができる．

$$RC = \sqrt{(CL)^2 - \Delta P_{\mathrm{L\,res}}^2} \tag{2.45}$$

ここで，周波数変動と各系統の LFC 対象成分負荷変動は正規分布するとし，それぞれの標準偏差を $\sigma_{\Delta f}, \sigma_{\Delta P_{\mathrm{L}}}$ とする．許容周波数偏差を $\sigma_{\Delta f}$，連系系統の系統定数を K とすると，各系統の負荷変動の許容調整残 $\Delta P_{\mathrm{L\,res}}$ は，$K\sigma_{\Delta f}$ を各系統に配分した量となる．負荷変動の 99.7％（$3\sigma_{\Delta P_{\mathrm{L}}}$ 相当）を許容制御残 $\Delta P_{\mathrm{L\,res}}$ 以内に抑制するための必要調整容量 RC を求めるには，$CL = 3\sigma_{\Delta P_{\mathrm{L}}}$ とおけばよい．実際の変動は，プラス側，マイナス側に変動するので，この必要調整容量 RC を増加側，減少側にもつ必要がある．許容周波数偏差を零，つまり許容調整残 $\Delta P_{\mathrm{L\,res}}$ を零とすると必要調整容量は $RC = CL$ となる．

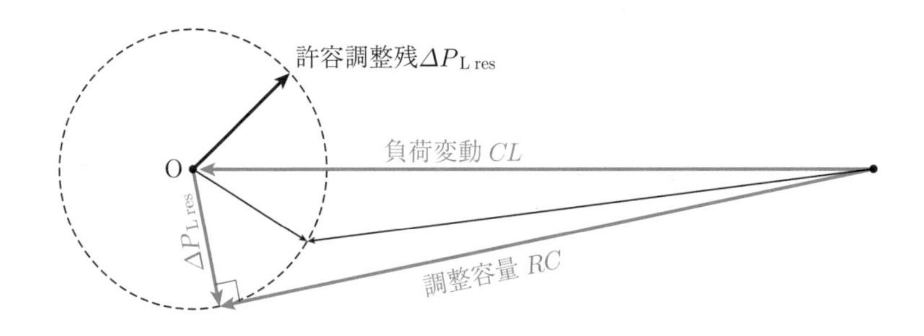

図 2.24　調整容量の算出

2章の問題

□**1**　予想ピーク負荷容量がそれぞれ，5000万kW, 2000万kWの50 Hz系統A, Bがある．2つの系統の間の連系線容量は60万kWである．A系統では，気温が1°C上昇すると100万kWの負荷増加がある．また，A, Bいずれの系統においても，周波数は±0.2 Hz以内に収めたい．いま，連系線潮流が0 kWの状態で両系統を運用しているとき，同時刻にA, B系統の負荷がピークに達すると予想される場合，上記の条件を満足するには，A系統の許容気温予想誤差 ΔT はいくら以内にすればよいか求めよ．ただし，B系統の気温は正確に予想されるものとし，A, B両系統の系統定数は1.0 %/0.1 Hzとする．

□**2**　図に示す3地域連系系統において，系統Cで100 MWの発電所脱落が発生した．このときの周波数変動と各連系線の潮流変動を求めよ．

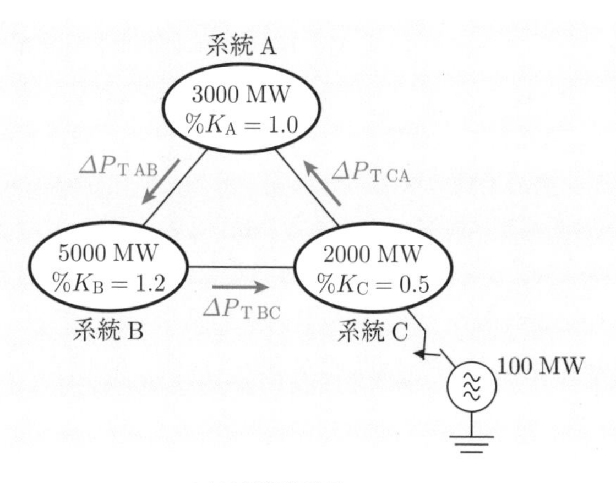

3地域連系系統

□**3**　2地域連系系統において，系統A, Bの正味の発電電力変化の標準偏差をそれぞれ $\sigma_{\Delta P_{\rm A}}$, $\sigma_{\Delta P_{\rm B}}$ とするとき，(2.17)式，(2.18)式より，連系系統の周波数変化と潮流変化の標準偏差を求めよ．

□**4** 例題 2.2 の連系系統において，両系統の負荷変動がそれぞれ標準偏差で $\sigma_{\Delta P_{\mathrm{A}}} = 50\,[\mathrm{MW}]$, $\sigma_{\Delta P_{\mathrm{B}}} = 10\,[\mathrm{MW}]$ であるとし，発電電力変動はないものとする．この負荷変動による連系系統の周波数変化と潮流変化の標準偏差を問題 3 の結果を利用して求めよ．

□**5** 問題 3 の結果を利用して，(2.26) 式，(2.27) 式を導け，

□**6** 2 地域連系系統において，両系統とも TBC 制御方式で，両者とも制御用発電所は比例制御を行うものとする．系統 A の比例ゲインを G_{A}，系統 B の比例ゲインを G_{B} とするとき，両系統にそれぞれ負荷変化 ΔP_{LA}, ΔP_{LB} が生じたときの周波数変化，連系線潮流変化を求めよ．系統定数は，それぞれ K_{A}, K_{B} とする．

□**7** 2 地域連系系統において，2.6.4 項で説明した FFC–TBC 制御方式をとり，両系統の制御用発電所ではゲイン 1 の積分制御を行うものとする．エリアの負荷は，それぞれ ΔP_{LA}, ΔP_{LB} だけステップ増加した．このときの周波数変化の時間関数を，ラプラス変換を用いて求め，系統 A の制御用発電所の出力変化量の最終値を求めよ．

3 経済運用による給電調整

電力システムの周波数を一定に維持するために発電機の有効電力出力を制御する **3** つの方式のうち，想定される大きな日負荷変化に対して，火力発電機の燃料費の総和が最小になるように，系統に並列する火力発電機を決定し，その火力発電機それぞれに，時々刻々，負荷を配分する経済運用（**EDC**）について学ぶ．また，貯水容量に制約のある水力発電所と一緒に火力発電所を経済運用する方法についても説明する．

3 章で学ぶ概念・キーワード

- 経済負荷配分
- 等増分燃料費の法則
- 火力系統の協調方程式
- ユニットコミットメント
- 増分水単価
- 燃料制約
- 需給調整市場

3.1 火力発電所燃料費特性

火力発電所において，出力 P [MW] を1時間供給するのに必要な燃料消費量を金額に換算したものを燃料費 F [円/h] とすると，出力–燃料費特性は，図 3.1 に示すように，下に凸の関数となる．このとき，単位出力当たりの1時間の燃料費は

$$\textbf{発電単価}\quad \mu = \frac{F}{P}\,[\text{円/h·MW}] \tag{3.1}$$

といい，図 3.2 のようになる．この発電単価 μ の逆数 $\frac{P}{F}$ は，単位燃料費当たりの1時間の発電出力となり，効率に比例する量となる．実際の発電所は，定格出力近辺で発電単価が最小，つまり効率が最大になるように設計されている．

図 3.1 において，出力 P [MW] で運転しているときに，出力を微小分だけ増加させると燃料費がどれだけ増加するかを示す $\frac{dF}{dP}$ は

$$\textbf{増分燃料費}\quad \lambda = \frac{dF}{dP}\,[\text{円/h·MW}] \tag{3.2}$$

といい，図 3.3 に示すように，下に凸で，右上がりの単調増加関数となる．図 3.1 からわかるように，発電単価最小，つまり効率最大の点で，発電単価と増分燃料費は等しくなる．

実際の火力発電所では，出力–燃料費特性が図 3.1 のように滑らかな曲線にならず，図 3.4 に示すように途中に微分不可能な点をもつことがある．これは，火力発電所は出力が増加するにつれてバルブが順次開いていくからである．しかしながら，図 3.4 の燃料費特性を経済運用で扱うと計算が煩雑になるので，図 3.4 の曲線を，数本の折れ線や1本の二次曲線で近似することが一般的である．二次曲線で扱うと

$$F(P) = a + bP + cP^2 \tag{3.3}$$

となり，増分燃料費は，次に示すように，P の一次式となる．

$$\frac{dF}{dP} = b + 2cP \tag{3.4}$$

ここで，(3.3) 式の第1項 a はボイラを定格圧力に保ち，タービンを定格回転数で回転しておくのに必要な無負荷損に対応する燃料費である．第2項 bP は出力と煙突から出る排ガス損失，復水器で海水に奪われる熱損失の合計に対応する燃料費で，燃料費の大部分を占める．第3項 cP^2 は発電機の銅損，蒸気や水の流れにより生じる流体損失などに対応する燃料費である．なお，(3.3) 式の係数 a, b, c の値は，各発電機で異なるが，大まかな感覚をつかむために，わが国のモデル系統に対する経済運用のシミュレーションで用いられる値を表 3.1 に示す．表 3.1 では，費用の単位は [千円] としているが，状況に応じて適切に定めればよい．

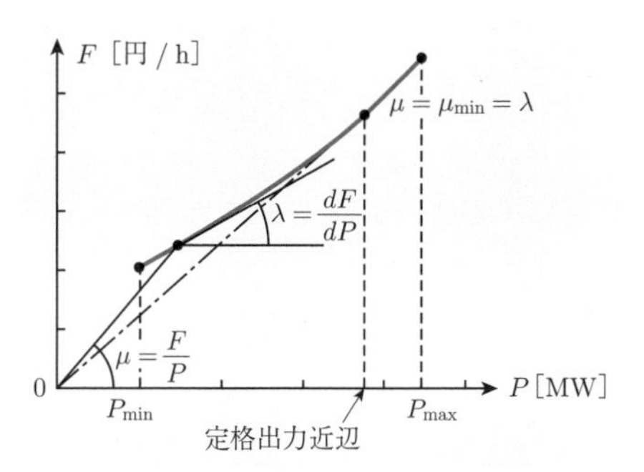

図 3.1 燃料費特性

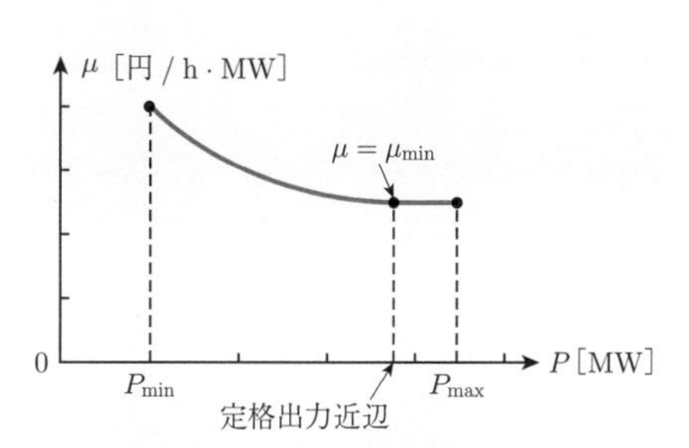

図 3.2 発電単価特性

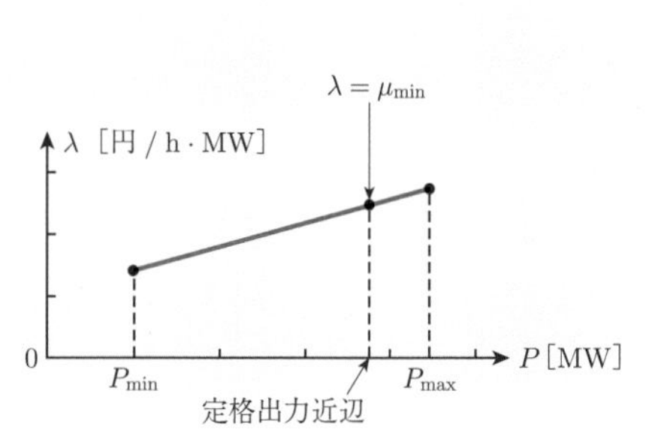

図 3.3 増分燃料費特性

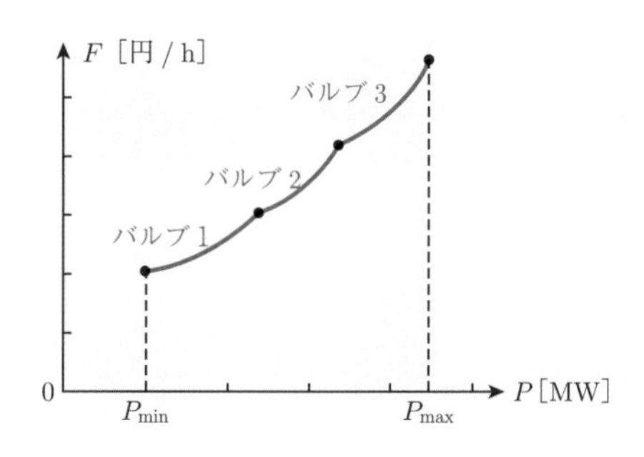

図 3.4 バルブを考慮した燃料費特性

表 3.1 燃料費特性の例

燃料種別	定格出力 [MW]	a [千円/h]	b [千円/h·MW]	c [千円/h·MW^2]
石油	500	200	5.0	0.5×10^{-4}
石油	700	260	5.0	3.8×10^{-4}
LNG	200	66	2.2	25.0×10^{-4}
LNG	700	117	2.4	4.0×10^{-4}
石炭	700	182	1.3	1.6×10^{-4}
石炭	1000	550	0.4	7.0×10^{-4}
GTCC	100	104	0.9	7.3×10^{-4}
GTCC	250	120	1.4	16.6×10^{-4}

[10] 電気学会技術報告，第 1386 号，表 3.35（2016 年）より作成

3.2 火力発電機の経済負荷配分制御（EDC）（送電損失無視）

図3.5に示すように，送電損失を無視した系統にn台の火力発電機が並列され，負荷に供給しているとする．それぞれの発電機出力を$P_1, P_2, \ldots, P_n$とし，総負荷をP_Rとする．各発電機iの燃料費関数を$F_i(P_i)$とおくと，

$$P_1 + P_2 + \cdots + P_n = P_R \tag{3.5}$$

を制約条件とし，次式の総燃料費

$$F = F_1(P_1) + F_2(P_2) + \cdots + F_n(P_n) \quad \to \quad \min. \tag{3.6}$$

を満足する$P_1, P_2, \ldots, P_n$で，各発電機を運用することが最も経済的になる．

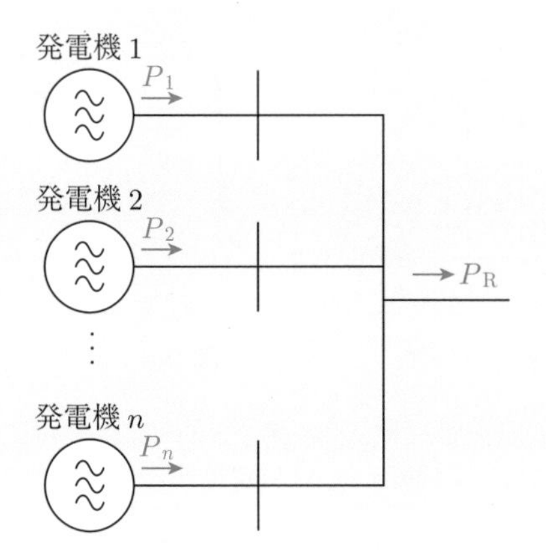

図3.5　n台の火力発電機並列系統

この最適化問題を，**ラグランジュの未定乗数法**で解く．ラグランジュの未定乗数をλとおき，次のラグランジュ関数

$$\begin{aligned} I = &F_1(P_1) + F_2(P_2) + \cdots + F_n(P_n) \\ &- \lambda(P_1 + P_2 + \cdots + P_n - P_R) \end{aligned} \tag{3.7}$$

を最小化することを考える．変数は，$P_1, P_2, \ldots, P_n$とλであるので，(3.7)式のIをこれらの変数について偏微分し零とおくと

$$
\begin{cases}
\dfrac{\partial I}{\partial P_1} = \dfrac{dF_1}{dP_1} - \lambda = 0 \\
\dfrac{\partial I}{\partial P_2} = \dfrac{dF_2}{dP_2} - \lambda = 0 \\
\cdots \\
\dfrac{\partial I}{\partial P_n} = \dfrac{dF_n}{dP_n} - \lambda = 0
\end{cases}
\tag{3.8}
$$

$$
\frac{\partial I}{\partial \lambda} = P_1 + P_2 + \cdots + P_n - P_\mathrm{R} = 0 \tag{3.9}
$$

(3.9) 式は，元の最適化問題の制約条件式 (3.5) であり，(3.8) 式と (3.9) 式を満足する $P_1, P_2, \ldots, P_n$ と λ を求めれば，ラグランジュ関数 I の最小値は，関数 F の最小値と一致する．(3.8) 式は

$$
\frac{dF_1}{dP_1} = \frac{dF_2}{dP_2} = \cdots = \frac{dF_n}{dP_n} = \lambda \tag{3.10}
$$

となり，各発電機の増分燃料費が等しくなるように $P_1, P_2, \ldots, P_n$ を決めればよいことがわかる．これを**等増分燃料費の法則**（**等 λ 法**）という．これは，発電機の最経済的な運用状態が，発電単価 $\frac{F}{P}$ ではなく増分燃料費 $\frac{dF}{dP}$ で決まる，つまり発電機の効率ではなく増分効率で決まることを示している．図 3.6 のように，各発電機の増分燃料費を縦軸，発電出力を横軸にとって増分燃料費曲線を描くと，横軸に平行な，増分燃料費一定の直線との交点における各発電機出力の和が総負荷 P_R に等しくなるところが最適解となる．

これまで発電出力の上下限 $P_{i\,\mathrm{min}}$, $P_{i\,\mathrm{max}}$ を考慮していなかったが，発電出力の上下限を超える発電機については，発電出力を上下限 $P_{i\,\mathrm{min}}$, $P_{i\,\mathrm{max}}$ に固定して，残りの発電機で総負荷 P_R から固定した発電出力 $P_{i\,\mathrm{min}}$ または $P_{i\,\mathrm{max}}$ を差し引いた $P_\mathrm{R} - P_{i\,\mathrm{max}}$ または $P_\mathrm{R} - P_{i\,\mathrm{min}}$ について等増分燃料費の法則を適用すればよい．これは，図 3.6 に示すように，発電出力の上限で増分燃料費を急激に立ち上げ，下

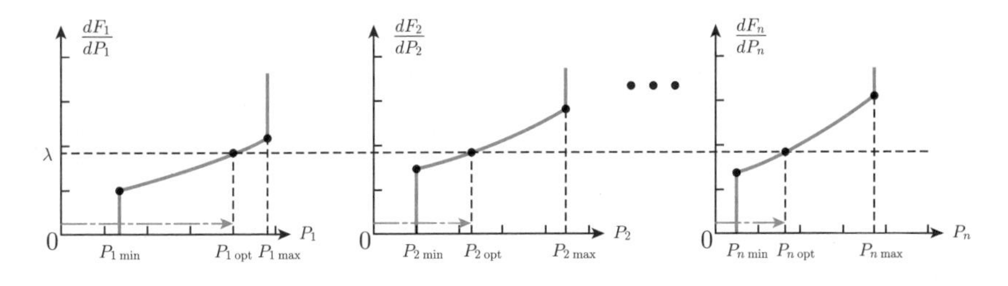

図 3.6　各発電機へ負荷配分

限で急激に立ち下げておけば考慮できる．

(3.10) 式において，発電機 i の増分燃料費 $\frac{dF_i}{dP_i}$ は，各発電機の出力 P_i の関数になるので，P_i は λ の関数となる．この P_i を制約条件である (3.9) 式に代入すると，(3.9) 式は λ の方程式になるので，これを解くと λ の値が求まる．P_i は λ の関数なので，これに求めた λ の値を代入して $P_1, P_2, \ldots, P_n$ の値が得られる．

燃料費関数 $F_i(P_i)$ が (3.3) 式のように，P_i の二次式で表されるとすると，等増分燃料費の法則である (3.10) 式は，(3.4) 式を用いて

$$2c_iP_i + b_i = \lambda \quad (i = 1, 2, \ldots, n) \tag{3.11}$$

$$\therefore \quad P_i = \frac{\lambda - b_i}{2c_i} \quad (i = 1, 2, \ldots, n) \tag{3.12}$$

となり，P_i は λ の関数となる．これを (3.9) 式に代入すると

$$\sum_{i=1}^{n} \frac{\lambda - b_i}{2c_i} = P_{\mathrm{R}} \tag{3.13}$$

$$\left(\sum_{i=1}^{n} \frac{1}{2c_i}\right)\lambda - \sum_{i=1}^{n} \frac{b_i}{2c_i} = P_{\mathrm{R}} \tag{3.14}$$

となり，ラグランジュの未定乗数 λ の値が得られる．

$$\therefore \quad \lambda = \frac{2P_{\mathrm{R}} + \sum_{i=1}^{n} \frac{b_i}{c_i}}{\sum_{i=1}^{n} \frac{1}{c_i}} \tag{3.15}$$

この λ を (3.12) 式に代入して P_i の値が得られる．

$$P_i = \frac{1}{2c_i} \frac{2P_{\mathrm{R}} + \sum_{i=1}^{n} \frac{b_i}{c_i}}{\sum_{i=1}^{n} \frac{1}{c_i}} - \frac{b_i}{2c_i} \tag{3.16}$$

次に，等増分燃料費の法則を，発電機2台の場合を例に視覚的に説明する．各発電出力を P_1, P_2 とし，そのときの燃料費を $F_1(P_1)$, $F_2(P_2)$ として，図3.7のように，発電機1の燃料費特性の原点 $\mathrm{O_1}$ と発電機2の燃料費特性の原点 $\mathrm{O_2}$ の間の距離 $\overline{\mathrm{O_1O_2}} = P_1 + P_2$ を総負荷 P_{R} と等しくとって横軸の上下に燃料費曲線を描く．このとき，2つの燃料費曲線の間の縦軸の距離 $\overline{\mathrm{BC}}$ が点Aでの総燃料費となる．総燃料費を最小にするには，この距離が最も短くなるような横軸上の点を見つければよい．これは，点E, Fでの両曲線の接線が平行になる点Dである．つまり

$$\frac{dF_1}{dP_1} = \frac{dF_2}{dP_2} \tag{3.17}$$

を満足する点になり，等増分燃料費の法則が導かれる．

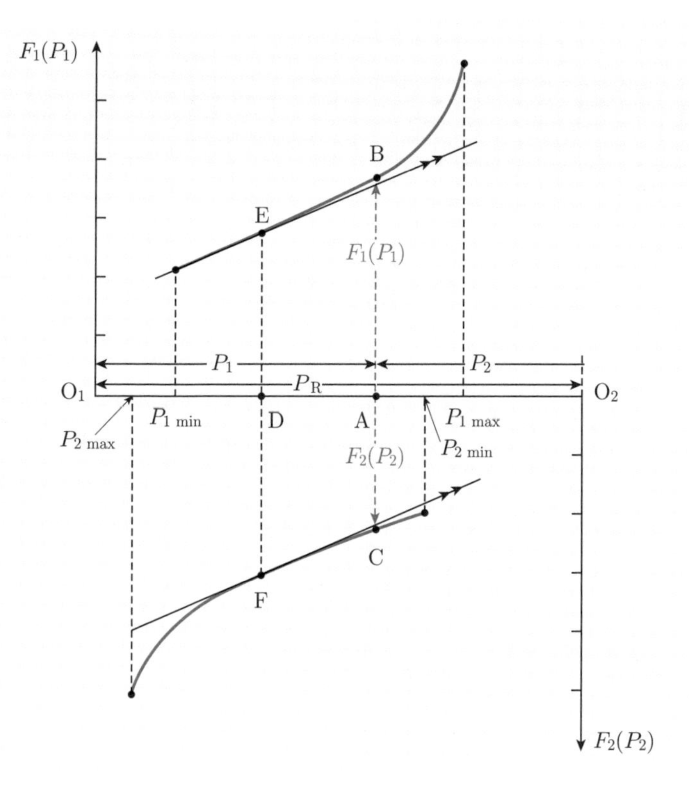

図 3.7　2 台の火力発電機の経済運用

例題 3.1

2 台の LNG 火力発電所の経済運用を考える．LNG 火力発電所の燃料費特性は，表 3.1 より

$$F_1(P_1) = 1.17 \times 10^6 + 24000P_1 + 4.0P_1^2$$

$$(140 \leq P_1\,[\mathrm{MW}] \leq 700)$$

$$F_2(P_2) = 6.6 \times 10^5 + 22000P_2 + 25P_2^2$$

$$(40 \leq P_2\,[\mathrm{MW}] \leq 200)$$

とする．総負荷は，$180\,[\mathrm{MW}] \leq P_R \leq 900\,[\mathrm{MW}]$．送電網は無損失とする．このときの 2 台の LNG 発電所の最経済出力配分を求めよ．

【解答】 ラグランジュの未定乗数を λ として

$$\frac{dF_1}{dP_1} = 8.0P_1 + 24000 = \lambda$$

$$\frac{dF_1}{dP_1} = 50P_2 + 22000 = \lambda$$

$$P_1 + P_2 = P_R$$

$$\therefore \quad P_1 = \frac{\lambda}{8} - 3000, \quad P_2 = \frac{\lambda}{50} - 440$$

P_R が与えられたときの λ を求めると

$$\lambda \cong 6.90P_R + 23724$$

$$\therefore \quad P_1 = 0.862P_R - 34.5, \quad P_2 = 0.138P_R + 34.5$$

$140 \leq P_1$ の条件より，$202 \leq P_R$ となるので，$180 \leq P_R \leq 202$ のときは $P_1 = 140$ と最小値に固定となる．また，$P_1 \leq 700$ の条件より，$P_R \leq 852$ となるので，$852 \leq P_R \leq 900$ のときは $P_1 = 700$ と最大値に固定となる．したがって，各発電所の最経済出力配分は下図のようになる．

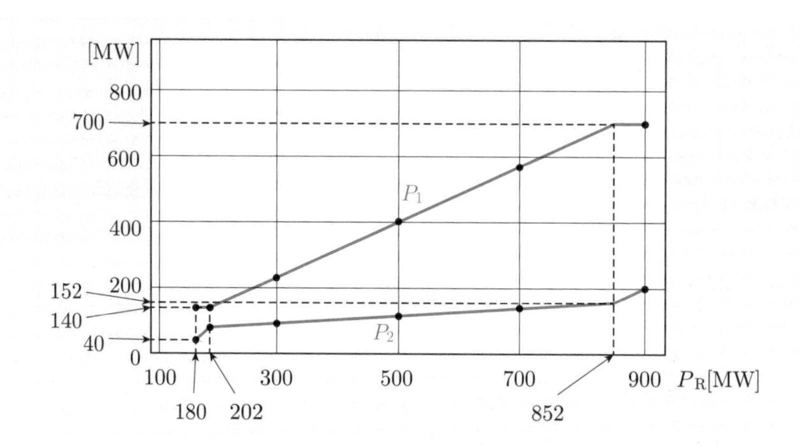

3.3　火力発電所の経済負荷配分制御（EDC）（送電損失考慮）

送電系統の送電損失は，系統内の送電線の抵抗損失がほとんどを占める．負荷をその有効電力，無効電力と負荷端子の電圧から求まるインピーダンスで表し，発電機端子の電圧の大きさと発電機間の位相差を一定と仮定すると，系統内の送電線の損失の総和は，発電機の有効電力出力と無効電力出力で表される．

簡単のために，図 3.8 の n 台の火力発電機並列系統を考え，送電線に抵抗分があり損失が発生すると仮定する．送電線 i の抵抗分を R_i，発電機 i の端子電圧の大きさを V_i，発電機 i からの負荷への電流，有効電流，無効電流，有効電力，無効電力をそれぞれ $I_i, I_{1i}, I_{2i}, P_i, Q_i$ とおく．有効電流，無効電流は発電機の端子電圧の位相を基準にしている．負荷端子電圧を一定と仮定すると，送電線に流れる電流はその送電線に接続している発電機出力にのみ依存するので，送電線 i での損失は

$$\begin{aligned} P_{\mathrm{L}i} &= R_i I_i^2 = R_i(I_{1i}^2 + I_{2i}^2) \\ &= \frac{R_i}{V_i^2}(I_{1i}^2 + I_{2i}^2)V_i^2 \\ &= \frac{R_i}{V_i^2}(P_i^2 + Q_i^2) \end{aligned} \tag{3.18}$$

となり，発電機の有効電力出力と無効電力出力の 2 乗の和に比例する形で表されることがわかる．ここで

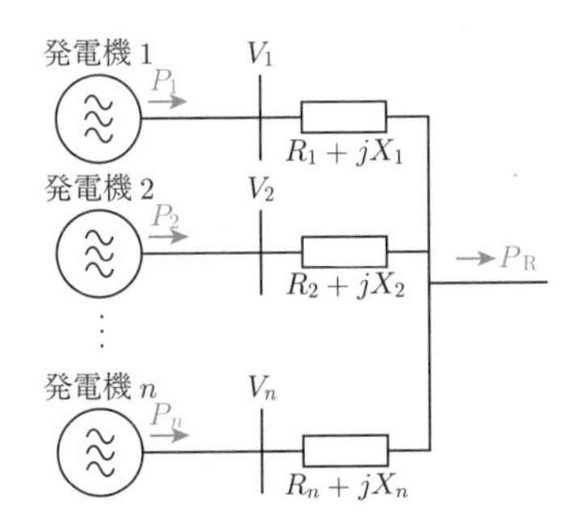

図 3.8　n 台の火力発電機並列系統（送電損失あり）

$$\gamma_i \equiv \frac{Q_i}{P_i} \tag{3.19}$$

とおき，γ_i を一定とすると，(3.18) 式は次式のように，発電機の有効電力出力の 2 乗に比例する形で表される．

$$P_{\mathrm{L}i} = \frac{R_i}{V_i^2}(1+\gamma_i^2)P_i^2 \tag{3.20}$$

したがって，系統全体の送電損失 P_{L} は

$$P_{\mathrm{L}} = \sum_{i=1}^{n} \frac{R_i}{V_i^2}(1+\gamma_i^2)P_i^2 \tag{3.21}$$

となる．

以上の考え方を一般的な系統に拡張し，発電機の力率を一定と仮定すると，系統の送電損失 P_{L} は，発電機の有効電力出力 P_i の二次形式

$$\begin{aligned} P_{\mathrm{L}} &= P_1^2 B_{11} + P_1 B_{12} P_2 + P_1 B_{13} P_3 + \cdots \\ &\quad + P_2 B_{21} P_1 + P_2^2 B_{22} + \cdots + P_n B_{n,n-1} P_{n-1} + P_n^2 B_{nn} \\ &= \sum_i \sum_j P_i B_{ij} P_j \quad （ただし，B_{ij} = B_{ji}） \end{aligned} \tag{3.22}$$

と表される．この (3.22) 式を**損失方程式**という．係数 B_{ij} は，**$\boldsymbol{B}$ 係数**または **$\boldsymbol{B}$ 定数**と呼ばれる．係数 B_{ij} の詳細は専門書を参照されたい．この B 係数は，負荷状態と系統構成，発電機端子電圧，発電機間位相差，発電機力率によって決まるので，実際に適用する際には，代表的な状態つまり基準潮流状態を決めておく必要がある．この基準運転状態からの変化が係数 B_{ij} に大きな影響を与えない場合は，係数 B_{ij} は一定の定数と考えてよい．

さて，(3.22) 式のように系統の送電損失 P_{L} が各発電機の有効電力出力（以降，発電機出力と呼ぶ）の二次形式で表されるので，n 台の火力発電機が系統に並列され，負荷に供給している場合の経済負荷配分問題は次のように定式化される．

目的関数

$$F = F_1(P_1) + F_2(P_2) + \cdots + F_n(P_n) \quad \to \quad \min. \tag{3.23}$$

制約条件

$$P_1 + P_2 + \cdots + P_n - P_{\mathrm{L}}(P_1, P_2, \ldots, P_n) = P_{\mathrm{R}} \tag{3.24}$$

これを前節と同様にラグランジュの未定乗数法によって解く．ラグランジュの未定乗数を λ とおくと，次のラグランジュ関数

$$\begin{aligned} I &= F_1(P_1) + F_2(P_2) + \cdots + F_n(P_n) \\ &\quad - \lambda\{P_1 + P_2 + \cdots + P_n - P_{\mathrm{L}}(P_1, P_2, \ldots, P_n) - P_{\mathrm{R}}\} \end{aligned} \tag{3.25}$$

を最小化することになり，このラグランジュ関数 I を変数 $P_1, P_2, \ldots, P_n$ と λ について偏微分し零とすると

$$\begin{cases} \dfrac{\partial I}{\partial P_1} = \dfrac{dF_1}{dP_1} - \lambda\left(1 - \dfrac{\partial P_{\mathrm{L}}}{\partial P_1}\right) = 0 \\ \dfrac{\partial I}{\partial P_2} = \dfrac{dF_2}{dP_2} - \lambda\left(1 - \dfrac{\partial P_{\mathrm{L}}}{\partial P_2}\right) = 0 \\ \cdots \\ \dfrac{\partial I}{\partial P_n} = \dfrac{dF_n}{dP_n} - \lambda\left(1 - \dfrac{\partial P_{\mathrm{L}}}{\partial P_n}\right) = 0 \end{cases} \tag{3.26}$$

$$\frac{\partial I}{\partial \lambda} = P_1 + P_2 + \cdots + P_n - P_{\mathrm{L}} - P_{\mathrm{R}} = 0 \tag{3.27}$$

となり

$$\begin{aligned} \frac{dF_1}{dP_1}\frac{1}{1 - \frac{\partial P_{\mathrm{L}}}{\partial P_1}} &= \frac{dF_2}{dP_2}\frac{1}{1 - \frac{\partial P_{\mathrm{L}}}{\partial P_2}} = \cdots \\ &= \frac{dF_n}{dP_n}\frac{1}{1 - \frac{\partial P_{\mathrm{L}}}{\partial P_n}} \\ &= \lambda \end{aligned} \tag{3.28}$$

が成り立つ．この式を**火力系統の協調方程式**という．ここで

$$L_i \equiv \frac{1}{1 - \frac{\partial P_{\mathrm{L}}}{\partial P_i}} \tag{3.29}$$

とおくと，(3.28) 式は

$$\begin{aligned} \frac{dF_1}{dP_1}L_1 &= \frac{dF_2}{dP_2}L_2 = \cdots \\ &= \frac{dF_n}{dP_n}L_n \\ &= \lambda \end{aligned} \tag{3.30}$$

となる．$\frac{\partial P_{\mathrm{L}}}{\partial P_i}$ は発電機 i の出力が単位量増加したときに系統の送電損失がどれくら

い増加するかを示すもので，$\frac{\partial P_\mathrm{L}}{\partial P_i} > 0$ であり，したがって

$$L_i > 1 \tag{3.31}$$

となり，送電損失のない場合は，

$$L_i = 1 \tag{3.32}$$

である．この場合は，(3.30) 式は (3.10) 式に一致し，等増分燃料費の法則が成り立つ．この L_i を**ペナルティ係数**という．(3.22) 式を用いると

$$\frac{\partial P_\mathrm{L}}{\partial P_i} = 2\sum_j B_{ij}P_j \ll 1 \tag{3.33}$$

で，この値は，一般に 1 よりずっと小さくなるので，ペナルティ係数は

$$\begin{aligned} L_i &\cong 1 + \frac{\partial P_\mathrm{L}}{\partial P_i} \\ &= 1 + 2\sum_j B_{ij}P_j \end{aligned} \tag{3.34}$$

と表される．

いま，発電機出力を ΔP_i だけ増加させ，総負荷が ΔP_R 増加したとすると，系統の損失は $\frac{\partial P_\mathrm{L}}{\partial P_i}\Delta P_i$ だけ増加するので

$$\begin{aligned} \Delta P_\mathrm{R} &= \Delta P_i - \frac{\partial P_\mathrm{L}}{\partial P_i}\Delta P_i \\ &= \left(1 - \frac{\partial P_\mathrm{L}}{\partial P_i}\right)\Delta P_i \end{aligned} \tag{3.35}$$

となり，発電機出力を ΔP_i だけ増加させた場合の燃料費の増加分を ΔF_i とすると

$$\begin{aligned} \frac{\Delta F_i}{\Delta P_\mathrm{R}} &= \frac{\Delta F_i}{\left(1 - \frac{\partial P_\mathrm{L}}{\partial P_i}\right)\Delta P_i} \\ &= \frac{\Delta F_i}{\Delta P_i}\frac{1}{1 - \frac{\partial P_\mathrm{L}}{\partial P_i}} \end{aligned} \tag{3.36}$$

となるので，(3.28) 式の火力系統の協調方程式は，すべての発電機において $\frac{\Delta F_i}{\Delta P_\mathrm{R}}$ が等しくなるように，つまり総負荷の増加に対する発電機の増分燃料費がすべての発電機で等しくなるように，総負荷を各発電機に配分すると，総燃料費が最小となることを示している．総負荷が増加すると，系統の損失分を含めて発電出力が増加するので，燃料費もその分だけ増加することを考慮しているのである．

例題 3.2

図のような二機系統を考える．各発電所端の力率は $\cos\varphi = 0.9$，端子電圧は 275 kV で，送電線抵抗は $R_1 = 3\,[\Omega]$ である．(3.20) 式を用いて，送電損失を P_1 [MW] の関数として求めよ．発電所 1, 2 の燃料費特性を例題 3.1 と同じとする．この損失を考慮した両発電所の最適経済配分を求めよ．ただし，総負荷 P_{R} を与えて発電所負荷配分を求めるのは労力がかかるので，ここでは，発電所 1 の出力 P_1 を与えて，発電所 2 の出力 P_2，送電線損失 P_{L}，総負荷 P_{R} を順次求めよ．ここで求まった総負荷 P_{R} に対する無損失の場合の P_1, P_2 を求め，損失ありの場合と比較せよ．

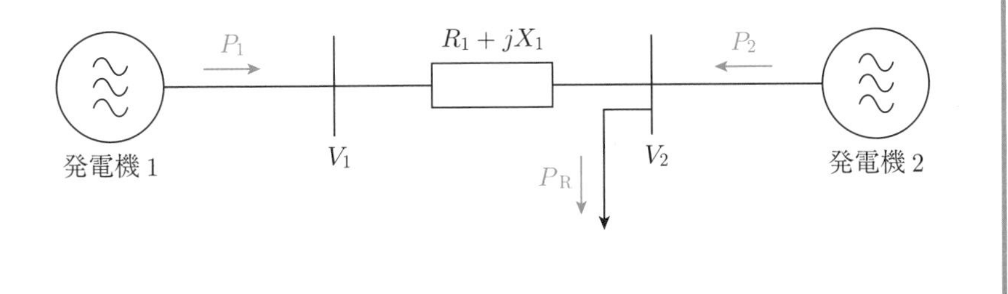

【解答】 (3.20) 式より

$$
\begin{aligned}
P_{\mathrm{L}} &= \frac{R_1}{V_1^2}(1+\gamma_1^2)P_1^2 \\
&= \frac{R_1}{V_1^2}\frac{1}{(\cos\varphi_1)^2}P_1^2 \\
&= \frac{3}{275^2}\frac{1}{0.9^2}P_1^2 \\
&= 4.90\times 10^{-5}P_1^2\,[\mathrm{MW}]
\end{aligned}
$$

例題 3.1 より，各発電所の増分燃料費は

$$
\begin{aligned}
\frac{dF_1}{dP_1} &= 8.0P_1 + 24000 \\
\frac{dF_2}{dP_2} &= 50P_2 + 22000
\end{aligned}
$$

総需要は

$$
P_1 + P_2 - 4.90\times 10^{-5}P_1^2 = P_{\mathrm{R}}
$$

(3.28) 式より

$$(8.0P_1 + 24000)\frac{1}{1 - 9.8 \times 10^{-5}P_1} = 50P_2 + 22000$$
$$= \lambda$$

これらの式から，P_1 を与えると P_2, P_L, P_R が求まり，下表となる．同じ総需要に対して，送電損失ありの方がなしと比べて，P_1 が少なくなり，P_2 が多くなる．

	P_R [MW]	208	280	518	753
送電損失あり	P_1 [MW]	140	200	400	600
	P_2 [MW]	69	82	126	171
	P_L [MW]	1	2	8	18
	ペナルティ係数 L	1.01	1.02	1.04	1.06
なし	P_1 [MW]	145	207	413	615
	P_2 [MW]	63	73	105	138

■

3.4　負荷周波数制御と経済負荷配分制御の結合

2.6.4 項で，中給に設置された負荷周波数制御（LFC）システムにおいて，各系統に必要な負荷周波数制御量 AR を算出し，周波数調整用発電所に発電出力制御信号を送信する中央制御方式について説明した．わが国では，経済負荷配分制御（EDC）に関しても同様に，中給に設置された制御システムにおいて，3 分から 6 分先の総負荷の予測値に対して，等増分燃料費の法則に基づいて発電機への最適な発電出力配分値を算出し，経済負荷配分制御用発電所に 3 分から 5 分周期で送信する．

わが国で採用されている LFC 信号と EDC 信号を結合する 3 つの方式を図 3.9 に示す．(a) の直列再配分方式では，EDC で求めた発電出力配分値に LFC が AR 配分値を加えて制御を行い，(b) の再配分方式では，負荷変動は LFC で制御を行い，その結果生じた発電機出力偏差を EDC で別出力として再配分し制御する．(c) の並列再配分方式では，(b) の別出力の再配分方式に加えて，EDC の発電出力指令値と実際の発電出力の差と LFC の AR 値から EDC の需要予測誤差補正を行い，LFC と EDC の協調を図っている．

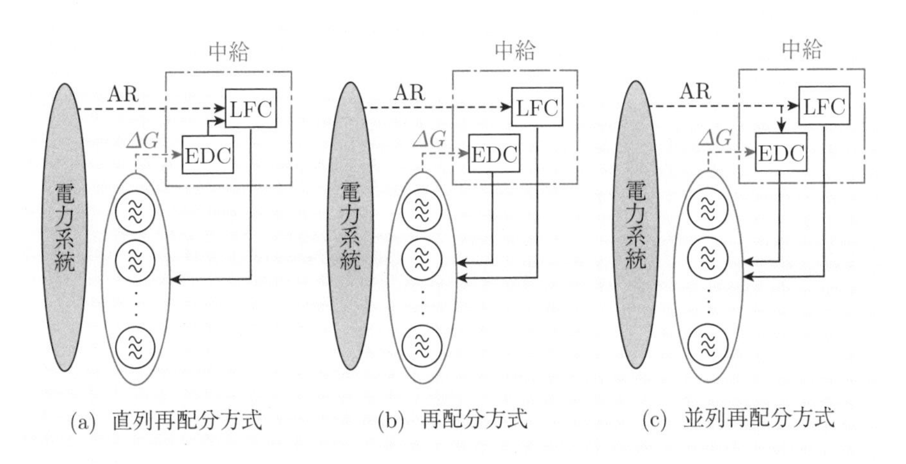

図 3.9　LFC と EDC の結合方式

3.5　並列発電機の決定

3.5.1　発電機の起動停止計画問題

3.2 節，3.3 節で説明した火力発電機の経済負荷配分制御は，ある一時点で，系統に並列する発電機が決まっているときに，その時点の総負荷 P_{R} をその並列火力発電機に総燃料費最小になるように配分することであった．負荷は時間とともに変化するので，この負荷変化にあわせて，多数ある発電機の中から系統に並列する発電機を決定し，その並列された発電機に対して時々刻々，経済負荷配分を行う必要がある．この時間とともに変化する負荷に対して並列する発電機を決定することを**起動停止計画**，または**ユニットコミットメント**（UC：unit commitment）という．

図 3.10 は高需要期の一日の負荷変化と，各燃料別発電の負荷分担の様子を示した例である．総負荷よりベース負荷を担う原子力発電や流れ込み式水力発電の他，再生可能エネルギー電源である地熱発電，風力発電，太陽光発電を差し引いたうすい灰色の部分が火力発電によって担う負荷であり，この負荷に対して，石炭，LNG，LPG，石油など燃料費の異なる発電機を総燃料費が最小になるように最適に組み合わせて運転する計画を立てることが起動停止計画問題となる．発電出力が気象条件によって頻繁に変化する再生可能エネルギー電源が増加し，火力発電が担う負荷が頻繁に大きく変化するようになると，火力発電機の起動停止が頻繁に行われるよう

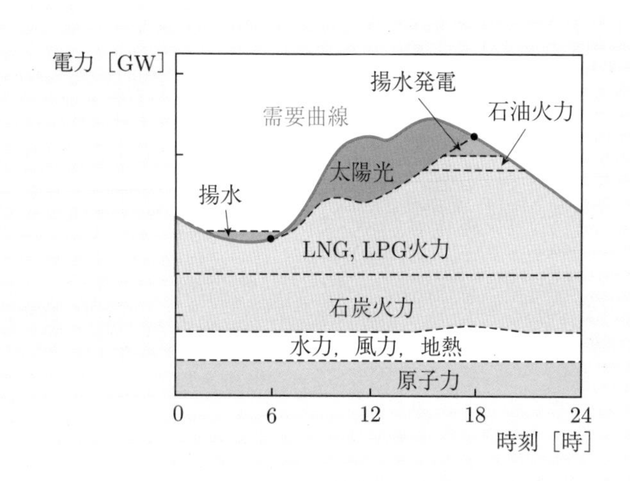

図 3.10　一日の需給運用の例（高需要期）

になるので，この起動停止計画は経済性の向上に非常に重要である．

貯水池式や調整池式の水力発電機については，貯水池・調整池の使用可能水量に制限がある場合には，理論的には火力発電機と同時に起動停止計画を立て経済運用するのがよい．しかし，わが国では発電電力量が少なく水系の運用制約も複雑であるため，3.6.2 項で述べるように，最初に貯水池・調整池式水力発電機の起動停止を含む運用計画を立てて，流れ込み式水力発電，原子力発電，再生可能エネルギー発電などの出力と一緒に総負荷から差し引いて，火力発電機と揚水発電機が担う負荷を求めてから火力発電機と揚水発電機の起動停止計画を立てることが一般的である．

火力発電機，揚水発電機には，需給バランス制約（kW 制約），出力上下限制約（kW 制約），予備力・調整力確保制約（kW 制約），出力変化速度制約（kW/min 制約），最小運転時間制約，最小停止時間制約，日間起動回数制約，揚水動力上下限制約，貯水量上下限制約などさまざまな運転制約があり，最近では燃料消費量制約（kWh 制約）も重要になっている．最小化する目的関数では，運転中の燃料費 F_i だけでなく，次式のように発電機が停止してから再び並列するのに必要な起動費 S_i（燃料費）も考慮する必要がある．

$$F = \sum_{t=1}^{T}\sum_{i=1}^{n}\{u_{i,t}F_i(P_{i,t}) + u_{i,t}(1 - u_{i,t-1})S_i\} \tag{3.37}$$

ここで，

F_i:　火力発電機 i の燃料費
$P_{i,t}$:　火力発電機 i の時間断面 t における出力
$u_{i,t}$:　火力発電機 i の時間断面 t における状態変数（1：起動，0：停止）
S_i:　火力発電機 i の起動費
n:　火力発電機数

起動停止計画問題では，発電出力の予測が難しい再生可能エネルギー電源が増加するので，それに起因する需給のアンバランスに対応した揚水発電所の運用を考えると，計画を立てる日の翌日から少なくとも 1 週間先までの 30 分ごとの火力発電所と揚水発電所の発電機運用計画を，毎日立てることが望ましい．ここで 30 分ごとというのは，卸電力取引市場で 30 分ごとに取引が行われていることによる．

この週間計画の結果を用いて，翌日（初日）の発電機の起動停止を行い，その日の夕方には，またさまざまな最新の予測データ（主として需要と PV 出力の予測）

を用いて翌日から 1 週間先までの計画を立て，その結果を用いて翌日の発電機の起動停止を行うという方法をとるのが理想的である．しかしながら，実際には計算負荷の点から，わが国では 1 週間に 1 回，土曜日から金曜日までの 1 週間分または 2 週間分の週間計画を立て，それを参考に翌日運用計画として毎日，翌日のみの起動停止計画を立てることが一般的である．起動停止計画の時間刻みである 30 分の間は，この起動停止計画で決定された並列発電機を用いてオンラインで周波数制御と経済負荷配分が行われる．

起動停止計画には，需要予測や再生可能エネルギー電源出力予測が大きく影響するので，まずは当日朝に最新の需要予測や再エネ出力予測に基づいて計画を見直し，その後は 30 分ごとの気象データなどを用いながら計画の見直しが随時行われる．

3.5.2 火力発電機の起動停止費用

火力発電機を起動するには，ボイラに点火して蒸気を発生させ，ボイラ・タービンに通気して温度を上げ，タービンの回転速度を系統の同期速度まで上げて発電機を並列することになるので，起動から並列までにかなりの時間と費用を要する．したがって，運転していた火力発電機を停止してから再起動する場合，停止から再起動までの時間によってどの程度ボイラが冷却するかで起動に要する時間，費用が変化する．停止してから再起動するまでの自然冷却する時間 τ に必要な起動費 $S(\tau)$ は，一般に

$$S(\tau) = K + S_0\left(1 - e^{-\frac{\tau}{\tau_0}}\right) \tag{3.38}$$

と表され，図 3.11 のようになる．ここで K はタービンの起動費，S_0 はボイラの起動費の最大値（冷却しきったボイラからの起動費），τ_0 はボイラの冷却時定数で，停

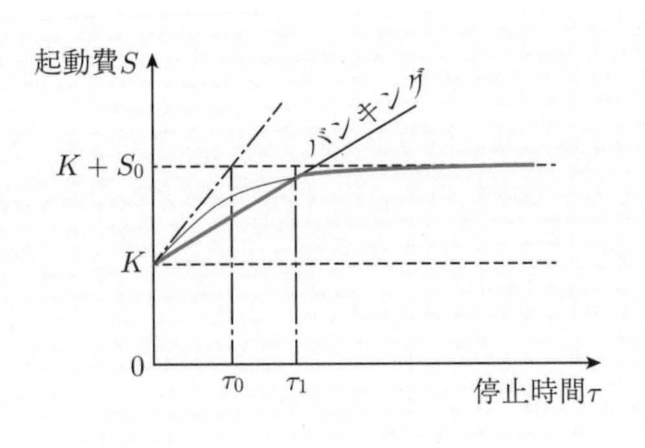

図 3.11 火力発電所の起動費用

止してから時間 τ_0 だけ経過して起動するとボイラの起動費はその最大値の約 63%となる．火力発電機を停止してから再起動するまでの時間が短い場合は，ボイラの火は消した状態とし，通風系ダンパをすべて閉じて保有熱を逃さないように（**バンキング**（banking））して，ボイラが冷却するのを防ぐようにしている．この場合，停止してから再起動するまでの時間 τ に必要な起動費の特性は図 3.11 に示すように，時間 τ_1 までは時間とともに直線になり，自然冷却の場合よりも安価になる．停止時間が τ_1 よりも長い場合は，自然冷却を行う．したがって，起動停止費用は

$$S(\tau) = \begin{cases} K + B\tau & (0 \leq \tau \leq \tau_1) \\ K + S_0\left(1 - e^{-\frac{\tau}{\tau_0}}\right) & (\tau_1 < \tau) \end{cases} \tag{3.39}$$

と表される．実際の起動停止計画では，計算の簡単化のために起動停止費用 $S(\tau)$ を定数とおくこともある．

3.5.3　火力発電機の起動停止計画解法

起動停止計画問題の規模は，考慮すべき期間が長くなれば，また制約条件が多くなれば大きくなり，問題を解く計算時間が長くなるので，さまざまな計算手法の研究が行われてきている．本書では，簡単のために，総発電出力が総負荷に等しいという制約と発電機の出力上下限制約のみを考慮した問題で説明する．

(1)　数理計画手法

前節で述べた問題は，目的関数の (3.37) 式が発電機出力の二次関数であり，起動停止変数の $u_{i,t}$ を含む．制約付きの混合整数非線形計画問題となる．これを，**数理計画手法**を用いて効率的に解くために，内点法や動的計画法（ダイナミックプログラミング），分枝限定法が用いられたり，発見的探索手法（メタヒューリスティック手法）として，遺伝的アルゴリズム法（GA 法）やタブーサーチ法（TS 法）が適用されたりしている．ここでは，一例として，n 台の発電機すべての組合せに対して動的計画法を用いて効率的に解く手法について説明する．

k 台まで発電機の組合せを考えたときの総負荷を変数 x で表し，最小発電費用を $f_k(x)$ としたとき

(i)　発電機 1 のみの場合

最小発電費用 $f_1(x)$ は，明らかに

$$f_1(x) = F_1(x) \quad (P_{1\,\min} < x < P_{1\,\max}) \tag{3.40}$$

となり，図 3.12 のようになる．

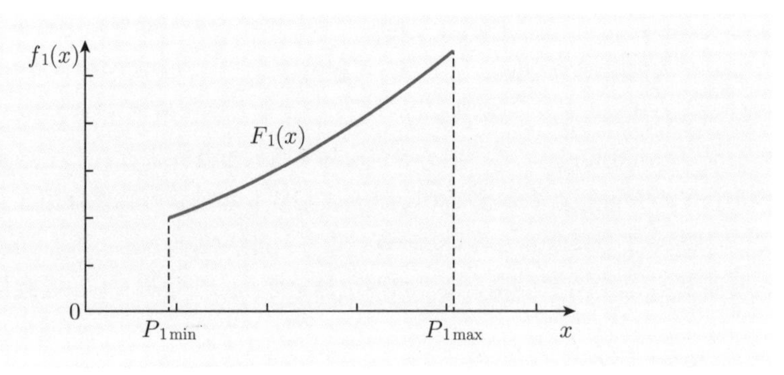

図 3.12　発電機 1 のみの場合

(ii)　**発電機 1, 2 の場合**

発電機 1 のみの場合の最小発電費用は $F_1(x)$，発電機 2 のみの場合の最小発電費用は $F_2(x)$，発電機 1 と 2 の両方の場合の最小発電費用は，等増分燃料費の法則を用いて求めた $F_{12}(x)$ となり，最小発電費用 $f_2(x)$ は図 3.13 に示すようになるが，式で表すと次のようになる．

$$f_2(x) = \min_{\substack{y=0 \text{ or} \\ P_{2\min} \le y \le P_{2\max}}} \{f_1(x-y) + F_2(y)\} \tag{3.41}$$

ただし，

$$F_2(0) = 0$$

$$\mathrm{Min}(P_{1\min}, P_{2\min}) < x < P_{1\max} + P_{2\max}$$

この関数 $f_2(x)$ は，関数 $f_1(x)$ が既に x–$f_1(x)$ の数値表の形で求まっているので，$\mathrm{Min}(P_{1\min}, P_{2\min}) < x < P_{1\max} + P_{2\max}$ の範囲のそれぞれの x の値に対して，(3.41) 式の y に関する最小化を数値的に行って求めることができる．

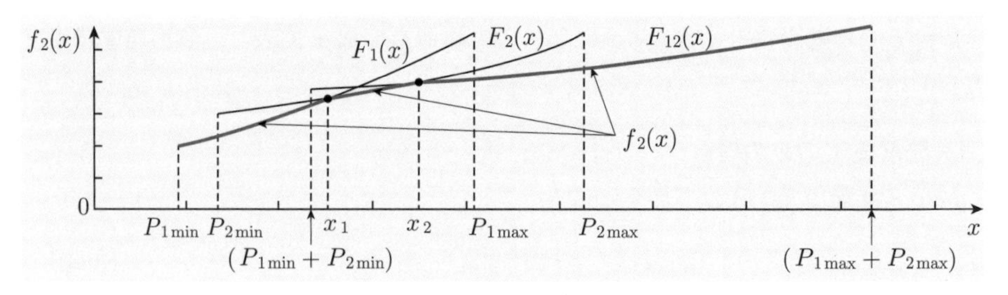

図 3.13　発電機 1, 2 の場合

(iii)　**発電機 1, 2, 3 の場合**

最小発電費用 $f_3(x)$ は次式で表される．

$$f_3(x) = \min_{\substack{y=0 \text{ or} \\ P_{3\min} \leq y \leq P_{3\max}}} \{f_2(x-y) + F_3(y)\} \tag{3.42}$$

ただし，

$$F_3(0) = 0$$

$$\mathrm{Min}(P_{1\min}, P_{2\min}, P_{3\min}) < x < P_{1\max} + P_{2\max} + P_{3\max}$$

関数 $f_3(x)$ もステップ (ii) で，関数 $f_2(x)$ が既に x–$f_2(x)$ の数値表の形で求まっているので，

$$\mathrm{Min}(P_{1\min}, P_{2\min}, P_{3\min}) < x < P_{1\max} + P_{2\max} + P_{3\max}$$

の範囲のそれぞれの x の値に対して，(3.42) 式の y に関する最小化を数値的に行えば求めることができる．

(iv)　**発電機 $\boldsymbol{1, 2, \ldots, k}$ の場合**

最小発電費用 $f_k(x)$ は，一般的に

$$f_k(x) = \min_{\substack{y=0 \text{ or} \\ P_{k\min} \leq y \leq P_{k\max}}} \{f_{k-1}(x-y) + F_k(y)\} \tag{3.43}$$

ただし，

$$F_k(0) = 0$$

$$\mathrm{Min}(P_{1\min}, P_{2\min}, \ldots, P_{k\min}) < x < P_{1\max} + P_{2\max} + \cdots + P_{k\max}$$

関数 $f_k(x)$ もこれまでと同様に，既に求められている関数 $f_{k-1}(x)$ を用いて数値的に計算することによって求めることができる．

(v)　これまでと同様のプロセスを n 台まで行えば，最小発電費用 $f_n(x)$ が数値的に求まり，

$$\mathrm{Min}(P_{1\min}, P_{2\min}, \ldots, P_{n\min}) < x < P_{1\max} + P_{2\max} + \cdots + P_{n\max}$$

の範囲の総負荷に対する最適な起動停止計画と発電費用が求まる．

以上のようにして求められた最適解には，火力発電機の最小運転時間制約，最小

停止時間制約，出力変化速度制約などが考慮されておらず，実際に実現できないこともあるので，これらの制約条件をいかにうまく考慮するかが解法上の鍵となる．

(2) 優先順位法

(1) の数理計画手法で解くには動的計画法とはいえ計算時間がかなりかかる．そこで簡易法として，図 3.14 に示すように，総負荷が増加している間は発電単価 $\mu_{\min}$ の安い順に起動していき，起動した発電機は途中で解列することはせず，総負荷が減少している間は逆の順に停止していくという発電単価により火力発電機に起動停止の優先順位をつける方法がある．これを**優先順位法**という．この方法では総燃料費最小の最適な起動停止計画は得られないが，実用的で準最適なものが得られる．

優先順位法で起動した発電機を順次，定格で運転し，最後に起動した発電機のみ負荷追従運転を行うことにすると，容易に起動する発電機を決めることができるが，より経済的に発電機を運用するためには，起動した発電機全体で経済負荷配分を行うことを考慮するとよい．そのためには，起動する発電機は次のように決めることができる．

まず，優先順位の高い順に発電機 1 から発電機 k まで k 台を系統に並列すると仮

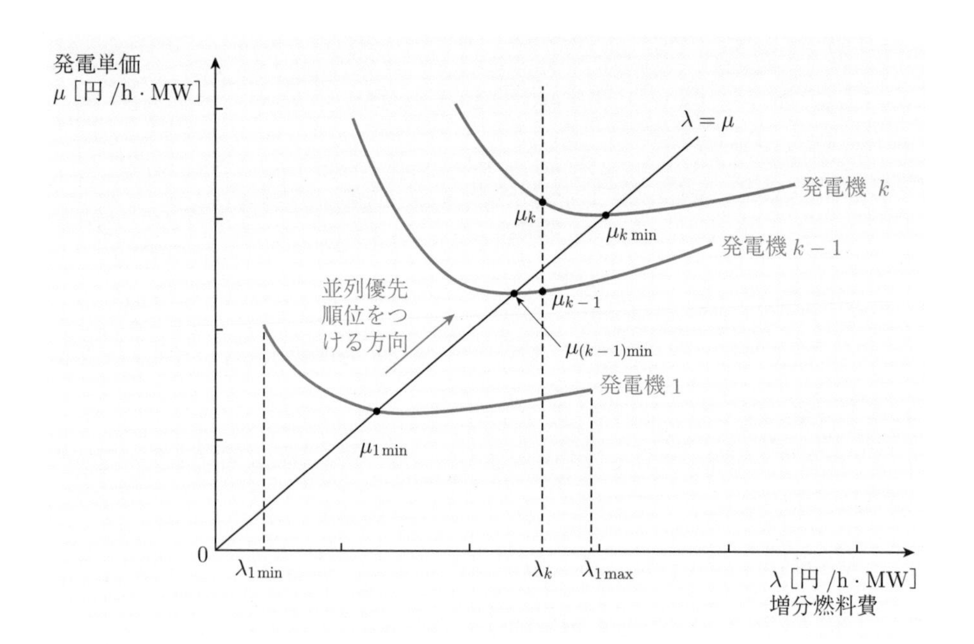

図 3.14　優先順位法

定する．この場合，等増分燃料費の法則により

$$\frac{dF_1}{dP_1} = \frac{dF_2}{dP_2} = \cdots = \frac{dF_k}{dP_k} = \lambda_k \tag{3.44}$$

$$P_1 + P_2 + \cdots + P_k = P_{\mathrm{R}} \tag{3.45}$$

の条件を満足する P_i $(i = 1, \ldots, k)$ に対して総燃料費の最小値 $f(P_{\mathrm{R}}, k)$ は

$$f(P_{\mathrm{R}}, k) = \sum_{i=1}^{k} F_i(P_i) \tag{3.46}$$

となる．

発電機 1 から発電機 $k-1$ まで $k-1$ 台を系統に並列すると仮定すると

$$\frac{dF_1}{dP_1'} = \frac{dF_2}{dP_2'} = \cdots = \frac{dF_{k-1}}{dP_{k-1}'} = \lambda_{k-1} \tag{3.47}$$

$$P_1' + P_2' + \cdots + P_{k-1}' = P_{\mathrm{R}} \tag{3.48}$$

$$f(P_{\mathrm{R}}, k-1) = \sum_{i=1}^{k-1} F_i(P_i') \tag{3.49}$$

となり，P_i と P_i' $(i = 1, \ldots, k-1)$ は異なる値となることに注意する必要がある．

$$P_i' = P_i + \Delta P_i \quad (i = 1, \ldots, k-1) \tag{3.50}$$

とおくと

(3.49) 式の $f(P_{\mathrm{R}}, k-1)$ は

$$\begin{aligned} f(P_{\mathrm{R}}, k-1) &= \sum_{i=1}^{k-1} F_i(P_i') = \sum_{i=1}^{k-1} F_i(P_i + \Delta P_i) \\ &\cong \sum_{i=1}^{k-1} F_i(P_i) + \sum_{i=1}^{k-1} \frac{dF_i(P_i)}{dP_i} \Delta P_i \\ &= \sum_{i=1}^{k-1} F_i(P_i) + \lambda_k \sum_{i=1}^{k-1} \Delta P_i \end{aligned} \tag{3.51}$$

となる．

$$\begin{aligned} P_{\mathrm{R}} &= \sum_{i=1}^{k-1} P_i' = \sum_{i=1}^{k-1} P_i + \sum_{i=1}^{k-1} \Delta P_i \\ &= P_{\mathrm{R}} - P_k + \sum_{i=1}^{k-1} \Delta P_i \end{aligned} \tag{3.52}$$

より

$$\sum_{i=1}^{k-1} \Delta P_i = P_k \tag{3.53}$$

なので，これを (3.51) 式に代入すると

$$f(P_{\mathrm{R}}, k-1) \cong \sum_{i=1}^{k-1} F_i(P_i) + \lambda_k P_k \tag{3.54}$$

となり，(3.49) 式の $f(P_{\mathrm{R}}, k-1)$ を，k 台を系統に並列した場合の P_i と λ_k で表すことができる．

したがって，k 台を系統に並列した場合と $k-1$ 台を系統に並列した場合の総燃料費の最小値の差は，次式のように，k 台を系統に並列した場合の P_k と λ_k を用いて表される．

$$f(P_{\mathrm{R}}, k) - f(P_{\mathrm{R}}, k-1) \cong F_k(P_k) - \lambda_k P_k \tag{3.55}$$

(3.55) 式より

(i) $F_k(P_k) > \lambda_k P_k$ つまり $\mu_k = \frac{F_k(P_k)}{P_k} > \lambda_k$ の場合，$f(P_{\mathrm{R}}, k) > f(P_{\mathrm{R}}, k-1)$ なので $k-1$ 台までを並列した方がよいことになる．

(ii) $F_k(P_k) < \lambda_k P_k$ つまり $\mu_k = \frac{F_k(P_k)}{P_k} < \lambda_k$ の場合，$f(P_{\mathrm{R}}, k) < f(P_{\mathrm{R}}, k-1)$ なので k 台を系統に並列した方がよいことになるので，$k+1$ 台と k 台を並列した場合の比較を同様に行えばよい．

図 3.14 で説明すると，k 台を並列した場合の等増分燃料費 λ_k が求まると，λ_k 一定の直線と発電単価–増分燃料費曲線の交点が k 台を並列した場合の最適な発電単価となり，k 台目の発電機の発電単価 μ_k が $\lambda = \mu$ の直線より上側にあれば $k-1$ 台までを並列した方がよいことになる．

3.6　水・火力系統の経済運用

3.6.1　貯水池・調整池制約を考慮した水・火力系統の経済運用

水力発電所には，河川の自然流量を発電に利用する**流れ込み式発電所**と調整池や貯水池を設置し使用水量を調整しながら発電する貯水池，調整池式，揚水式発電所（以降，簡単のために，これらをまとめて**貯水池式発電所**という）がある．水力発電所は燃料費が零であるので，流れ込み式発電所は，図 3.8 に示すベース負荷を担い，一定の発電出力で運転する．一方，貯水池式発電所は，池の貯水量に制約があるので，この池の水の使い方は火力発電所の運転に影響を及ぼし，燃料費つまり経済性に影響する．

ここでは，貯水池式発電所を考え，ある一定期間内の貯水池の使用可能水量が決められているときに，この期間内の総負荷の時間変化に対して，火力発電所の総燃料費を最小にする各水力・火力発電所への負荷配分方法について説明する．ただし，この期間内においては，系統に並列されている発電機に変化はないものと仮定している．つまり，発電機の起動停止はないものとしている．実際には，貯水池の使用可能水量を考えると，想定する期間は長いため，3.5 節で説明した起動停止計画問題として解く必要があることは言うまでもない．

ある一定期間を T とし，この期間内の総負荷を $P_{\mathrm{R}}(t)$，火力発電所 i の出力を $P_{\mathrm{S}i}(t)$，燃料費を $F_i(P_{\mathrm{S}i}(t))$，貯水池式水力発電所 j の出力を $P_{\mathrm{H}j}(t)$，水力発電所 j の使用水量を $W_j(t)$，使用可能水量を V_j（定数）とすると，各水力発電所における使用水量制約は

$$\int_0^T W_j(t)\,dt = V_j \quad (j = 1, \ldots, J) \tag{3.56}$$

と表される．落差を一定と仮定すると，$W_j(t)$ は $P_{\mathrm{H}j}(t)$ のみの関数となり，$W_j(t) = W_j(P_{\mathrm{H}j}(t))$ と表されるので，式 (3.56) は，$P_{\mathrm{H}j}(t)$ に関する制約条件とみなすことができる．また，総負荷と発電所出力のバランス制約は

$$\sum_{i=1}^{I} P_{\mathrm{S}i}(t) + \sum_{j=1}^{J} P_{\mathrm{H}j}(t) - P_{\mathrm{L}}(t) = P_{\mathrm{R}}(t) \quad (0 \leq t \leq T) \tag{3.57}$$

と表される．本問題は，以上の制約条件の下で，期間 T 内での火力発電所の燃料費の総和

$$F = \sum_{i=1}^{I} \int_0^T F_i(P_{\mathrm{S}i}(t))\,dt \tag{3.58}$$

を最小化する火力発電所と貯水式水力発電所の出力 $P_{\mathrm{S}i}(t), P_{\mathrm{H}j}(t)$（または $W_j(t)$）を求めることである．

本問題は，火力発電機の経済負荷配分制御と同様に，ラグランジュの未定乗数法で解くことができる．異なる点は，火力発電機の経済負荷配分制御では，ある一時点での最適化を行っているが，本問題では，すべての変数が時間関数となり，期間 T 内での最適化となることである．特に，ラグランジュの未定乗数法において，式 (3.57) の制約条件の扱い方が鍵となる．

期間 T を K 等分し，1つの時間刻み幅 Δt を $\Delta t = \frac{T}{K}$ とし，第 k 番目の時間帯 $(k-1)\Delta t \sim k\Delta t$ での $F_i(t), P_{\mathrm{R}}(t), P_{\mathrm{L}}(t), P_{\mathrm{S}i}(t), P_{\mathrm{H}j}(t), W_j(t)$ の値をそれぞれ $F_i(k\Delta t), P_{\mathrm{R}}(k\Delta t), P_{\mathrm{L}}(k\Delta t), P_{\mathrm{S}i}(k\Delta t), P_{\mathrm{H}j}(k\Delta t), W_j(k\Delta t)$ とすると，(3.56) 式, (3.57) 式, (3.58) 式はそれぞれ次のように書き替えることができる

$$\sum_{k=1}^{K} W_j(k\Delta t)\Delta t = V_j \quad (j = 1, \ldots, J) \tag{3.59}$$

$$\begin{aligned}\sum_{i=1}^{I} P_{\mathrm{S}i}(k\Delta t) + \sum_{j=1}^{J} P_{\mathrm{H}j}(k\Delta t) - P_{\mathrm{L}}(k\Delta t)& \\ = P_{\mathrm{R}}(k\Delta t) \quad (k = 1, \ldots, K)&\end{aligned} \tag{3.60}$$

$$F = \sum_{k=1}^{K}\sum_{i=1}^{I} F_i(k\Delta t)\Delta t \tag{3.61}$$

これらの式にラグランジュの未定乗数法を適用し，等式制約条件の (3.59) 式と (3.60) 式に対するラグランジュの未定乗数をそれぞれ γ_j $(j = 1, \ldots, J)$, $\lambda(k\Delta t)\Delta t$ $(k = 1, \ldots, K)$ とすると，ラグランジュ関数 I は

$$\begin{aligned} I = &\sum_{k=1}^{K}\sum_{i=1}^{I} F_i(k\Delta t)\Delta t + \sum_{j=1}^{J}\gamma_j \left\{\sum_{k=1}^{K} W_j(k\Delta t)\Delta t - V_j\right\} \\ &- \sum_{k=1}^{K}\lambda(k\Delta t)\Delta t \left\{\sum_{i=1}^{I} P_{\mathrm{S}i}(k\Delta t) + \sum_{j=1}^{J} P_{\mathrm{H}j}(k\Delta t)\right. \\ &\left. - P_{\mathrm{L}}(k\Delta t) - P_{\mathrm{R}}(k\Delta t)\right\} \end{aligned} \tag{3.62}$$

ここで，$K \to \infty$ つまり $\Delta t \to 0$ とすると (3.62) 式は

$$
\begin{aligned}
I &= \sum_{i=1}^{I} \int_0^T F_i(t)\,dt + \sum_{j=1}^{J} \gamma_j \left\{ \int_0^T W_j(t)\,dt - V_j \right\} \\
&\quad - \int_0^T \lambda(t) \left\{ \sum_{i=1}^{I} P_{\mathrm{S}i}(t) + \sum_{j=1}^{J} P_{\mathrm{H}j}(t) - P_{\mathrm{L}}(t) - P_{\mathrm{R}}(t) \right\} dt \\
&= \int_0^T \left[\sum_{i=1}^{I} F_i(t) + \sum_{j=1}^{J} \gamma_j W_j(t) \right. \\
&\quad \left. - \lambda(t) \left\{ \sum_{i=1}^{I} P_{\mathrm{S}i}(t) + \sum_{j=1}^{J} P_{\mathrm{H}j}(t) - P_{\mathrm{L}}(t) - P_{\mathrm{R}}(t) \right\} \right] dt - \sum_{j=1}^{J} \gamma_j V_j \\
&= \int_0^T f(t)\,dt - \sum_{j=1}^{J} \gamma_j V_j
\end{aligned}
\tag{3.63}
$$

となり，制約条件式 (3.57) に対する K 個のラグランジュの未定乗数 $\lambda(k\Delta t)\Delta t$（$k = 1, \ldots, K$）は，1 つの時間変数 $\lambda(t)$ に変換される．ここで

$$
\begin{aligned}
f(t) &= \sum_{i=1}^{I} F_i(P_{\mathrm{S}i}(t)) + \sum_{j=1}^{J} \gamma_j W_j(P_{\mathrm{H}j}(t)) \\
&\quad - \lambda(t) \left\{ \sum_{i=1}^{I} P_{\mathrm{S}i}(t) + \sum_{j=1}^{J} P_{\mathrm{H}j}(t) - P_{\mathrm{L}}(P_{\mathrm{S}i}(t), P_{\mathrm{H}j}(t)) - P_{\mathrm{R}}(t) \right\}
\end{aligned}
\tag{3.64}
$$

このラグランジュ関数 I の被積分関数 f は，$P_{\mathrm{S}i}(t), P_{\mathrm{H}j}(t), t$ の関数であるので，この関数 I が最小値をもつためには，変分法におけるオイラー–ラグランジュの方程式

$$
\frac{\partial f}{\partial P_{\mathrm{S}i}(t)} = \frac{dF_i}{dP_{\mathrm{S}i}} - \lambda(t) \left\{ 1 - \frac{\partial P_{\mathrm{L}}}{\partial P_{\mathrm{S}i}} \right\} = 0 \quad (i = 1, \ldots, I) \tag{3.65}
$$

$$
\frac{\partial f}{\partial P_{\mathrm{H}j}(t)} = \gamma_j \frac{\partial W_j}{\partial P_{\mathrm{H}j}} - \lambda(t) \left\{ 1 - \frac{\partial P_{\mathrm{L}}}{\partial P_{\mathrm{H}j}} \right\} = 0 \quad (j = 1, \ldots, J) \tag{3.66}
$$

を満足する $P_{\mathrm{S}i}(t), P_{\mathrm{H}j}(t)$ を求めればよい．(3.65) 式と (3.66) 式より

$$
\frac{dF_i}{dP_{\mathrm{S}i}} \frac{1}{1 - \frac{\partial P_{\mathrm{L}}}{\partial P_{\mathrm{S}i}}} = \gamma_j \frac{\partial W_j}{\partial P_{\mathrm{H}j}} \frac{1}{1 - \frac{\partial P_{\mathrm{L}}}{\partial P_{\mathrm{H}j}}} = \lambda(t) \tag{3.67}
$$

または

$$\frac{dF_i}{dP_{\mathrm{S}i}}L_i = \gamma_j \frac{\partial W_j}{\partial P_{\mathrm{H}j}}L_j = \lambda(t) \tag{3.68}$$

ここで，L_i, L_j は3.3節で述べた送電損失を考慮したペナルティ係数である．(3.67)式または(3.68)式は，**水・火力発電所の協調方程式**という．ラグランジュの未定乗数 $\lambda(t)$ は，3.3節で述べたように，負荷から見た火力発電機の増分燃料費となる．一方，ラグランジュの未定乗数 γ_j は，火力発電機の増分燃料費 $\frac{dF_i}{dP_{\mathrm{S}i}}$ と $\gamma_j \frac{\partial W_j}{\partial P_{\mathrm{H}j}}$ の次元が同じなので，$\frac{dF}{dW}$ の次元をもつことになり，貯水池式水力発電所 j の使用水量が単位量増加したときの火力発電所の燃料費の増加分を示しており，その水力発電所の水の価値を表すことになる．したがって，この γ_j は，**増分水単価**と呼ばれる．

使用可能水量 V_j が少なくなると，図3.15に示すように，増分水単価 γ_j が大きくなり，水力発電所の等価的な増分燃料費が上昇することになるので水力発電所出力が減少し，火力発電所出力が増加する．逆に使用可能水量 V_j が多くなると，増分水単価 γ_j が小さくなり，水力発電所の等価的な増分燃料費が下降することになるので水力発電所出力が増加し，火力発電所出力が減少する．

$P_{\mathrm{S}i}(t)$ と $P_{\mathrm{H}j}(t)$ を求めるには次のように計算すればよい．(3.67)式より，$P_{\mathrm{S}i}$ と $P_{\mathrm{H}j}$ は $\lambda(t)$ と γ_j で表されるので，この $P_{\mathrm{S}i}$ と $P_{\mathrm{H}j}$ を制約条件式(3.56), (3.57)に代入して連立して解くことで時間関数である $\lambda(t)$ と定数である γ_j を求めることができる．この $\lambda(t)$ と γ_j を(3.67)式より求めた $P_{\mathrm{S}i}(t)$ と $P_{\mathrm{H}j}(t)$ に代入する．

ここでは，貯水池式水力発電所の落差を一定と仮定したが，実際は発電に水を使用すると時間とともに落差 h は変化する．この場合は，使用水量 W_j は $P_{\mathrm{H}j}(t)$ と落差 $h_j(t)$ の両方の変数の関数になり，ラグランジュの未定乗数 γ_j も時間関数になるため扱いが大変になるので専門書に譲る．

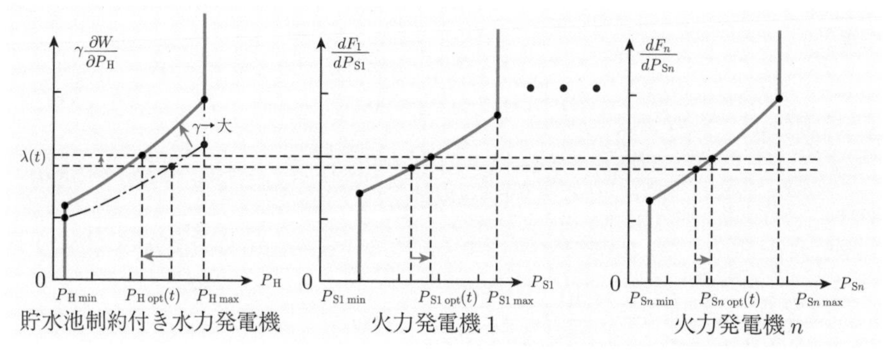

図3.15　貯水池制約を考慮した水・火力系統の時刻 t での経済負荷配分

3.6.2　水系の経済運用

わが国では水力資源が少なく水力発電電力量も少ないために，この限られた電力量の範囲内で，水力発電は最も有効に運用されなければならない．したがって，調整可能な水力発電は，負荷のピーク部分を担うように運用し，火力発電の担う負荷をできるだけ平坦にするのがよい．そのため，わが国では図 3.16 のように水系が運用されることが多い．

(1)　**出水量の予測**　天気予報等で降雨量を予測し，また積雪量，気温より融雪量を予測し，流域面積，地形等から出水量を予測する．

(2)　**無効放流の減少**　降雨，融雪による出水に備えて事前に発電をし，放流をしてダムの水位を低下しておく．

(3)　**ダムの高水位運用**　発電時にダムの水位を高くすることにより，同一水量で発電量を増加させる．

(4)　**水系全体の発電量増加**　上流の発電放流を下流で無効放流させないように，各ダムの水位と発電時間を調整し，水系全体で最大の発電電力量を出す．

(5)　**価値の高い時間帯の発電**　負荷が大きく，火力発電の燃料費低減の効果の高い時間帯に発電する．

実際には，以上を考慮して決められた水力発電所の運転スケジュールを図 3.10 に示すように負荷パターンから差し引き，火力発電所の分担する負荷を求めてから，火力発電所の運転スケジュール（起動停止計画）が決定されることが多い．

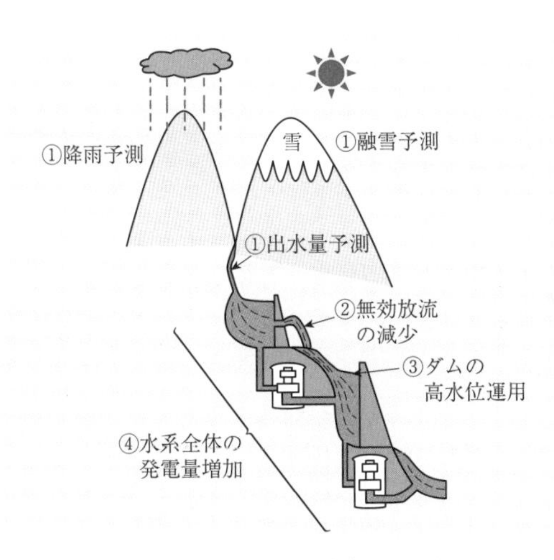

図 3.16　水系の効率的運用

3.7　燃料制約を考慮した火力発電機の経済負荷配分制御

3.6 節で考慮した水力発電所の貯水池の容量を火力発電所の燃料タンクの容量，つまり燃料の使用可能量とみなすと，ある一定期間 T の燃料消費量制約を考慮した火力発電機の経済負荷配分を求めることができる．ここでも，3.6 節と同様にこの期間内においては，系統に並列されている発電機に変化はないものと仮定している．つまり，発電機の起動停止はないものとしている．実際には，燃料の使用可能量を考えると，想定する期間は長いため，3.5 節で説明した起動停止計画問題として解く必要があることは言うまでもない．

ある一定期間 T の総負荷を $P_{\mathrm{R}}(t)$，火力発電機 i の出力を $P_{\mathrm{S}i}(t)$，燃料費を $F_i(P_{\mathrm{S}i}(t))$，火力発電機 i（$1, 2, \ldots, M < I$）は燃料消費量制約のある同じ燃料（C [円/ton]）を用いており，その燃料の総使用可能量を V [ton]（定数）とすると，火力発電機 i における燃料消費量制約は

$$\sum_{i=1}^{M} \int_0^T \frac{F_i(P_{\mathrm{S}i}(t))}{C}\, dt = V \tag{3.69}$$

と表される．ここでは，燃料制約のある燃料を 1 種類としているが，複数種類の燃料を考慮することは容易である．また，総負荷と発電出力のバランス制約は

$$\sum_{i=1}^{I} P_{\mathrm{S}i}(t) - P_{\mathrm{L}}(t) = P_{\mathrm{R}}(t) \quad (0 \le t \le T) \tag{3.70}$$

と表される．本問題は，以上の制約条件の下で，期間 T での火力発電機の燃料費の総和

$$F = \sum_{i=1}^{I} \int_0^T F_i(P_{\mathrm{S}i}(t))\, dt \tag{3.71}$$

を最小化する各火力発電機の出力 $P_{\mathrm{S}i}(t)$ を求めることになる．

3.6 節と同様に，ラグランジュの未定乗数法で解くことにすると，ラグランジュ関数 I は

$$I = \sum_{i=1}^{I} \int_0^T F_i(P_{\mathrm{S}i}(t))\, dt + \beta \left[\sum_{i=1}^{M} \left\{ \int_0^T \frac{F_i(P_{\mathrm{S}i}(t))}{C}\, dt \right\} - V \right]$$
$$- \int_0^T \lambda(t) \left\{ \sum_{i=1}^{I} P_{\mathrm{S}i}(t) - P_{\mathrm{L}}(t) - P_{\mathrm{R}}(t) \right\} dt$$

$$= \int_0^T \left[\sum_{i=1}^{I} F_i(P_{\mathrm{S}i}(t)) + \sum_{i=1}^{M} \frac{\beta}{C} F_i(P_{\mathrm{S}i}(t)) \right.$$

$$\left. - \lambda(t) \left\{ \sum_{i=1}^{I} P_{\mathrm{S}i}(t) - P_{\mathrm{L}}(t) - P_{\mathrm{R}}(t) \right\} \right] dt - \beta V \qquad (3.72)$$

となる．ここで，β は燃料消費量制約の (3.69) 式に対するラグランジュの未定乗数であり，$\lambda(t)$ は総負荷と発電出力のバランスの (3.70) 式に対するラグランジュの未定乗数である．

$$f(t) = \sum_{i=1}^{I} F_i(P_{\mathrm{S}i}(t)) + \sum_{i=1}^{M} \frac{\beta}{C} F_i(P_{\mathrm{S}i}(t))$$

$$- \lambda(t) \left\{ \sum_{i=1}^{I} P_{\mathrm{S}i}(t) - P_{\mathrm{L}}(t) - P_{\mathrm{R}}(t) \right\} \qquad (3.73)$$

とおくと，式 (3.73) が最小値をもつ条件は

$$\frac{\partial f}{\partial P_{\mathrm{S}i}(t)} = 0 \qquad (3.74)$$

であり

$$\frac{\partial f}{\partial P_{\mathrm{S}i}(t)} = \frac{dF_i}{dP_{\mathrm{S}i}} \left(1 + \frac{\beta}{C}\right) - \lambda(t) \left\{1 - \frac{\partial P_{\mathrm{L}}}{\partial P_{\mathrm{S}i}}\right\} = 0 \quad (i = 1, \ldots, M) \qquad (3.75)$$

$$\frac{\partial f}{\partial P_{\mathrm{S}i}(t)} = \frac{dF_i}{dP_{\mathrm{S}i}} - \lambda(t) \left\{1 - \frac{\partial P_{\mathrm{L}}}{\partial P_{\mathrm{S}i}}\right\} = 0 \quad (i = M+1, \ldots, I) \qquad (3.76)$$

となる．これをまとめると次式となる．

$$\frac{dF_i}{dP_{\mathrm{S}i}} \left(1 + \frac{\beta}{C}\right) \frac{1}{1 - \frac{\partial P_{\mathrm{L}}}{\partial P_{\mathrm{S}i}}} = \frac{dF_k}{dP_{\mathrm{S}k}} \frac{1}{1 - \frac{\partial P_{\mathrm{L}}}{\partial P_{\mathrm{S}k}}}$$

$$= \lambda(t) \quad (i = 1, \ldots, M, k = M+1, \ldots, I) \qquad (3.77)$$

(3.77) 式より，燃料消費量制約のある発電機の増分燃料費は，ラグランジュの未定乗数 β が正となれば，図 3.17 に示すように，実際の増分燃料費よりも大きく見えることになり，燃料消費量制約のある発電機の発電出力を減らす．一方，ラグランジュの未定乗数 β が負となれば，実際の増分燃料費よりも小さく見えることになり，燃料消費量制約のある発電機の発電出力を増やすことになる．燃料が最適必要量よりも不足のときは，燃料消費量制約は厳しい方向に働き，β は正となるが，燃

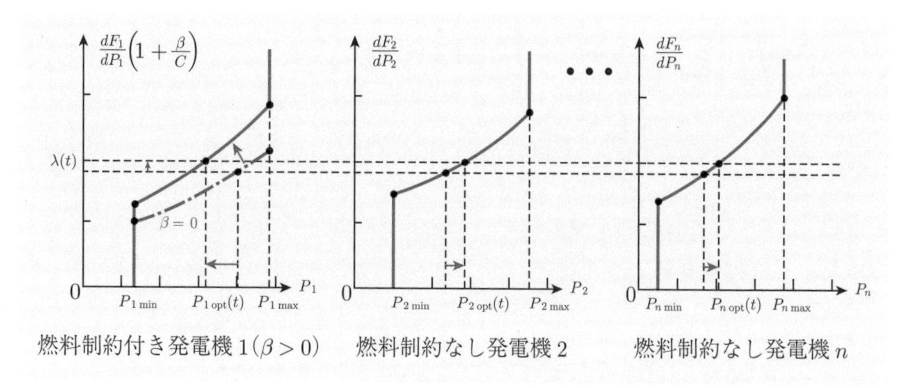

図 3.17　燃料制約がある場合の時刻 t での各火力発電機への負荷配分

料が最適必要量よりも多量に確保されてそれを使い切らなければならないときは，β は負となる．ここで，燃料の最適必要量とは，燃料制約がない時に最適経済運用したとき，つまり $\beta=0$ となる燃料必要量である．

燃料制約付き火力発電機 1 台と制約なし火力発電機 1 台の計 2 台の簡単な火力系統の場合を 3.2 節の図 3.7 と同様に，図 3.18 の燃料費曲線を用いて説明する．2 台

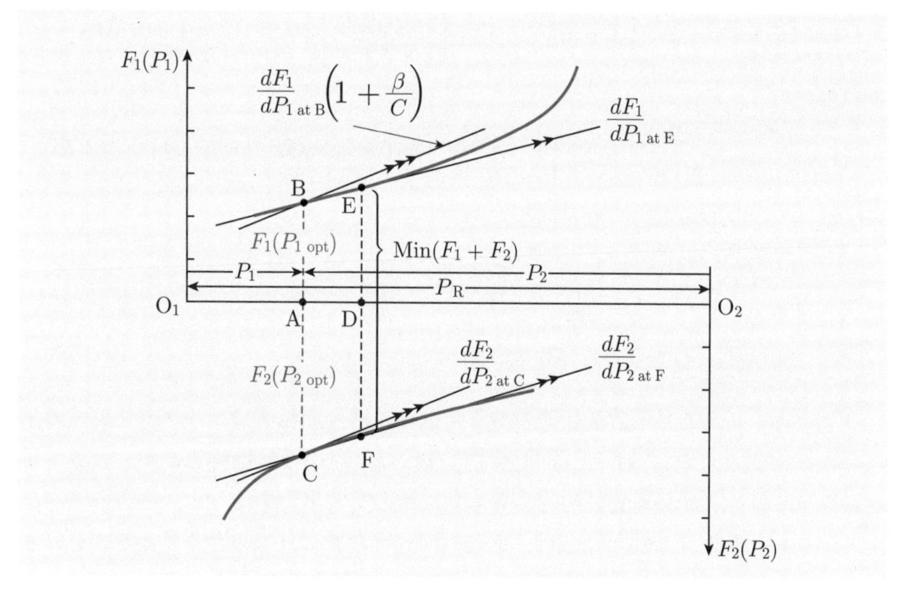

図 3.18　燃料制約付き発電機と制約なし発電機の二機系統での負荷配分

の火力発電機に燃料制約がない場合は，図 3.7 と同じ点 D で総燃料費 $\overline{\mathrm{EF}}$ は最小となるが，発電機 1 に最適量より少ない燃料制約がある場合（$\beta > 0$），点 D より左側に寄った，発電機 1 の出力 P_1 が小さくなり，発電機 2 の出力 P_2 が大きくなる点 A で発電機 1 の増分燃料費を $1 + \frac{\beta}{C}$ 倍した値と発電機 2 の増分燃料費が等しくなり，点 A が最適な運転点となる．点 A での総燃料費 $\overline{\mathrm{BC}}$ は，点 D での最小の総燃料費 $\overline{\mathrm{EF}}$ より大きくなることは明らかである．発電機 1 に最適量より多い燃料制約がある場合（$\beta < 0$）も，運転点が点 D より右側の発電機 1 の出力 P_1 が大きくなる方向に動き，総燃料費が点 D での最小の総燃料費 $\overline{\mathrm{EF}}$ より大きくなるのは同じである．

「メリットオーダー」の意味

電力システム改革に関する国の審議会などで「**メリットオーダー**（merit order）」という言葉がよく使われている．ここでのメリットオーダーとは，さまざまな種類の発電所を限界費用つまり燃料費用の安い順に並べることを意味している．需要に対して発電費用の安い発電所から順番に運転することが経済的であるため，1.4.2 項で述べたように，電力会社は特別な理由がない限り，メリットオーダーによる発電を行うべきということである．実は，このメリットオーダーは，かつてのイギリスで発電のほとんどを占めていた火力発電機の負荷配分で用いられていた方式である．火力発電機が，効率の良い（発電単価の低い）ものから順に，全負荷（定格負荷）を分担していく方式で，各火力発電機は，全負荷をとるか停止するかの 2 つの運用状態しかなく，本書で述べた等増分燃料費の法則による部分負荷運転を考えていない．したがって，火力発電機は最経済運用ではなく，準最適な経済運用をしていることになる．この運用方式が採用されたのは，当時，イギリスで問題となっていた公害防止のためでもあると言われている．燃料費が零の水力発電や風力・太陽光発電から原子力発電，火力発電と限界費用が大きく異なる発電方式間では，このメリットオーダー方式は当然，採用されている．しかし，限界費用は大きくは異ならないものの限界費用曲線（本書では，増分燃料費曲線）が異なる火力発電所間や，3.6 節の水・火力協調運用のところで学んだように，貯水量に制限のある貯水池式水力発電所と火力発電所の間は，等増分燃料費の法則に従い適切に負荷配分し，部分負荷運転をすることによって最経済運用ができることに留意が必要である．

3.8 需給調整市場

3.8.1 需給調整市場とは

2章と本章では，負荷需要と発電出力を時々刻々一致させ，周波数を一定にするための需給計画・運用・制御手法について述べてきた．これまでの需給調整の説明の締めくくりとして，わが国での需給調整市場（2024年本格実施予定）について説明する．

わが国においては，本書の発行時点の2022年では，1.4節で述べたように電力自由化により，供給力確保義務は小売電気事業者に課せられ，周波数・電圧維持義務など電力品質の維持義務は送配電事業者に課せられている．供給力確保に関しては，小売電気事業者が単独で，または複数集まってバランシンググループ（BG）を作り，発電事業者との相対取引や卸電力取引市場を通して市場の取引時間単位である30分ごとの需要計画値とほぼ同量の供給力の確保を行っている．一方，送配電事業者は周波数維持のための調整力を1年に1回公募しているが，2024年からはすべて需給調整市場から調達することになる．ここでいう調整力とは，図3.19に示すように，BGの計画値と実績値の30分ごとの平均誤差である予測誤差，30分より短い周期の時間内変動，事故による電源脱落等に対応するものである．この予測誤差には，需要予測誤差と太陽光発電や風力発電などの自然変動電源出力の予測誤差（以降，**再エネ予測誤差**と呼ぶ）が含まれる．

需給調整市場では，2.3.1項で説明した周波数制御機能を踏まえて表3.2に示すように5つの調整力が用意されている．一次調整力は需要変動のサイクリック成分に，二次調整力①はフリンジ成分に，二次調整力②と三次調整力①はサステンド成分に対応しており．一般送配電事業者が1週間ごとに，需給調整市場から必要量

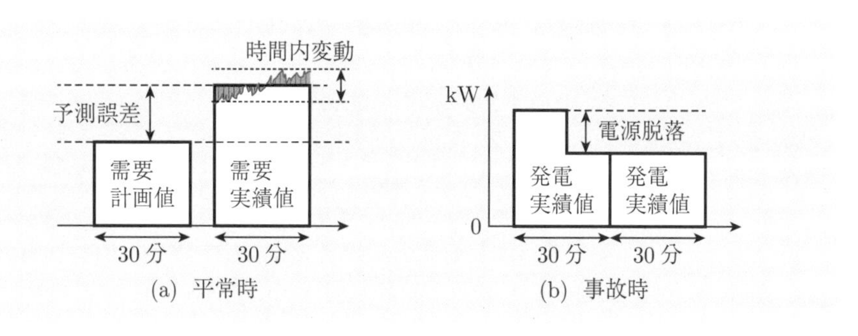

図3.19 調整力で対応する ΔkW

（ΔkW）を調達する．二次調整力②は 5 分後，三次調整力①は 15 分後の予測誤差に対応する調整力である．また，一次から三次①までの調整力で対応する再エネ予測誤差とは，実需給の 1 時間前であるゲートクローズ時点で想定された再エネ出力予測値と実績値との差である．ゲートクローズ時点とは，発電事業者，小売電気事業者から一般送配電事業者への需給計画の提出締め切り時点であり，卸電力取引所における取引（1 時間前市場）も停止する時点でもある．例えば，9 時から 9 時半までの商品の場合は，8 時がゲートクローズ時点となる．

三次調整力②は，上述の一次から三次①までの調整力で確保されない再エネ予測誤差分を確保するもので，一般送配電事業者が毎日，卸取引市場における取引（スポット市場）の後に需給調整市場から翌日分の必要量（ΔkW）を調達する．

これらの調整力は，調整可能な発電機をもつ発電事業者，大規模な蓄電池をもつ事業者，デマンドレスポンスを行うことのできる需要家などが表 3.2 に示す各調整力要件に応じて需給調整市場に入札をして，一般送配電事業者が入札価格の安い順に必要量を調達する．この要件は随時見直されるので，注意されたい．この調達は広域的に行うことで，全国大で起動する発電機等の最適化を図り，調整力の調達に要する費用の低減を図っている．調達した調整力は，一般送配電事業者の中央給電指令所からの信号に応じて，一次調整力は GF 信号，二次調整力①は LFC 信号，二次調整力②と三次調整力①は EDC 信号によって図 3.20 に示すように運用される．

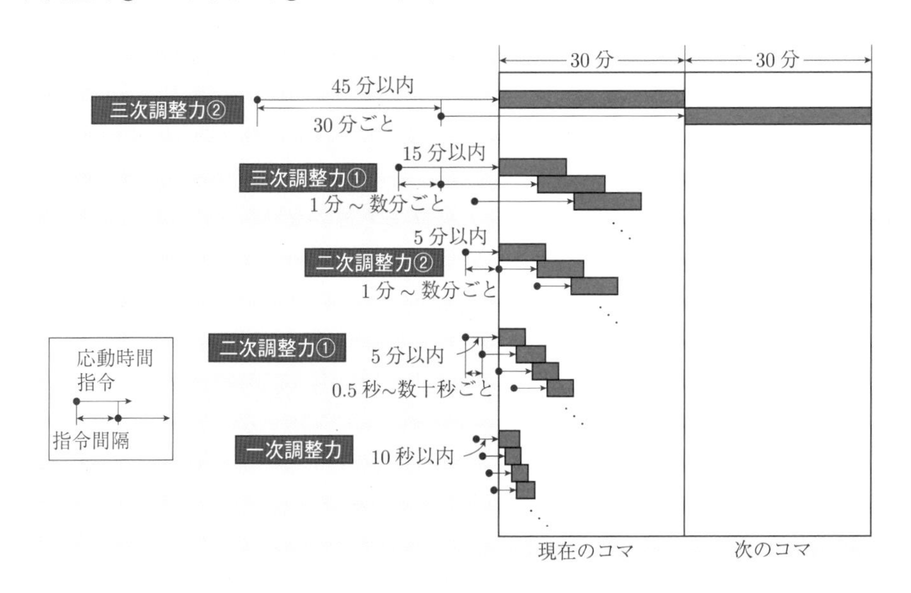

図 3.20　各調整力の運用方法

表 3.2　需給調整市場の商品の要件（2020年時点）

	一次調整力	二次調整力①	二次調整力②	三次調整力①	三次調整力②
英呼称	Frequency Containment Reserve (FCR)	Synchronized Frequency Restoration Reserve (S-FRR)	Frequency Restoration Reserve (FRR)	Replacement Reserve (RR)	Replacement Reserve-for FIT (RR-FIT)
指令・制御	オフライン（自端制御）	オンライン（LFC信号）	オンライン（EDC信号）	オンライン（EDC信号）	オンライン
監視	オンライン（一部オフラインも可※2）	オンライン	オンライン	オンライン	専用線：オンライン 簡易指令システム：オンライン
回線	専用線※1（監視がオフラインの場合は不要）	専用線※1	専用線※1	専用線※1	専用線　または 簡易指令システム
応動時間	10秒以内	5分以内	5分以内	15分以内※3	45分以内
継続時間	5分以上※3	30分以上	30分以上	商品ブロック時間（3時間）	商品ブロック時間（3時間）
並列要否	必須	必須	任意	任意	任意
指令間隔	—（自端制御）	0.5～数十秒※4	1～数分※4	1～数分※4	30分
監視間隔	1～数秒※2	1～5秒程度※4	1～5秒程度※4	1～5秒程度※4	1～30分※5
供出可能量（入札量上限）	10秒以内に出力変化可能な量（機器性能上のGF幅を上限）	5分以内に出力変化可能な量（機器性能上のLFC幅を上限）	5分以内に出力変化可能な量（オンラインで調整可能な幅を上限）	15分以内に出力変化可能な量（オンラインで調整可能な幅を上限）	45分以内に出力変化可能な量（オンライン（簡易指令システムも含む）で調整可能な幅を上限）
最低入札量	5 MW（監視がオフラインの場合は1 MW）	5 MW※1,4	5 MW※1,4	5 MW※1,4	専用線：5 MW 簡易指令システム：1 MW
刻み幅（入札単位）	1 kW	1 kW	1 kW	1 kW	1 kW
上げ下げ区分	上げ／下げ	上げ／下げ	上げ／下げ	上げ／下げ	上げ／下げ

※1 簡易指令システムと中給システムの接続可否について，サイバーセキュリティの観点から国で検討中のため，これを踏まえて改めて検討.

※2 事後に数値データを提供する必要有り（データの取得方法，提供方法については今後検討）.

※3 沖縄エリアはエリア固有事情を踏まえて個別に設定.

※4 中給システムと簡易指令システムの接続が可能となった場合においても，監視の通信プロトコルや監視間隔等については，別途検討が必要.

※5 30分を最大として，事業者が収集している周期と合わせることも許容.

［11］ OCCTO「第13回需給調整市場検討小委員会 資料2」（2019年8月1日）より作成

3.8.2　各調整力の必要量

(1)　各商品別必要量

発電機の制御機能を考慮すると，30 分周期以下の残余需要の変動は，図 3.20 に示すように，一次調整力と二次調整力①で対応することとしている．バランシンググループ（BG）の発電計画は 30 分単位で提出され，計画値に対して同時同量性を達成するために，BG は次の 30 分のコマに向けて発電出力を連続的に変化させており，そのようなコマ間の継続的な成分も考慮して，予測誤差の部分を図 3.21 のようにコマ間の差分を応動の速い二次調整力②で，コマ間で継続する部分を応動が遅くても継続時間の長い三次調整力①で対応することとしている．

その各調整力の必要量は，月によってその量が変化することから，残余需要の 1 秒から 10 秒間隔の計測データから，月ごとに次のように算定される．なお，以下でいう「3σ 相当値」とは，いわゆる残余需要データに対して過去の実績をもとに統計的処理を行った最大値であり，具体的には，99.87 パーセンタイル値（全体が 10000 個のデータの場合，小さいほうから数えて 9987 番目の値）を使用している．また，一次調整力，二次調整力①，三次調整力①には，単機最大ユニット容量の系統容量按分値が加算されているが，これは，6.5.1 項の予備力で述べる電源脱落事故の緊急時を考慮した供給予備力分である．

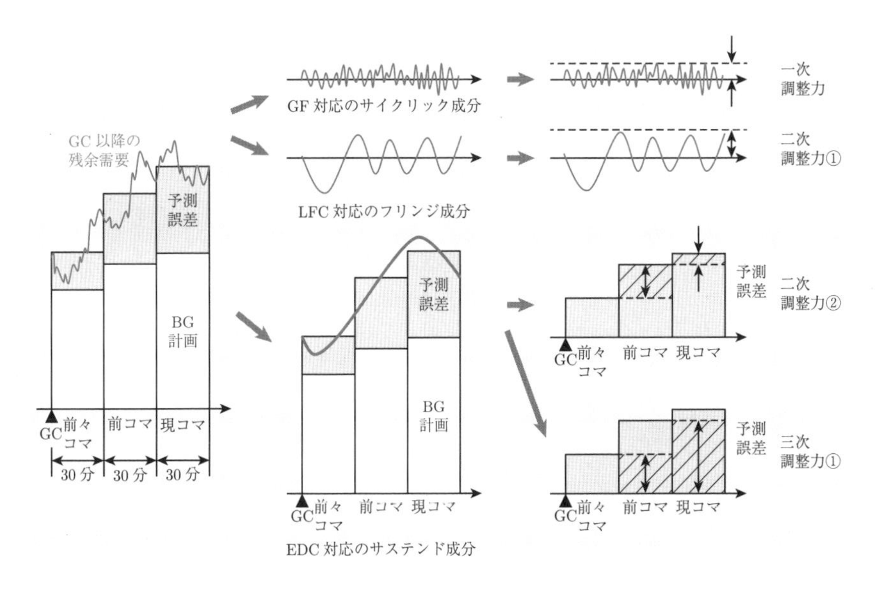

図 3.21　各調整力の必要量の概略イメージ

(i)　**一次調整力**：GF で調整しているサイクリック成分

{(残余需要元データ) − (元データの 10 分移動平均値)} の 3σ 相当値

+ 単機最大ユニット容量の系統容量按分値　　(3.78)

(ii)　**二次調整力①**：LFC で調整しているフリンジ成分

{(元データの 10 分移動平均値) − (元データの 30 分移動平均値)}

の 3σ 相当値 + 単機最大ユニット容量の系統容量按分値　　(3.79)

(iii)　**二次調整力②**：EDC で調整しているサステンド成分

(残余需要の予測誤差 30 分平均値のコマ間の差) の 3σ 相当値　　(3.80)

(iv)　**三次調整力①**：EDC で調整しているサステンド成分

(残余需要の予測誤差 30 分平均値のコマ間で連続する量) の 3σ 相当値

+ 単機最大ユニット容量の系統容量按分値　　(3.81)

(v)　**三次調整力②**：再エネ予測誤差に関して，一次から三次②までの調整力は，図3.21にも示しているように，実需給の1時間前であるゲートクローズ (GC) 時点で想定された再エネ出力予測値と実績値との差に対応している．しかしながら，一般送配電事業者が前々日に再エネ出力を予測し，その再エネ予測値を小売電気事業者に配分し，小売電気事業者はそれを発電計画値として用いて，実需給までその計画の見直しを行わない現在の特例制度のもとでは，一般送配電事業者が対応するのは「前々日から実需給までの再エネ予測誤差」である．したがって，図3.22に示すように，「前々日予測値 − 実績値」の再エネ予測誤差の 3σ 相当値から「GC 予測値 − 実績値」の再エネ予測誤差の 3σ 相当値を差し引いた「前々日予測値 − GC 予測値」の再エネ予測誤差の 3σ 相当値を三次調整力②の必要量としている．

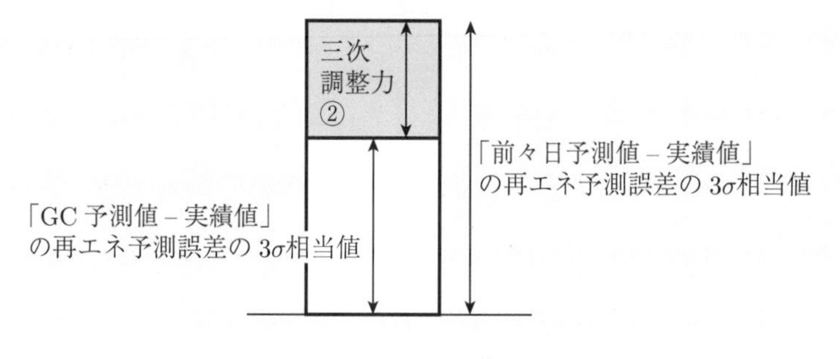

図 3.22　三次調整力②の必要量

(2)　複合約定

旧一般電気事業者の発電機は，一次から三次調整力②までのいずれの能力も兼ね備えており，同じ調整幅（kW）を共用することができる．また，各商品の必要量の最大値が同時に起こる確率は極めて低いという不等時性を考慮した各商品の必要量の合成値は，図 3.23 に示すように，各商品の必要量の単純合計値より小さい値となる．このため，1 つの発電機が一次調整力から三次調整力①までの複数の機能をもつ調整力（需給調整市場では商品となる）を同時に供給する（需給調整市場では**複合約定**という）場合の必要量は，不等時性を考慮した合成値で算定することとし，次式で表すことにしている．

$$\{\text{残余需要元データ} - (\text{BG 計画} - \text{GC 時点の再エネ予測値})\} \text{ の } 3\sigma \text{ 相当値} + \text{単機最大ユニット容量の系統容量按分値} \tag{3.82}$$

なお，(3.82) 式の残余需要元データは，当該月の前後 1 か月を含めた 3 か月実績データ（1 分計測データ）を使用して月ごと，商品ブロックごとに算定している．

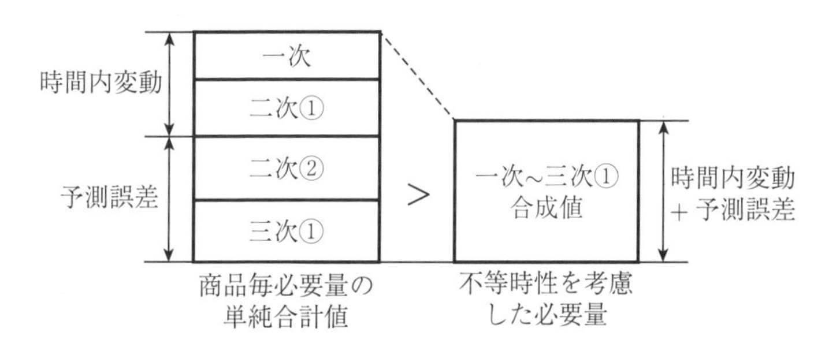

図 3.23　複合約定の必要量

調整力の広域調達・運用システム

調整力は，一般送配電事業者が自分のエリア内の発電事業者やアグリゲータから，安価なものから順に購入していた．しかし，自エリア外に安価な調整力がある場合には，エリア間の連系線の空容量を考慮して利用すると調整力コストが一層低減できることから，需給調整市場が開設されると，需給調整市場システムを通して自エリア以外からも購入できることになった．この需給調整市場システム（調達）は，実需給で出力調整できる発電所の容量（ΔkW）の権利を確保するものであり，次に述べる実需給で最も経済的に出力調整するシステム（広域需給調整システム（運用））とは独立のものになる．

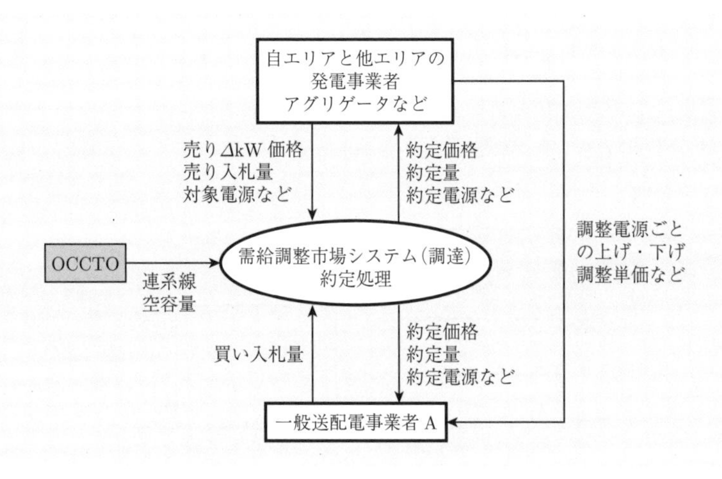

需給調整市場システム（調達）

実需給で調整力を出力する場合，需給調整市場システムで確保した調整力は最大必要量なので，そのすべてを使うわけでもなく，需給調整市場で落札されなかった電源の調整単価（kWh価格）が他と比べて安価であればそれを使うこともある．またここでは，エリア内での余剰／不足インバランスを，下図のようにエリア間で相殺し（**インバランスネッティング**），それによって得られた必要最小限の調整力，この図ではAエリアのみの不足インバランス量100に対する調整力を，最も安価になるように各エリアでの調整力の出力量を決定し配分（**広域メリットオーダー**）する．このシステムを**広域需給調整システム**（運用）という．インバランスネッティングを行わないと，Aエリアで150の不足インバランス量，Bエリアで50の余剰インバランス量に対して調整力を発動することになる．

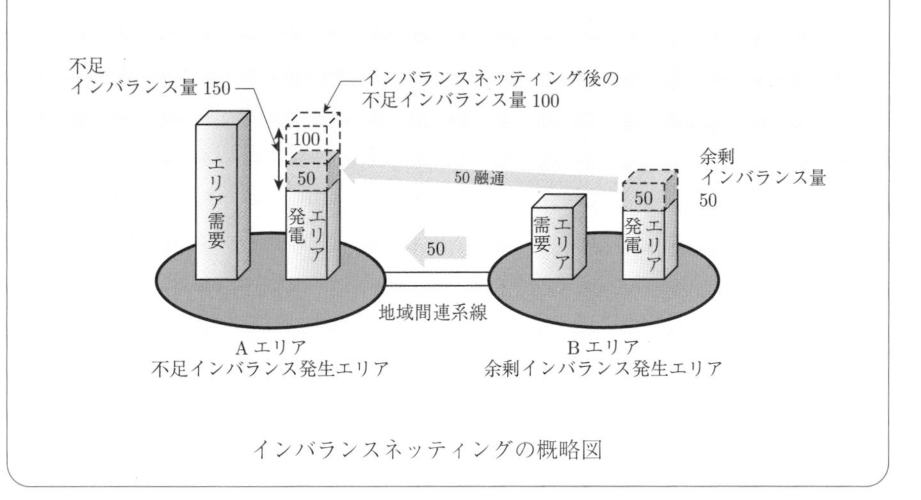

インバランスネッティングの概略図

3章の問題

□**1**　水力発電所，火力発電所が1箇所ずつからなる水・火力系統を考える．送電損失は無視する．水力発電所の流量特性を $W(P_{\mathrm{H}}) = 10800 + 3600P_{\mathrm{H}}\,[\mathrm{m^3/h}]$，貯水池の容量を $V = 3.6 \times 10^6\,[\mathrm{m^3}]$，考慮期間を24時間とする．火力発電所の燃料費特性は $F(P_{\mathrm{S}}) = 8000 + 800P_{\mathrm{S}} + 5P_{\mathrm{S}}^2\,[\text{千円/h}]$ とする．総需要は $P_{\mathrm{R}}(t) = 130 - 2.5t\,[\mathrm{MW}]$ とする．この2つの発電所の最経済運用を求めよ．また，貯水池の容量が $V = 5.0 \times 10^6\,[\mathrm{m^3}]$ と大きくなったときの火力発電所の出力を求めよ．

□**2**　問題1において，水力発電所の流量特性を

$$W(P_{\mathrm{H}}) = 10800 + 3600P_{\mathrm{H}} + 18P_{\mathrm{H}}^2\,[\mathrm{m^3/h}]$$

として P_{H} の二次項までを考慮したときの2つの発電所の最経済運用を求めよ．

□**3**　送変配電設備における電力損失軽減対策について，簡単に説明せよ．

4 電圧–無効電力制御

送電系統における電圧–無効電力特性について学ぶ．通常の運転状態（軽負荷状態）における電圧は，無効電力に大きな影響を受けるとともに，それが系統内の局所的な現象であることを説明し，電圧を一定に制御するためにさまざまな地点に設置される無効電力機器（電圧制御機器）について述べる．また，実系統における電圧–無効電力制御システムについても述べる．

4 章で学ぶ概念・キーワード

- 受電端電圧感度
- 無効電力の局所性
- 電圧制御機器（無効電力機器）
- 無効電力–電圧係数
- 中央 VQC 方式
- 個別 VQC 方式

4.1 電圧変動の影響と電圧の制御目標

電力系統内の電圧の大きさは，系統の運用状況，負荷の変化に応じて変化する．需要家地点の電圧が高すぎると，需要家の電気機器は，故障したり寿命が短くなったりする．一方電圧が低すぎると，需要家の電動機は効率が低下し，運転が停止したり，照明機器は照度が低下したりする．また，電圧が低下すると同じ電力を送電するために送配電線の電流が増加し，送配電線での遅れ無効電力損失，有効電力損失が増加する．一方，重負荷状態においては，送電線が安定に送電できる最大有効電力は系統電圧の2乗に比例するので，電圧不安定現象を避けるために重負荷時は電圧を高めに運用する必要もある．このように，需要家の電圧を適正に維持するとともに，送配電線損失を低減し，電圧不安定現象の発生を回避するために，電圧–無効電力制御を適切に行う必要がある．もちろん，需要家の電気機器もこの電圧変動範囲を前提に設計される必要がある．

需要家の電圧とは，需要家が電力会社（一般送配電事業者）から電力を受電する受電点の電圧のことであり，電気事業法により「一般送配電事業者は，その供給する電気の電圧及び周波数の値を経済産業省令で定める値に維持するように努めなければならない.」とある．つまり，公益性が求められる一般送配電事業者に電圧維持義務が課されており，その電圧の値は**電気事業法施行規則**により表4.1のように定められている．ここで定められている電圧範囲は，100 V と 200 V の低圧に対してだけであり，それ以上の高圧や特別高圧の標準電圧には定められていない．しかしながら，資源エネルギー庁が策定した「電力品質確保に係る系統連系技術要件ガイドライン」では，高圧では，数値の規定はないが，高圧配電線の電圧変動により低圧需要家の電圧が表4.1の適正な値を逸脱しないようにすることが求められており，特別高圧では，変動幅が概ね ±1～2% 以内に収まるよう求められている．

表4.1　維持すべき電圧範囲

標準電圧	維持すべき値
100 V	101 V の上下 6 V を超えない値
200 V	202 V の上下 20 V を超えない値

一方，電気機器側では，家電機器は定格電圧の概ね ±10 % 以内で連続・短時間運転ができることとなっており，瞬時電圧低下においてはこれ以上の余裕をもっていることが多く，産業用機器は，電気鉄道などを除き，概ね ±5～30 % 程度以内で連

続・短時間運転ができ，瞬時電圧低下においては家電機器と同様裕度が大きくなっている．電力系統機器は，上限は概ね 5～10％で，下限は同期発電機，変圧器を除き特に支障なしとなっている．同期発電機，変圧器は，容量一定運転の場合，電圧が低下すると電流が増加し発熱で劣化のおそれがあるので，下限が設定されている．

電圧維持範囲の制定事情

電圧の維持に関する規定は，1902 年（明治 35 年）に公布された電気事業取締規則（明治三十五年逓信省令第三十六号）には，百分の四以上の電圧変動を起こさないようにするということが記載されている．例えば 100 V なら 100 ± 4 V，200 V なら 200 ± 8 V ということになり，4.1 節に述べた現行の電気事業法よりも厳しい基準となっている．現行の電気事業法は昭和 40 年（1965 年）に施行され，表 4.1 の電圧維持範囲が定められたが，この電圧維持範囲の審議過程については，藤波恒雄「新電気事業法について」，電氣學會雜誌，86 巻 930 号，p.351–356（1966 年）に紹介されている．電気事業者からは現状ではこの範囲に維持するのが難しくて少し厳しすぎるという意見や，需要家から幅をさらに狭めて欲しいなどの現在とは逆の意見などがあり，種々検討されたが，「機器の能力などに及ぼす影響，技術的維持方法の確立，料金その他経済的なバランス，海外との比較（100 V については変動幅 5％ ぐらいが多い）などを総合的に判断して，一挙に高水準に定めることは設備の現状から実効性に問題があるので，現時点での妥当な値として上述のものが定められた」となっている．これには，第二次世界大戦後，配電系統における技術的進歩により電圧状況が年々改善され，1965 年には需要家端電圧が ±6％ の範囲に入ることができると判断されたことが大きいと言われている．

4.2 無効電力による電圧変動

図 4.1 に示すように，インピーダンス $\dot{Z}$（$= r + jx$）をもつ送電線により無限大母線から負荷に有効電力 P（> 0）と遅れ無効電力 Q（> 0）が供給されているものとする．無限大母線の電圧 $\dot{V}_{\mathrm{s}}$ の大きさ V_{s} は一定で位相を零とし，受電端の電圧 $\dot{V}_{\mathrm{r}}$ は，$\dot{V}_{\mathrm{r}} = V_{\mathrm{r}} e^{-j\delta}$（$\delta > 0$）とする．

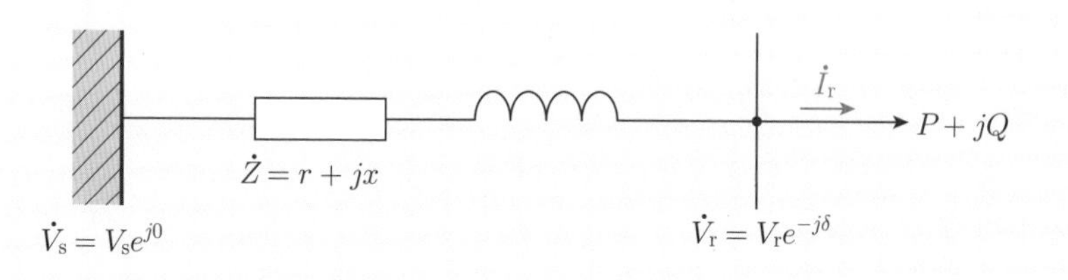

図 4.1 送電線と受電端電圧

負荷の複素電力は

$$P + jQ = \dot{V}_{\mathrm{r}} \bar{\dot{I}}_{\mathrm{r}} = \dot{V}_{\mathrm{r}} \overline{\left(\frac{\dot{V}_{\mathrm{s}} - \dot{V}_{\mathrm{r}}}{\dot{Z}} \right)}$$

$$= V_{\mathrm{r}} e^{-j\delta} \frac{V_{\mathrm{s}} - V_{\mathrm{r}} e^{j\delta}}{r - jx} = \frac{V_{\mathrm{r}} V_{\mathrm{s}} e^{-j\delta} - V_{\mathrm{r}}^2}{r - jx} \tag{4.1}$$

となり，(4.1) 式の両辺に $r - jx$ を乗じ，整理すると

$$(P + jQ)(r - jx) = V_{\mathrm{r}} V_{\mathrm{s}} e^{-j\delta} - V_{\mathrm{r}}^2 \tag{4.2}$$

$$(Pr + Qx + V_{\mathrm{r}}^2) + j(Qr - Px) = V_{\mathrm{r}} V_{\mathrm{s}} e^{-j\delta} \tag{4.3}$$

となる．(4.3) 式の両辺の絶対値の 2 乗は等しいので

$$(Pr + Qx + V_{\mathrm{r}}^2)^2 + (Qr - Px)^2 = (V_{\mathrm{r}} V_{\mathrm{s}})^2 \tag{4.4}$$

が得られる．これは受電端電圧の大きさ V_{r} と負荷の消費電力 P, Q の間の関係式である．この関係を

$$V_{\mathrm{r}} = f(P, Q) \tag{4.5}$$

とおくと，P, Q に関する V_{r} の感度を用いて次のように表すことができる．

$$\Delta V_{\mathrm{r}P} = \left(\frac{\partial f}{\partial P}\right)\Delta P \tag{4.6}$$

$$\Delta V_{\mathrm{r}Q} = \left(\frac{\partial f}{\partial Q}\right)\Delta Q \tag{4.7}$$

(4.4) 式は，V_{r}^2 を変数とおくと，その変数の二次方程式なので，V_{r} について解き，(4.5) 式を求め，(4.6) 式，(4.7) 式の感度を求めることは可能であるが，微分が複雑になるので，ここでは，(4.4) 式から (4.5) 式を求めることなく直接，(4.6) 式，(4.7) 式を求める．

(4.4) 式から，Q を一定として，P と V_{r} について変化分の関係式を求めると

$$\begin{aligned} &2(Pr+Qx+V_{\mathrm{r}}^2)r\Delta P - 2(Qr-Px)x\Delta P + 4(Pr+Qx+V_{\mathrm{r}}^2)V_{\mathrm{r}}\Delta V_{\mathrm{r}} \\ &= 2V_{\mathrm{s}}^2 V_{\mathrm{r}}\Delta V_{\mathrm{r}} \end{aligned} \tag{4.8}$$

したがって，

$$\Delta V_{\mathrm{r}P} = -\frac{(x^2+r^2)P + rV_{\mathrm{r}}^2}{V_{\mathrm{r}}(2Pr+2Qx+2V_{\mathrm{r}}^2-V_{\mathrm{s}}^2)}\Delta P \tag{4.9}$$

となり，P を一定として同様にすると

$$\Delta V_{\mathrm{r}Q} = -\frac{(x^2+r^2)Q + xV_{\mathrm{r}}^2}{V_{\mathrm{r}}(2Pr+2Qx+2V_{\mathrm{r}}^2-V_{\mathrm{s}}^2)}\Delta Q \tag{4.10}$$

が得られる．これらの式には，変数である受電端電圧値 V_{r} が含まれていることに注意を要する．通常の運転状態では，無限大母線（送電端）の電圧値 V_{s} と受電端の電圧値 V_{r} の間には $2V_{\mathrm{r}}^2 > V_{\mathrm{s}}^2$ の関係が成立するので

$$V_{\mathrm{r}}(2Pr+2Qx+2V_{\mathrm{r}}^2-V_{\mathrm{s}}^2) > 0 \tag{4.11}$$

が成立するとしてよく

$$\frac{\partial f}{\partial P} < 0, \quad \frac{\partial f}{\partial Q} < 0 \tag{4.12}$$

となる．これは，通常の運転状態であれば，負荷の有効電力，無効電力が増加すれば，受電端の電圧は降下することを示している．

次に，有効電力と無効電力が同じだけ増加する（$\Delta P = \Delta Q$）と仮定し，受電端電圧の変化量 $\Delta V_{\mathrm{r}P}$, $\Delta V_{\mathrm{r}Q}$ の比を ρ とすると

$$\rho = \frac{\Delta V_{\mathrm{r}P}}{\Delta V_{\mathrm{r}Q}} = \frac{(x^2+r^2)P + rV_{\mathrm{r}}^2}{(x^2+r^2)Q + xV_{\mathrm{r}}^2} = \frac{z^2P + rV_{\mathrm{r}}^2}{z^2Q + xV_{\mathrm{r}}^2} = \frac{zP + r\frac{V_{\mathrm{r}}^2}{z}}{zQ + x\frac{V_{\mathrm{r}}^2}{z}}$$

$$= \frac{zP + rC}{zQ + xC} \tag{4.13}$$

ここで，$z^2 = x^2 + r^2$, $C = \frac{V_r^2}{z}$ とおいている．C は，受電端から無限大母線側をみた短絡容量（皮相電力）で，普通の運転状態では負荷の消費電力 P, Q よりはるかに大きいので，$C \gg P$, $C \gg Q$ となり，$x \gg r$, $z \cong x$ であるので，(4.13) 式の分母は，

$$zQ + xC \cong xQ + xC \cong xC \tag{4.14}$$

となる．したがって

$$\rho \cong \frac{xP + rC}{xC} = \frac{P}{C} + \frac{r}{x} \tag{4.15}$$

$\frac{P}{C} \ll 1$, $\frac{r}{x} \ll 1$ なので

$$\rho \ll 1 \quad つまり \quad V_{rP} \ll \Delta V_{rQ} \tag{4.16}$$

が得られる．この式から受電端電圧は，有効電力変動より無効電力変動の影響が極めて大きいことがわかる．また，(4.15) 式から，この結論は $\frac{P}{C} \ll 1$ に依存しており，負荷の有効電力 P が，受電端の短絡容量よりはるかに小さい場合，つまり，図 4.2 に示すように，系統が軽負荷状態の場合に，受電端電圧への無効電力変動の影響が大きくなることがわかる．重負荷状態のときには，$\frac{P}{C} \ll 1$ が成立しなくなるので，$\frac{\partial f}{\partial P}$ の値も大きくなる．この状態では，電圧変動は，無効電力だけでなく有効電力の変動も大きく影響を受けるようになる．この現象については，次章で説明する．

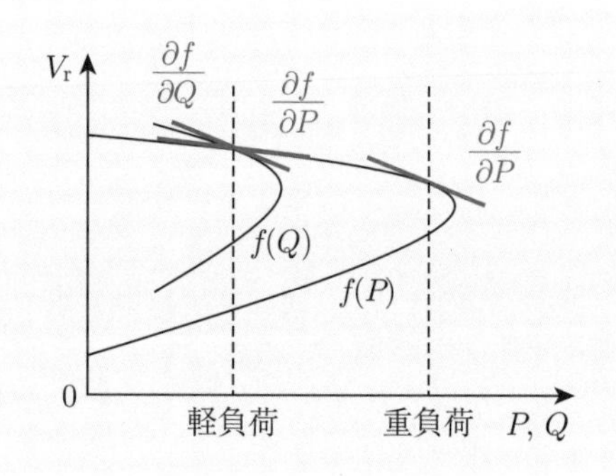

図 4.2　系統状態による電圧感度の違い

例題 4.1

図 4.1 の一負荷無限大母線系統を考える．単位法の系統容量基準値を 1000 MV·A，電圧基準値を 500 kV とする．500 kV 送電線は 100 km で，$R = 2.5\,[\Omega]$, $X = 25\,[\Omega]$ である．負荷は，$P + jQ = 1000\,[\mathrm{MW}] + 500\,[\mathrm{MV\cdot A}]$ である．受電端の電圧を $V_\mathrm{r} = 500\,[\mathrm{kV}]$ とするとき，送電端の電圧の大きさ V_s を求め，受電端の $\frac{\partial V_\mathrm{r}}{\partial P}$, $\frac{\partial V_\mathrm{r}}{\partial Q}$, ρ を計算せよ．ここで，無効電力は遅れを正とし，位相の基準は受電端にとるものとする．

【解答】 単位法のインピーダンス基準値は，$Z_\mathrm{N} = \frac{(500\,[\mathrm{kV}])^2}{1000\,[\mathrm{MW}]} = 250\,[\Omega]$.

$$\therefore \quad R + jX = 0.01 + j0.1\,[\mathrm{p.u.}]$$

負荷は，$P + jQ = 1.0 + j0.5\,[\mathrm{p.u.}]$，受電端電圧は，$V_\mathrm{r} = 1.0\,[\mathrm{p.u.}]$，送電線電流は，

$$\dot{I} = \frac{P - jQ}{\overline{\dot{V}_\mathrm{r}}} = \frac{1.0 - j0.5}{1.0e^{j0}} = 1.0 - j0.5\,[\mathrm{p.u.}]$$

したがって，送電端電圧は

$$\begin{aligned}\dot{V}_\mathrm{s} &= \dot{V}_\mathrm{r} + (r + jx)\dot{I} \\ &= 1.0 + (0.01 + j0.1) \times (1.0 - j0.5) \\ &= 1.06 + j0.095\,[\mathrm{p.u.}]\end{aligned}$$

$$\begin{aligned}\therefore \quad V_\mathrm{s} &= \sqrt{1.06^2 + 0.095^2} \cong 1.064\,[\mathrm{p.u.}] \\ &= 532\,[\mathrm{kV}]\end{aligned}$$

$$\begin{aligned}\frac{\partial V_\mathrm{r}}{\partial P} &= -\frac{(0.1^2 + 0.01^2) \times 1.0 + 0.01 \times 1.0^2}{1.0 \times (2 \times 1 \times 0.01 + 2 \times 0.5 \times 0.1 + 2 \times 1.0^2 - 1.064^2)} \\ &= -\frac{0.0201}{0.988} \cong -0.0203\end{aligned}$$

$$\begin{aligned}\frac{\partial V_\mathrm{r}}{\partial Q} &= -\frac{(0.1^2 + 0.01^2) \times 0.5 + 0.1 \times 1.0^2}{1.0 \times (2 \times 1 \times 0.01 + 2 \times 0.5 \times 0.1 + 2 \times 1.0^2 - 1.064^2)} \\ &= -\frac{0.105}{0.988} \cong -0.106\end{aligned}$$

$$\rho = \frac{\frac{\partial V_\mathrm{r}}{\partial P}}{\frac{\partial V_\mathrm{r}}{\partial Q}} = \frac{0.0203}{0.106} \cong 0.191 \ll 1.0$$

■

4.3 無効電力の分布

負荷の有効電力 P_{Load} と遅れ無効電力 Q_{Load} がすべて，図 4.3 に示すように，発電機から変圧器，送電線を介して供給されるものとする．例えば，負荷の力率を 0.9（遅れ）とすると，負荷の有効電力 P_{Load} と遅れ無効電力 Q_{Load} の比は約 2 : 1 となる．変圧器，送電線には大きなリアクタンスがあり，それぞれ遅れ無効電力 Q_{T}, Q_{L} が消費されるが，送電線の対地静電容量からは，遅れ無効電力 Q_{C} が供給される．また送電線の抵抗では，有効電力 P_{L} が消費される．

定量的には表 4.2 に示すように，発電機から負荷までの各電圧レベルの間にある変圧器で消費される遅れ無効電力 Q_{T} は，負荷の無効電力の約 $\frac{3}{4}$，送電線で消費される遅れ無効電力 Q_{L} は，負荷の無効電力の約 $\frac{1}{4}$ になり，送電線で消費される有効電力 P_{L} は，負荷の有効電力の約 $\frac{1}{20}$ となる．負荷の有効電力 P_{Load} を 1.0 p.u. とおくと，発電機で発生すべき有効電力 P_{G}，遅れ無効電力 Q_{G} は，表 4.2 のように，ほぼ 2.0 p.u. で同量となり，発電機の力率は 0.6〜0.7 となる．

このように，発電機で供給される遅れ無効電力は，途中の変圧器，送電線のリアクタンスで消費され，半分くらいしか負荷に到達しない．つまり無効電力は遠方にはあまり伝わらないということができる．また，実際には，発電機はできるだけ多量の有効電力を出力するために力率 0.9〜1.0 で運転し，かつ遅れ無効電力出力が小さいので送電経路の途中で遅れ無効電力を供給することで，電圧を維持する必要がある．いわゆる**調相**を行う必要がある．

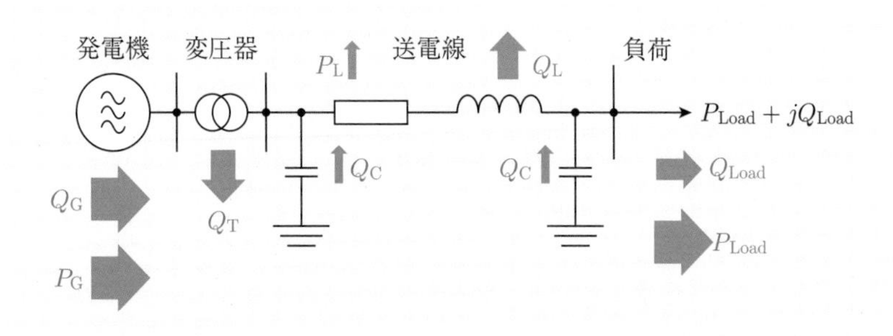

図 4.3　送電系統における有効電力・無効電力の分布

表 4.2　有効電力・無効電力分布

	有効電力 P [p.u.]	無効電力 Q [p.u.]（遅れ）
負荷（力率 0.9）	2.0	1.0
送電線	0.01	0.25
変圧器	0	0.75
発電機	2.01	2

例題 4.2

図の無損失送電系統において，基準容量を 1000 MV·A として，変圧器 1 台のリアクタンスは $X_{\mathrm{T}} = 0.14$ [p.u.]，送電線のリアクタンスは $X_{\mathrm{L}} = 0.1$ [p.u.] である．負荷の複素電力を $P + jQ_{\mathrm{Load}} = 1.0 + j0.5$ [p.u.]（遅れ無効電力を正），負荷端電圧を $\dot{V}_{\mathrm{r}} = 1.0e^{j0}$ [p.u.] とするとき，送電線を流れる電流 $\dot{I}$，発電機端電圧 $\dot{V}_{\mathrm{t}}$ を求め，発電機から供給される無効電力 Q_{G}，変圧器での無効電力損失 Q_{T}，送電線での無効電力損失 Q_{L} をそれぞれ求め，単位法で答えよ．

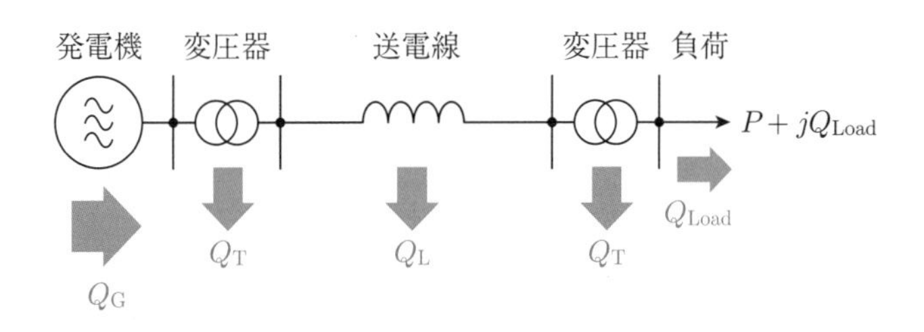

【解答】　送電線電流は，

$$
\begin{aligned}
\dot{I} &= \frac{P - jQ}{\overline{\dot{V}_{\mathrm{r}}}} = \frac{1.0 - j0.5}{1.0e^{j0}} \\
&= 1.0 - j0.5 \text{ [p.u.]}
\end{aligned}
$$

$$
\begin{aligned}
|\dot{I}|^2 &= 1.0^2 + 0.5^2 \\
&= 1.25
\end{aligned}
$$

発電機端電圧は,

$$\dot{V}_{\rm t} = \dot{V}_{\rm r} + jX\dot{I} = 1.0 + j0.38 \times (1.0 - j0.5)$$
$$= 1.19 + j0.38$$

したがって，発電機から供給される複素電力は

$$P_{\rm G} + Q_{\rm G} = \dot{V}_{\rm t}\overline{\dot{I}} = (1.19 + j0.38) \times (1.0 + j0.5)$$
$$= 1.0 + j0.975\,[\text{p.u.}]$$

$$Q_{\rm T} = |\dot{I}|^2 X_{\rm T} = 1.25 \times 0.14$$
$$= 0.175\,[\text{p.u.}]$$

$$Q_{\rm L} = |\dot{I}|^2 X_{\rm L} = 1.25 \times 0.1$$
$$= 0.125\,[\text{p.u.}]$$

したがって，無効電力損失の総和は,

$$2 \times 0.175 + 0.125 = 0.475\,[\text{p.u.}]$$

となり,

$$Q_{\rm G} = Q_{\rm Load} + (Q_{\rm T} + Q_{\rm L} + Q_{\rm T})$$

が成り立つことがわかる．また，送電線での無効電力損失は負荷の無効電力の25％となり，変圧器2台での無効電力損失合計は負荷の無効電力の70％となり，発電機からの無効電力出力は，負荷の消費無効電力のほぼ2倍となる． ■

4.4　無効電力機器（電圧制御機器）

電力系統の各所に設置される無効電力機器には，同期発電機と調相設備がある．それぞれの機能について述べる．

4.4.1　同期発電機

同期発電機の等価回路は図 4.4 のように表される．位相の基準を発電機端子電圧 $\dot{V}_{\mathrm{t}}$ とすると，$\dot{V}_{\mathrm{t}}$ と内部誘起電圧 $\dot{E}_{\mathrm{f}}$ は，$\dot{V}_{\mathrm{t}} = V_{\mathrm{t}}e^{j0}$, $\dot{E}_{\mathrm{f}} = E_{\mathrm{f}}e^{j\delta}$ と表され，発電機出力電流 $\dot{I}$ は

$$
\begin{aligned}
\dot{I} &= \frac{E_{\mathrm{f}}e^{j\delta} - V_{\mathrm{t}}}{jx_{\mathrm{d}}} \\
&= \frac{E_{\mathrm{f}}}{x_{\mathrm{d}}}\sin\delta + j\left(-\frac{E_{\mathrm{f}}}{x_{\mathrm{d}}}\cos\delta + \frac{V_{\mathrm{t}}}{x_{\mathrm{d}}}\right) \qquad (4.17)
\end{aligned}
$$

となる．実部は有効電流，虚部は無効電流である．発電機端子電圧 $\dot{V}_{\mathrm{t}}$，出力電流 $\dot{I}$，励磁電流 I_{f} による内部誘起電圧 $\dot{E}_{\mathrm{f}}$ の関係は図 4.5 に示すようになる．(4.17) 式より発電機出力の複素電力 $P + jQ$ は次式となる．

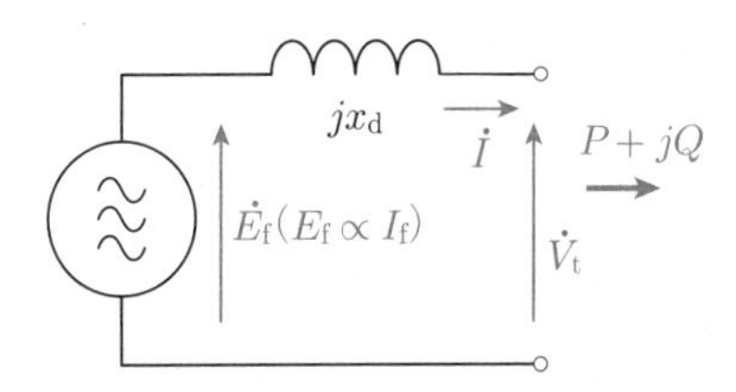

図 4.4　同期発電機の等価回路

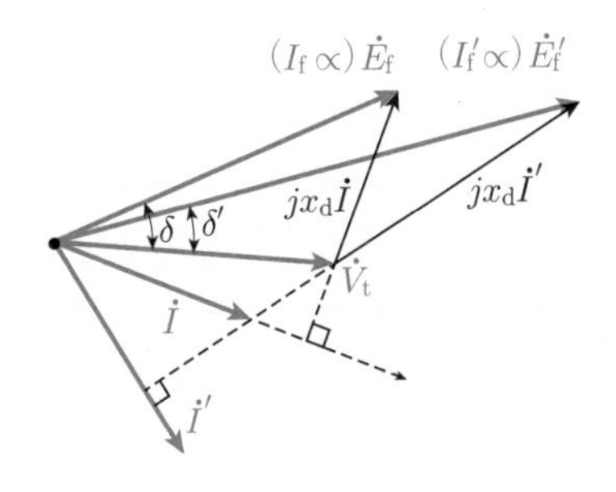

図 4.5　同期発電機での端子電圧，出力電流，内部誘起電圧の関係

$$P + jQ = \dot{V}_{\mathrm{t}}\bar{\dot{I}} = \frac{E_{\mathrm{f}}V_{\mathrm{t}}}{x_{\mathrm{d}}}\sin\delta + j\left(\frac{E_{\mathrm{f}}V_{\mathrm{t}}}{x_{\mathrm{d}}}\cos\delta - \frac{V_{\mathrm{t}}^2}{x_{\mathrm{d}}}\right) \tag{4.18}$$

ここで，有効電力出力 P が非常に小さく，位相差 δ が $\delta \cong 0$ と仮定すると，$\sin\delta \cong \delta$，$\cos\delta \cong 1$ より

$$\delta \cong \frac{x_{\mathrm{d}}P}{E_{\mathrm{f}}V_{\mathrm{t}}}, \quad Q \cong \frac{E_{\mathrm{f}}V_{\mathrm{t}}}{x_{\mathrm{d}}} - \frac{V_{\mathrm{t}}^2}{x_{\mathrm{d}}} \tag{4.19}$$

が得られ，端子電圧 V_{t} は一定，有効電力出力 P も小さくて一定であると仮定すると，位相差 δ は E_{f} に反比例し，無効電力出力 Q と E_{f} つまり Q と励磁電流 I_{f} との関係は図 4.6 のように直線となる．端子電圧 V_{t} を一定に保ちながら無効電力出力 Q を大きくするために，励磁電流 I_{f} を大きくし，内部誘起電圧 E_{f} を大きくすると，図 4.5 に示すように発電機出力電流 $\dot{I}$ の位相が遅れていくことがわかる．

次に，同期発電機からの出力可能な有効電力，無効電力を考える．(4.18) 式より電力円線図の式を導くと

$$P^2 + \left(Q + \frac{V_{\mathrm{t}}^2}{x_{\mathrm{d}}}\right)^2 = \left(\frac{E_{\mathrm{f}}V_{\mathrm{t}}}{x_{\mathrm{d}}}\right)^2 \tag{4.20}$$

となる．この式は，P–Q 平面において，中心が $\left(0, -\frac{V_{\mathrm{t}}^2}{x_{\mathrm{d}}}\right)$ で，半径が $\frac{E_{\mathrm{f}}V_{\mathrm{t}}}{x_{\mathrm{d}}}$ の円を表しており，界磁巻線の温度から決まる励磁電流 I_{f} の最大値，つまりそれに対応する内部誘起電圧 E_{f} の最大値 $E_{\mathrm{f\,max}}$ によって発電機の遅れ無効電力出力 Q の限界（図 4.7 のⒶ）が決まる．一方，有効電力出力 P の限界（図 4.7 のⒷ）は，電機子巻線の温度制限から決まる電機子電流 I の最大値，つまりそれに対応する発電機容量 S（皮相電力）の最大値 S_{max} によって決まる．

$$P^2 + Q^2 \leq S_{\mathrm{max}}^2 \tag{4.21}$$

進相運転領域の進み無効電力 Q の限界（図 4.7 のⒸ）は，大容量タービン発電機の場合は固定子鉄心端部の過熱つまり温度制限によって決まるが，他の同期発電機の場合は同期安定度限界などで決まることもある．図 4.7 の同期機が連続的に安定に運転できる領域（図 4.7 の灰色部分）を示した曲線を**可能出力曲線**という．

同期発電機の**自動電圧調整装置**（**AVR**, automatic voltage regulator）は，図 4.8 に示すように，平常時に発電機端子電圧の大きさ V_{t} を一定に維持するように励磁電流 I_{f} を調整する装置である．

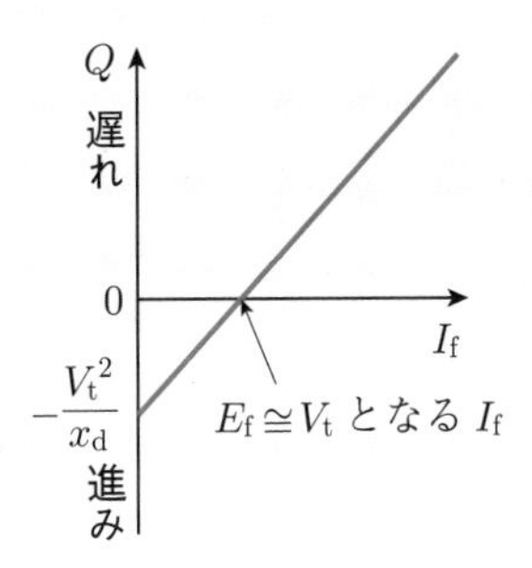

図 4.6　励磁電流と発電機無効電力出力の関係（$P \cong 0$ の場合）

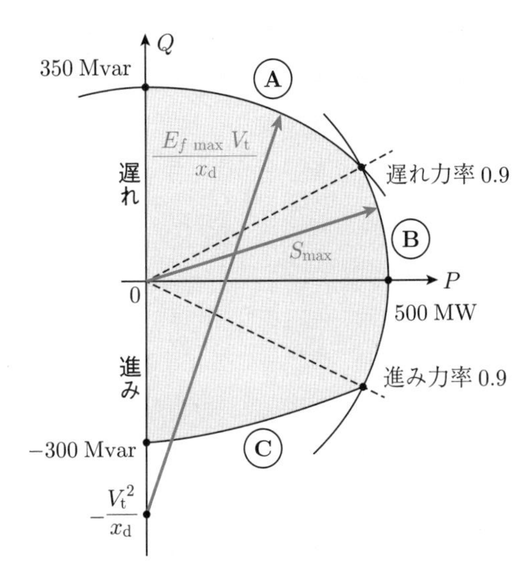

図 4.7　500 MVA タービン発電機の可能出力曲線

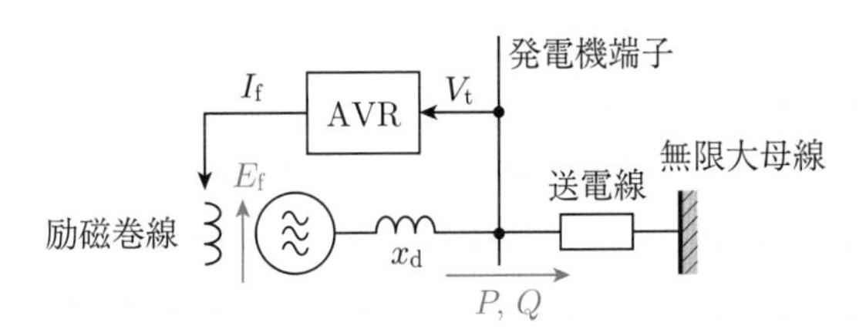

図 4.8　AVR

AVRは，平常時の発電機端子電圧維持の他，送電線地絡故障時には，高速に発電機励磁電流 I_{f} を大きくして，界磁電圧を 5 p.u. から 7 p.u. 程度まで上昇させることによって故障中の発電機端子電圧の低下を抑え，過渡安定度（位相角の第1波脱調現象）も安定化できる．また，発電機によっては，発電機有効出力に応じて無効電力出力を一定に維持（AQR, automatic reactive power(Q) regulator）したり，力率を一定に維持（APFR, automatic power factor regulator）したりする装置も設置され，その出力信号はAVRに入力される．

4.4.2　電力用コンデンサ，分路リアクトル

変電所に設置される無効電力機器として最も基本的なものは図4.9に示す電力用コンデンサと分路リアクトルである．電力用コンデンサは遅れ無効電力 ωCV_{t}^2 を供給し，分路リアクトルは，遅れ（進み）無効電力 $\frac{V_{\mathrm{t}}^2}{\omega L}$ を消費（供給）する．両者とも，無効電力は端子電圧 V_{t} の2乗に比例するため，端子電圧が低下すると無効電力の供給量は大きく減少する．また，スイッチで複数設備を入り切りするので，無効電力量は段階的にしか制御できない．

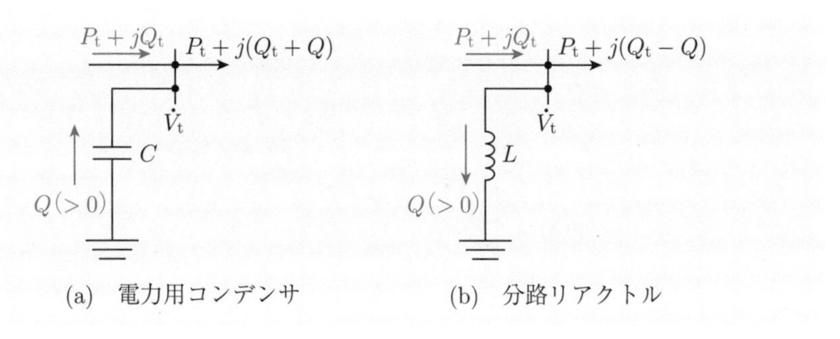

図4.9　電力用コンデンサ，分路リアクトルによる遅れ無効電力供給

4.4.3　同期調相機

同期調相機は，無負荷の同期電動機，または原動機のない同期発電機であり，界磁電流を調整することによって，図4.6に示すように無効電力供給を進相から遅相まで連続的に変化させることができる．端子電圧が低下しても，電力用コンデンサと異なり，内部誘起電圧を一定に維持することにより，無効電力を供給し続けることができる．また，回転子の慣性力が過渡的な周波数変動や過渡安定性を抑制する効果もある．ただし，設備費用は電力用コンデンサや分路リアクトルと比べると高価である．

4.4.4 静止型無効電力補償装置

静止型無効電力補償装置（**SVC**：static var compensator）は，コンデンサ，リアクトルおよびサイリスタなどの半導体スイッチを用いて，無効電力を進相から遅相まで連続的に調整するもので，図 4.10 にサイリスタのスイッチングによりリアクトル電流 I_L を制御するタイプの**サイリスタ制御リアクトル方式**（**TCR 方式**：thyristor controlled reactor）の構成と端子電圧–電流特性を示す．

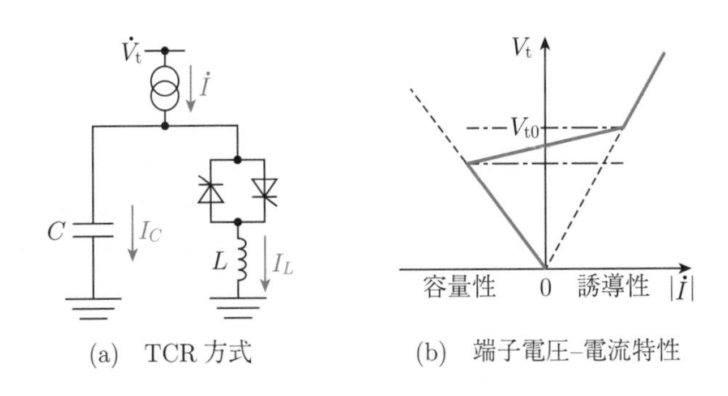

(a) TCR 方式　　(b) 端子電圧–電流特性

図 4.10 TCR 方式 SVC

自励式インバータを用いた静止型無効電力補償装置を **STATCOM**（static synchronous compensator）といい，その構成を図 4.11 に示す．自励式インバータ出力電圧 $\dot{V}_I$，送電線端電圧 $\dot{V}_t$ とその間の変圧器リアクタンス X を用いると，$\dot{V}_I = \dot{V}_t + jX\dot{I}$ となる．したがって，自励式インバータ出力電圧 $\dot{V}_I$ を送電線端電圧 $\dot{V}_t$ と同相で電圧の大きさを $V_I > V_t$ とするとインバータからの電流 $\dot{I}$ は 90° 遅

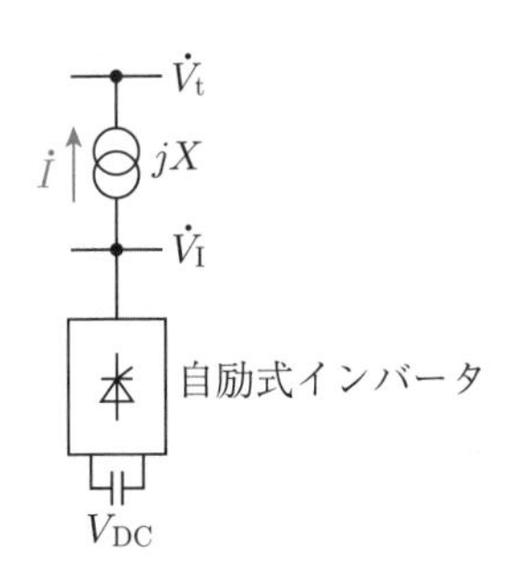

図 4.11 STATCOM

れ電流となり，遅れ無効電力のみを供給することになる．これは電力用コンデンサと等価である．また逆に，電圧の大きさを $V_{\mathrm{I}} < V_{\mathrm{t}}$ とすると電流 $\dot{I}$ は 90° 進み電流となり，進み無効電力のみを供給することになる．これは，分路リアクトルと等価である．このように自励式インバータ出力電圧の大きさ V_{I} の大きさを変えることにより，無効電力を調整することができる．

4.4.5　変圧器のタップ切換装置

無効電力は供給しないが，電圧を制御できる装置として変圧器の**タップ切換装置**がある．図4.12のように，変圧器の巻線にタップを設けて変圧比（巻数比）をある範囲内で，あるステップ電圧で変えることができる．実際には，基準となる電圧のタップの前後に基準電圧の 2.5%，もしくは 1.5% のきざみで数個のタップが設けられている．タップ切換の前後では，有効電力，無効電力の流れは変化しない．無負荷，無電圧でタップを切り換える**無電圧タップ切換装置**（**NVTC**：no-voltage tap changer）と，負荷をかけたままタップを切り替える**負荷時タップ切換装置**（**OLTC** または **LTC**：on-load tap changer）がある．この負荷時タップ切換装置と変圧器を一緒にして**負荷時タップ切換変圧器**という．

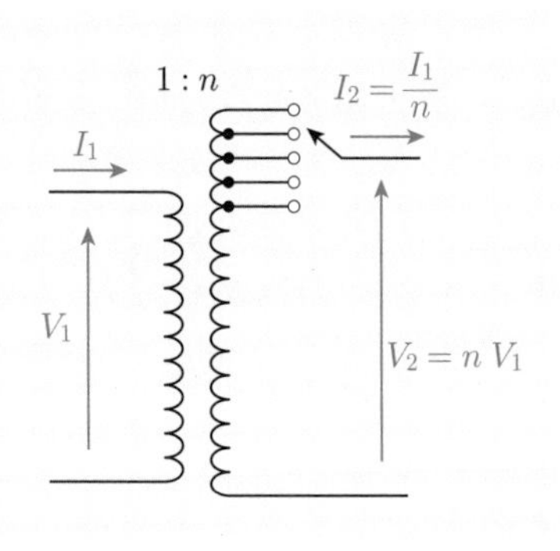

図4.12　変圧器のタップ切換

4.5　電圧–無効電力特性とその制御

4.5.1　送電系統の電圧–無効電力特性

図 4.13 の送電線，タップ付き変圧器，電力用コンデンサからなる送電系統において，タップ比 n，電力用コンデンサからの遅れ無効電力供給量 q，送受電端電圧 V_1, V_2 の変化が送電線途中の電圧 V と通過無効電力 Q の変化にどのような影響があるかを調べる．ここで，送電線の抵抗分はリアクタンス分に比べて十分に小さく無視できるものとする．定常状態での両端子の電圧の大きさはすべて 1.0 p.u.（単位法表現）で等しいとし，タップ比は 1.0 とする．また，有効電力潮流は十分に小さいとする．したがって，図 4.13 の端子①と③，③と②の間の位相差は十分に小さいものとすることができ，$\dot{V}_1 = V_1 e^{j\delta_1}$, $\dot{V} = Ve^{j0}$, $\dot{V}_2 = V_2 e^{-j\delta_2}$ とおくと $\delta_1 \cong 0$, $\delta_2 \cong 0$ となる．

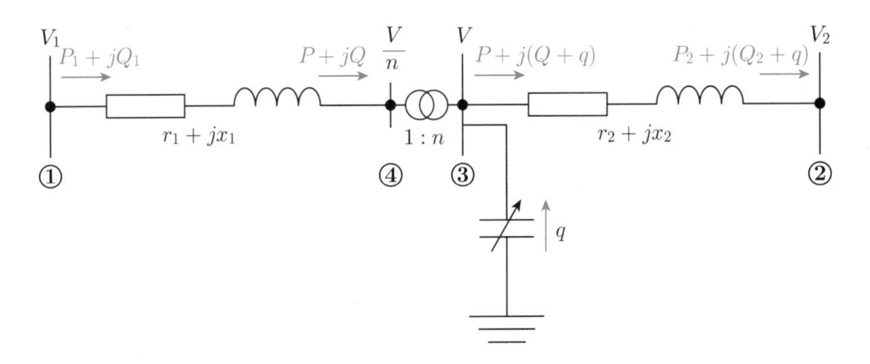

図 4.13　タップ付き変圧器と電力用コンデンサが設置された送電系統

端子④に流入する複素電力は

$$P + jQ = \overline{\left(\frac{\dot{V}_1 - \frac{\dot{V}}{n}}{r_1 + jx_1} \right)} \frac{\dot{V}}{n} \tag{4.22}$$

となり，両辺に $r_1 - jx_1$ を乗じて整理すると

$$\begin{aligned}(r_1 - jx_1)(P + jQ) &= \overline{\dot{V}_1} \frac{\dot{V}}{n} - \frac{V^2}{n^2} \\ &= \frac{V_1 V e^{-j\delta_1}}{n} - \frac{V^2}{n^2}\end{aligned}$$

$$= \frac{V_1 V}{n}\cos\delta_1 - j\frac{V_1 V}{n}\sin\delta_1 - \frac{V^2}{n^2} \tag{4.23}$$

となる．仮定より $r_1 \cong 0, \delta_1 \cong 0$ となるので

$$x_1 Q + \frac{V^2}{n^2} - \frac{V_1 V}{n} \cong 0 \tag{4.24}$$

が得られ，各変数について変化分をとると

$$x_1 \Delta Q + \frac{2V}{n^2}\Delta V - 2\frac{V^2}{n^3}\Delta n - \frac{V_1}{n}\Delta V - \frac{V}{n}\Delta V_1 + \frac{V_1 V}{n^2}\Delta n \cong 0 \tag{4.25}$$

となる．ここで，$V_1 = V = 1.0, n = 1.0$ とおくと

$$x_1 \Delta Q + \Delta V - \Delta n - \Delta V_1 \cong 0 \tag{4.26}$$

が得られる．

同様に，端子③から流出する複素電力は

$$P + j(Q+q) = \overline{\left(\frac{\dot{V} - \dot{V}_2}{r_2 + jx_2}\right)}\dot{V} \tag{4.27}$$

となり，両辺に $r_2 - jx_2$ を乗じて整理すると

$$\begin{aligned}(r_2 - jx_2)\{P + j(Q+q)\} &= V^2 - \overline{\dot{V}_2}V \\ &= V^2 - VV_2 e^{j\delta_2} \\ &= V^2 - VV_2\cos\delta_2 - jVV_2\sin\delta_2 \end{aligned} \tag{4.28}$$

となる．仮定より $r_2 \cong 0, \delta_2 \cong 0$ となるので

$$x_2(Q+q) - V^2 + VV_2 \cong 0 \tag{4.29}$$

が得られ，各変数について変化分をとると

$$x_2 \Delta Q + x_2 \Delta q - 2V\Delta V + V\Delta V_2 + V_2 \Delta V \cong 0 \tag{4.30}$$

となる．ここで，$V = V_2 = 1.0$ とおくと

$$x_2 \Delta Q + x_2 \Delta q - \Delta V + \Delta V_2 \cong 0 \tag{4.31}$$

が得られる．

(4.26) 式と (4.31) 式を ΔQ と ΔV について解くと

$$\Delta Q \cong \frac{1}{x_1 + x_2}\Delta n - \frac{x_2}{x_1 + x_2}\Delta q + \frac{1}{x_1 + x_2}\Delta V_1 - \frac{1}{x_1 + x_2}\Delta V_2 \tag{4.32}$$

$$\Delta V \cong \frac{x_2}{x_1 + x_2}\Delta n + \frac{x_1 x_2}{x_1 + x_2}\Delta q + \frac{x_2}{x_1 + x_2}\Delta V_1 + \frac{x_1}{x_1 + x_2}\Delta V_2 \tag{4.33}$$

が得られる．このタップ比 n，遅れ無効電力供給量 q，送受電端電圧 V_1, V_2 の変化に対する係数は**無効電力–電圧係数**とよばれ，端子③, ④につながる送電線のリアクタンス x_1, x_2 だけによって定められる．

端子①と端子②についても同様の計算をすると，(4.26) 式において ΔQ を ΔQ_1 に，(4.31) 式において ΔQ を ΔQ_2 に置き換えた式が得られるので，これらの 4 つの式から

$$\Delta Q_1 = \Delta Q = \Delta Q_2 \tag{4.34}$$

となる．これは，各端子での Q_1, Q, Q_2 の値は異なるが，タップ比 n，遅れ無効電力供給量 q，送受電端電圧 V_1, V_2 の変化による Q_1, Q, Q_2 の変化分は等しいことを示している．タップ比 n，遅れ無効電力供給量 q，送受電端電圧 V_1, V_2 が微小変化した場合の送電線に沿った電圧と無効電力潮流の変化の様子を図 4.14–図 4.17 に示す．(4.32) 式と (4.33) 式の関係，つまり (4.26) 式と (4.31) 式の関係は，図 4.18 に示す直流等価回路で表すことができる．図 4.18 では，送受電端電圧 V_1, V_2 の変化分 $\Delta V_1, \Delta V_2$ とタップ比の変化分 Δn はそれぞれ電圧源 E_1, E_2, E_n，無効電力供給量の変化分 Δq は電流源 I_q，送電線リアクタンス x_1, x_2 は抵抗として扱われ，送電系統上の電圧変化分，無効電力潮流変化分は回路上では電圧，電流として得られる．

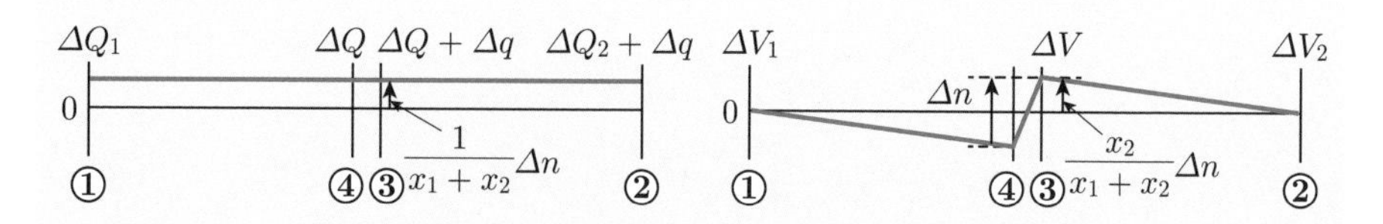

図 4.14　タップ変化（Δn）

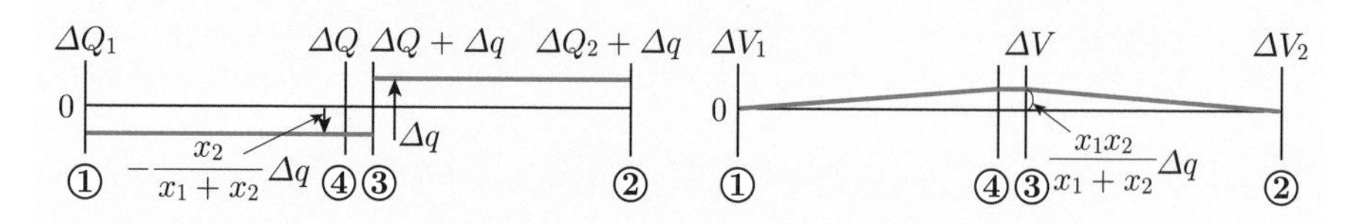

図 4.15　無効電力供給量変化（Δq）

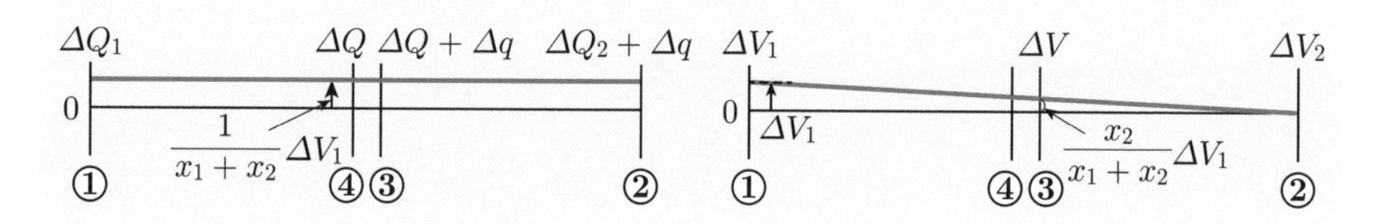

図 4.16　端子①の電圧変化（ΔV_1）

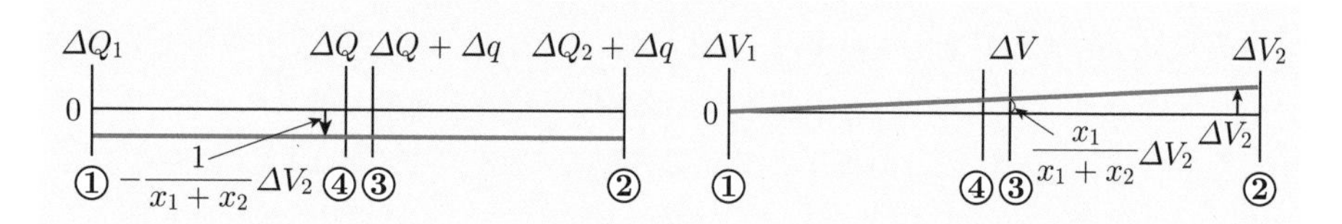

図 4.17　端子②の電圧変化（ΔV_2）

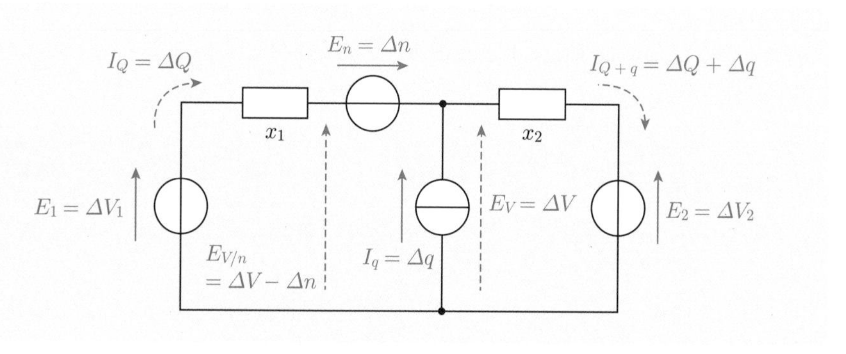

図 4.18　電圧–無効電力変化分の等価回路

(4.32) 式と (4.33) 式から送電線の途中地点の電圧–無効電力制御について次のようなことが言える.

(1) タップ比変化 Δn は，タップ付き変圧器二次側の送電線リアクタンス x_2 が大きく一次側の送電線リアクタンス x_1 が小さい場合，タップ付き変圧器二次側端子③の電圧変化 ΔV への効果が大きい. x_2 が小さく x_1 が大きい場合，ΔV への効果は小さい. また，$x_1 + x_2$ が小さい場合，つまり両端の電源が近い場合には，タップ比変化 Δn による無効電力潮流変化 ΔQ への効果は大きくなる.

(2) タップ比変化 Δn と端子①の電圧変化 ΔV_1 はそれぞれ，端子③の電圧変化 ΔV と無効電力潮流変化 ΔQ に同じ効果を与える. したがって，この両者を同時に増加方向に変化させると，その効果は相殺することなく重畳され，V_2 と Q は増大する.

(3) タップ比 n と端子②の電圧 V_2 を同量，増加方向に同時に変化させると，無効電力潮流 Q は変化せず，端子③の電圧 V は増大する. また，端子①の電圧 V_1 と端子②の電圧 V_2 を同量，増加方向に同時に変化させても同じ効果が得られる.

(4) タップ比変化 $\Delta n = x_1$，無効電力供給量変化 $\Delta q = -1$ として同時に変化させると，端子③の電圧 V は変化せず，無効電力潮流 Q は $\Delta Q = 1$ だけ増加する. 端子①の電圧変化 $\Delta V_1 = x_1$, 無効電力供給量変化 $\Delta q = -1$ として同時に変化させても同じ効果が得られる.

(5) 無効電力供給量変化 Δq は両端子①, ②に $x_2 : x_1$ で配分される. 送電線リアクタンスの小さいほうに，無効電力供給は大きく配分される.

4.5.2 電圧–無効電力制御システム

電圧–無効電力制御システムは，電力系統内に電圧，無効電力の監視点をもち，そこからの各種系統情報を収集・演算し，対象とする複数制御機器を自動制御する. わが国では，昭和 40 年代に電圧–無効電力制御システムの導入が始まった. それまでは，発電機は発電機端子電圧を一定に維持するための AVR 運転を行い，**電力用コンデンサ**（**SC**：shunt capacitor），**分路リアクトル**（**ShR**：shunt reactor）は，タイムスケジュールに基づいた運転または手動運転により無効電力量を調整し，変圧器の負荷時タップ切換装置は，手動運転または電圧調整リレーにより変電所二次側電圧を一定にする運転を行っていた. 1950 年代からの高度経済成長に伴い系統規模が拡大するとともに，電圧–無効電力調整での系統運用者の負担が大きくなり，系統運用者の判断では電圧の総合的調整が難しくなり，一方で制御情報システム，計算機性能の発展があり，電圧–無効電力制御システムを導入することになった.

この電圧–無効電力制御システムでは，500 kV 系統においては，他社との連系点の電圧，無効電力を監視し，地域間連系線の両端母線電圧を適正電圧値に維持し，無効電力潮流をできるだけ零に維持するとともに，系統の中心や末端電気所の電圧を監視している．275 kV 以下の系統においては，主要変電所，火力，揚水並列系統，電圧調整能力のある大容量発電所などで電圧，無効電力を監視している．

電圧–無効電力制御方式には以下の2つがある．

(1) **中央制御方式（中央 VQC 方式）**　複数の電気所の情報（P, Q, V など）を収集し，系統の主要な電圧–無効電力制御機器を1箇所または階層型の制御システムにより総合的に最適制御する．複数電圧監視点における基準電圧に対する偏差を1つの評価関数にまとめ，これを最小化する制御機器の操作量を求め，操作を行う．監視送電線の送電損失を評価関数に加えることもある．

(2) **個別制御方式**　個々の電気所において，あらかじめ与えられた電圧や無効電力の基準値を維持するよう自所の制御機器を個別に調整するもので，**タイムスケジュール方式**と**個別 VQC 方式**の2つに分けられる．タイムスケジュール方式は，時間により調相設備（SC, ShR）の投入・開放を行い，LTC は電圧調整リレーにより個々に制御を行う．個別 VQC 方式は，図 4.19 に示すように調相設備（SC, ShR）と LTC の協調制御を行う．また，個別 VQC 方式は，次の2つに分けられる．

(i) ***V–V* 制御**　一次，二次母線電圧の整定値と実測値の偏差を積分して値が一定値を超えると，図 4.20 にしたがって LTC，調相設備（SC, ShR）のいずれかに制御信号を出して電圧制御を行う．

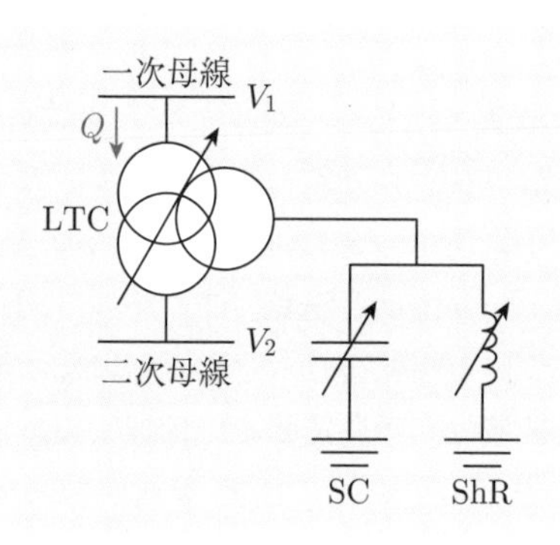

図 4.19　個別 VQC 方式の構成

(ii)　***V*–*Q* 制御**　変圧器一次側無効電力，二次母線電圧の整定値と実測値の偏差を積分して値が一定値を超えると，図 4.21 にしたがって LTC，調相設備（SC, ShR）のいずれかに制御信号を出して電圧制御を行う．これらの制御については，タップ変化に関する V, Q 変化の図 4.14 と無効電力供給量に関する V, Q 変化の図 4.15 から説明できる．

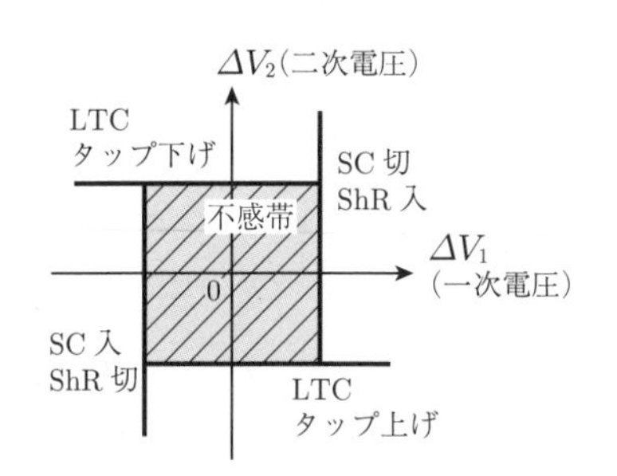

図 4.20　V–V 制御の概要

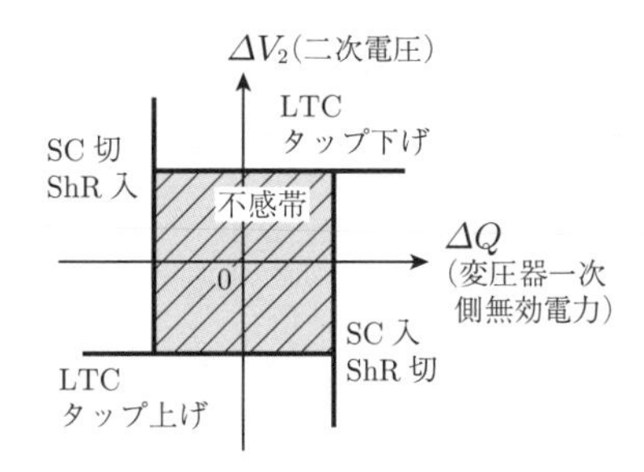

図 4.21　V–Q 制御の概要

わが国で中央制御方式を採用している例として，ある電力会社では図 4.22 に示すように，154 kV 以上の系統に連系された主要火力機，水力発電機は，中央 VQC によって計算された無効電力出力値に基づく AQR 運転を行い，275 kV 以上の基幹系統変電所の調相設備（SC, ShR），LTC は中央 VQC を行っている．下位系統の発電機は APFR 運転を行い，154 kV 以下の系統の変電所の調相設備（SC, ShR）は個別 VQC またはタイムスケジュール方式による制御，LTC は一部個別 VQC でその他は電圧調整リレー（90 Ry）による二次電圧一定制御を行っている．このように，上位系統では中央制御方式を採用しても，下位系統では個別制御方式を採用する例が多い．

また，全体が個別制御方式の例としては，基幹系統（500 kV, 220 kV）に連系された原子力，火力発電所は PSVR（発電所の変電所の昇圧変圧器二次側電圧一定制御）運転，水力機はすべて AVR 運転による無効電力調整を行い，500 kV 系統の変電所の調相設備（SC, ShR），LTC の制御は中央給電指令所からの指令値に基づく V_1–V_2 制御による個別 VQC，275 kV 以下の系統の変電所では，Q_1–V_2 制御による個別 VQC を行っている．すべての調相設備（SC, ShR）をタイムスケジュール方式で運転し，LTC を電圧調整リレー運転にしている電力会社の例もある．

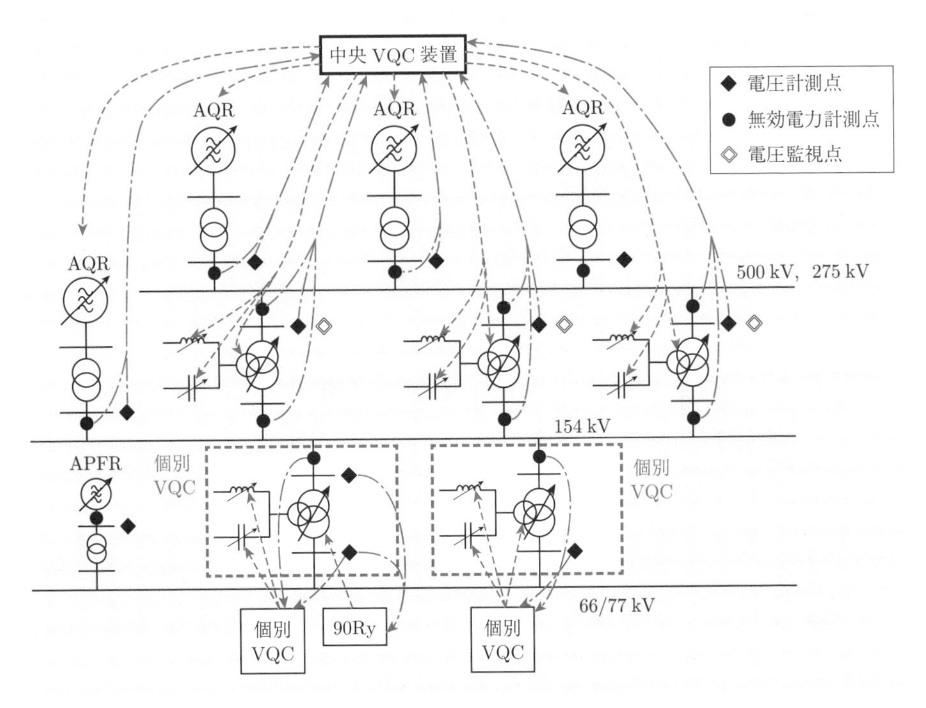

図 4.22　中央制御方式，個別制御方式の例

電圧フリッカ問題

電圧フリッカとは，アーク炉や溶接機といった電気を大量に使用する機器で，消費有効電力や無効電力が繰り返し変動し，それによって電線路の電圧が下図のように変化することで，家庭などの白熱球，蛍光灯の照明が明るくなったり暗くなったりを短い時間に繰り返す現象である．LED 照明はちらつきが発生しないものが大部分であるが，一部の LED で発生することもある．最近では，大量に連系されている太陽光発電のパワーコンディショナ（PCS）に備えられている，電線路が事故で停電したときに PCS を電線路から切り離す機能（単独運転防止機能）の設定により発生することがあり，注目を浴びている．

ちらつきの尺度には，わが国では，ΔV_{10} という電圧動揺のうち 10 Hz 正弦波電圧変動の振幅の実効値を用いている．これは，人間の目には 10 Hz 程度がちらつきを一番強く感じ，それ以上でも，それ以下でもその度合いは低くなるからである．ΔV_{10} は，計測された正弦波状電圧変動の各周波数成分 ΔV_N についてのちらつき視感度係数 a_N を下図のような視感度曲線によって求め，次式を用いて計算される．

$$\Delta V_{10} = \sqrt{\sum_{N=1}^{\infty}(a_N \cdot \Delta V_N)^2}$$

ΔV_{10} の許容目標値は 0.45 以下である．これは 0.45 になると，半数の人がちらつきを感じるからである．

フリッカを抑制するために，最近では STATCOM が用いられることが多い．STATCOM は，フリッカ発生源の母線で負荷電流中の無効電流と逆相電流の変動を検出し，これを打ち消すような補償電流を母線に注入することにより電圧変動を抑制する．上述の太陽光発電 PCS では，単独運転防止機能によって電線路に注入される無効電力の変動により電線路の電圧が変動しており，この機能の設定を適切に整定する対策が行われている．

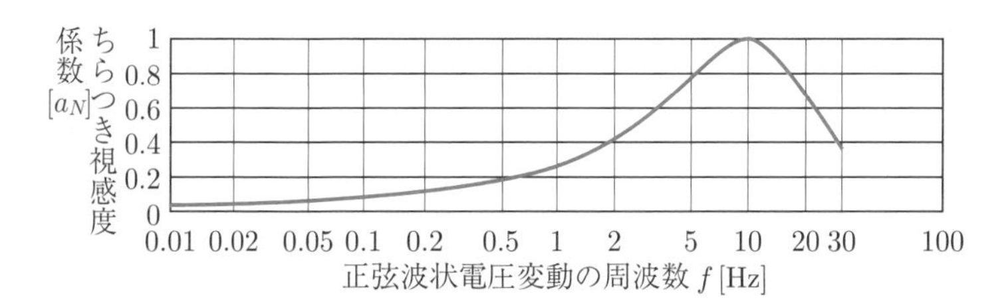

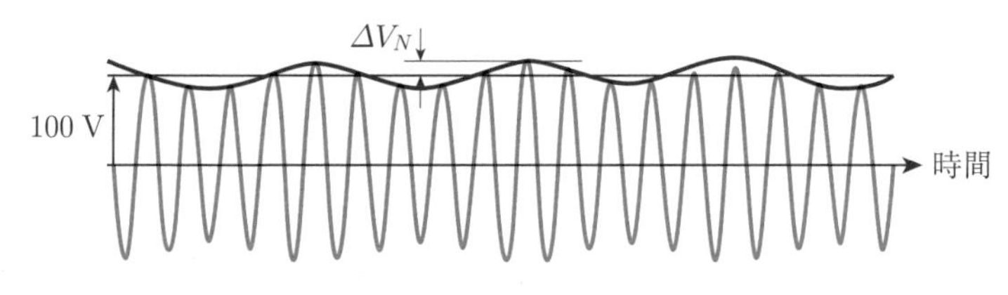

電圧変動周波数とちらつき視感度の関係

4章の問題

□**1** 図4.11のSTATCOMの実際の機器における出力電圧 $\dot{V}_{\rm I}$ と系統の端子電圧 $\dot{V}_{\rm t}$ の位相の関係について論ぜよ．

□**2** 図に示す66 kV送電系統を考える．送電線のインピーダンスは $R + jX = 10 + j35\,[\Omega]$ で対地静電容量は無視する，送電端圧は，$V_{\rm s} = 66\,[\rm kV]$ である．負荷は，$P = 5000\,[\rm kW]$，遅れ力率0.8である．受電端に，電圧66 kVにおいて3000 kV·Aの容量の電力用コンデンサを設置すると，受電端電圧は何kV上昇するか求めよ．なお，負荷の容量は，電圧の変化によらず一定とする．

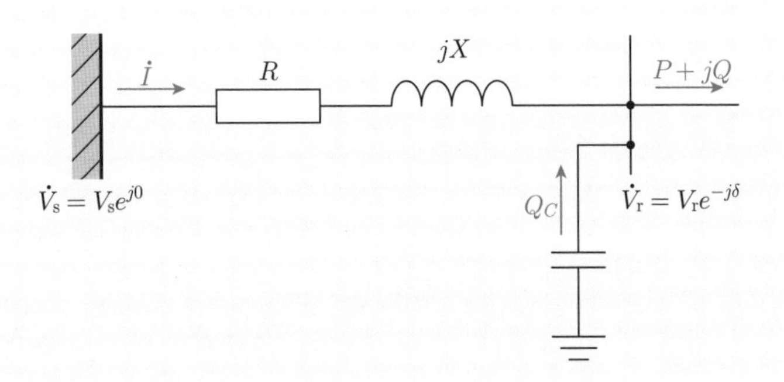

□**3** 例題4.1において，下図のように受電端に直列コンデンサを設置して，送受電端の電圧の大きさ $V_{\rm s}, V_{\rm r}$ を一定に保ったまま，負荷 P, Q を50％増加したい．このときの直列コンデンサの X_C を単位法で求め，実際の容量に換算せよ．

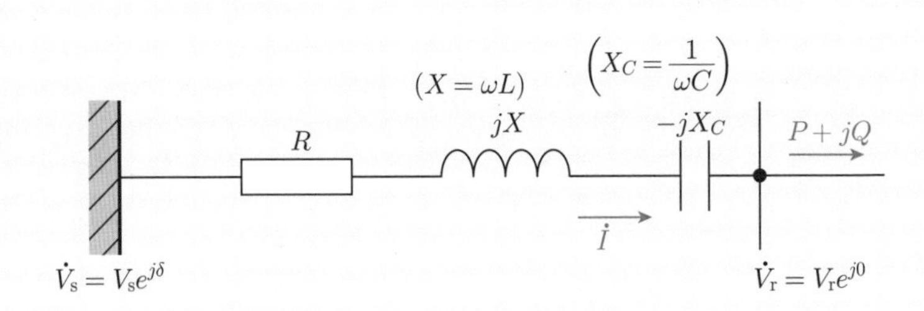

□**4** 図の系統において，送電線の抵抗分 r は無視し，送電電力 P は小さく無視できるものとする．送電線リアクタンスは，$x_1 = 0.1$ [p.u.], $x_2 = 0.15$ [p.u.]，タップ比 $n = 1.0$ とする．いま，端子③に遅れ無効電力負荷 $Q_{\mathrm{L}} = 0.1$ [p.u.] が接続されたとする．端子③の電圧 V を一定に維持するには，どのような対策が考えられるか述べよ．

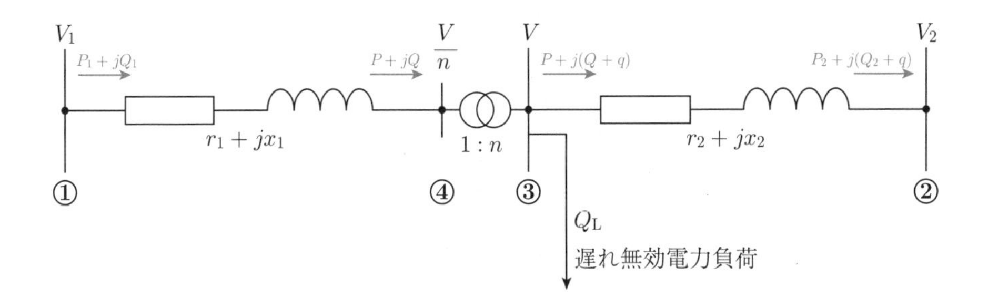

5 電圧安定性

電力システムの安定運用にとって重要な安定性は，電圧の位相角に関する同期安定性，位相角の時間微分である位相角速度に関する周波数安定性，そして電圧の絶対値に関する電圧安定性の **3** つに分類される．同期安定性については，本ライブラリの「基礎 電力システム工学」で，周波数安定性については本書の **2** 章で述べられているので，本章では電圧安定性について学ぶ．電圧安定性は，重負荷状態において，負荷の動的な定電力特性と送電系統の電圧–有効電力特性から起こる動的な現象であることを説明し，小擾乱電圧安定性と大擾乱に対する過渡電圧安定性のそれぞれの性質，電圧安定度向上対策について述べる．

5 章で学ぶ概念・キーワード

- P–V 曲線
- 臨界潮流点
- 定電力負荷特性
- 小擾乱電圧安定性
- 過渡電圧安定性
- 変圧器タップの逆動作現象

5.1 電圧–有効電力特性

4.2 節でインピーダンス $\dot{Z}$ $(= r + jx)$ をもつ送電線により無限大母線から負荷に有効電力 P (> 0) と遅れ無効電力 Q (> 0) が供給されているとき，この負荷の無効電力が負荷端の電圧に大きな影響を与えることを説明した．この場合の条件は，負荷の有効電力が少なく，送電線が軽負荷状態であることであった．そこで，本章では，負荷の有効電力が大きくなり，送電線が重負荷状態での負荷端電圧の振る舞いを扱う．

図 4.1 の系統の負荷端に調相設備として電力用コンデンサを接続した図 5.1 に示す系統において，負荷の複素電力を求めると，次式となる．

$$
\begin{aligned}
P + jQ &= \dot{V}_{\mathrm{r}}\overline{\dot{I}}_{\mathrm{r}} = \dot{V}_{\mathrm{r}}\overline{\left(\frac{\dot{V}_{\mathrm{s}} - \dot{V}_{\mathrm{r}}}{\dot{Z}}\right)} + \dot{V}_{\mathrm{r}}\overline{jY_C(0 - \dot{V}_{\mathrm{r}})} \\
&= V_{\mathrm{r}}e^{-j\delta}\frac{V_{\mathrm{s}} - V_{\mathrm{r}}e^{j\delta}}{r - jx} + jY_C V_{\mathrm{r}}^2 \\
&= \frac{V_{\mathrm{r}}V_{\mathrm{s}}e^{-j\delta} - V_{\mathrm{r}}^2}{r - jx} + jY_C V_{\mathrm{r}}^2
\end{aligned}
\tag{5.1}
$$

4.2 節と同様に展開し整理すると，次式が得られる．

$$
\begin{aligned}
&(Pr + Qx + V_{\mathrm{r}}^2 - xY_C V_{\mathrm{r}}^2)^2 + (Qr - Px - rY_C V_{\mathrm{r}}^2)^2 \\
&= (V_{\mathrm{r}}V_{\mathrm{s}})^2
\end{aligned}
\tag{5.2}
$$

送電線の抵抗分 r は，十分小さいので $r = 0$ とおくと

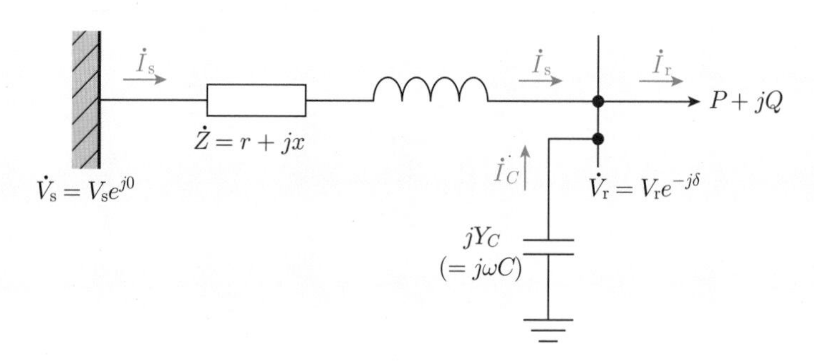

図 5.1 負荷電力と受電端電圧

$$\{Qx + (1 - xY_C)V_\mathrm{r}^2\}^2 + (Px)^2 = (V_\mathrm{r}V_\mathrm{s})^2 \tag{5.3}$$

となる．ここで，$V_\mathrm{r}^2 \equiv y$ とおくと，(5.3) 式は，y の二次方程式となる．

$$\begin{aligned}&(1 - xY_C)^2y^2 + \{2(1 - xY_C)Qx - V_\mathrm{s}^2\}y\\ &+ (P^2 + Q^2)x^2 = 0\end{aligned} \tag{5.4}$$

y について解くと

$$y = \frac{V_\mathrm{s}^2 - 2(1 - xY_C)Qx \pm \sqrt{\{V_\mathrm{s}^2 - 2(1 - xY_C)Qx\}^2 - 4(1 - xY_C)^2(P^2 + Q^2)x^2}}{2(1 - xY_C)^2} \tag{5.5}$$

$V_\mathrm{r} > 0$ より

$$V_\mathrm{r} = \sqrt{\frac{V_\mathrm{s}^2 - 2(1 - xY_C)Qx \pm \sqrt{\{V_\mathrm{s}^2 - 2(1 - xY_C)Qx\}^2 - 4(1 - xY_C)^2(P^2 + Q^2)x^2}}{2(1 - xY_C)^2}} \tag{5.6}$$

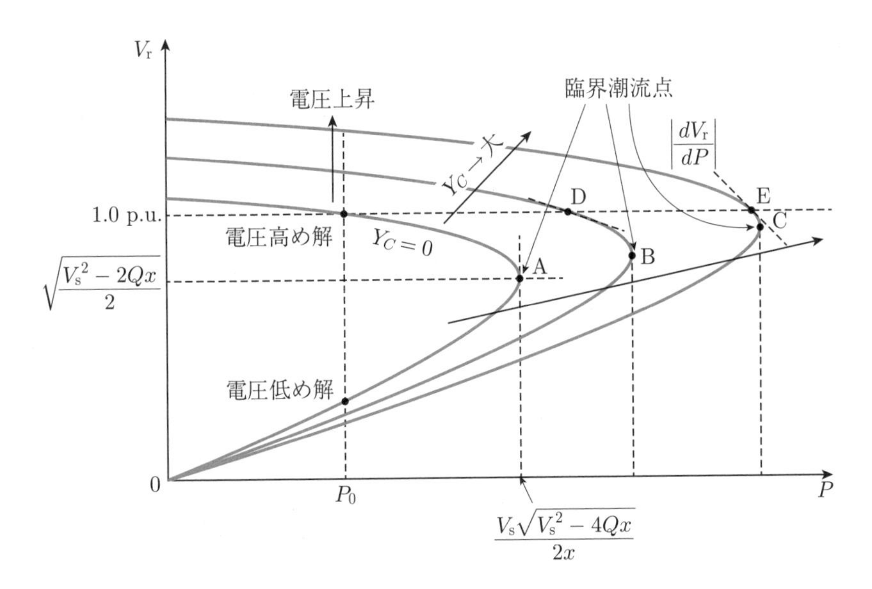

図 5.2 1 負荷無限大母線系統の P–V 曲線

となり，一組の (P, Q) に対して，2つの電圧値 V_{r} が存在することがわかる．根号内の複号の + の解は電圧が高く，複号の − の解は電圧が低い．したがって，負荷の無効電力 Q を固定し，電力用コンデンサのアドミタンス Y_C（$= \omega C$）の値をパラメータとして，負荷の有効電力 P と負荷端電圧値 V_{r} の関係を式 (5.6) から描くと図 5.2 が得られる．この負荷の有効電力と負荷端電圧の関係を示す曲線を ***P–V* 曲線**といい，鼻の形に似ているので**ノーズカーブ**ともいう．負荷の無効電力 Q は一定とせずに力率一定としてもよく，有効電力と無効電力の間に何らかの関係があればよい．

発電機，負荷がたくさん接続された普通の大規模系統では，発電機，負荷の P, Q に対して各負荷の電圧値は2つではなく，最大 2^{N-1} 個（N は系統内の発電機端子，負荷端子の総数）存在するが，重負荷状態になるにつれて，電圧解の数が減少し，ついには最も電圧値の高い解とそれに対応する式 (5.6) の電圧低め解の2つが残る．したがって，電圧安定性の解析にとって，図 5.2 からの知見は有用である．このような多数の電圧解を求める問題を**潮流多根問題**という [12]．

図 5.2 より，負荷の有効電力を増加させると，負荷端電圧高め解と電圧低め解が近づき一致し，それを超えて有効電力を増加させることはできないことがわかる．この限界点を**臨界潮流点**という．負荷端に電力用コンデンサを投入すると P–V 曲線は図 5.2 のように膨らみ，電圧高め解の電圧値は上昇し，臨界潮流点は点 A, B, C と右上方向に移動する．負荷端の運転電圧を一定に維持しようとすると，負荷の有効電力が増加するにつれて，電力用コンデンサが投入され，動作点が点 D, E と移動し，点 E での負荷の有効電力に対する負荷端電圧変動率 $\left|\frac{dV_{\mathrm{r}}}{dP}\right|$ は点 D より大きくなる．また，送電線のリアクタンス x が大きくなると，P–V 曲線は萎み臨界潮流点は左方向に移動する．

多ノード系統の潮流多根問題

発電機の有効電力出力と端子電圧の大きさ（発電機の 1 つだけは端子電圧の大きさと位相），負荷の消費有効電力と消費無効電力を与えて，発電機の無効電力出力と端子電圧の位相，負荷端の電圧の大きさと位相を求めることを**潮流計算**という．この計算による電圧解は，5.1 節で述べたように，理論的には，最大 2^{N-1} 組（N は系統内の発電機，負荷の総数）存在する．下図左に示すような発電機が 1 つ，負荷が 2 つある 3 ノード系統において，例えば，$P_3 = 3.0$ [p.u.] に固定して P_2 を変化させると，下図右に示すような複数の負荷端電圧が存在する [12]．$P_2 = 3.0$ [p.u.] の場合は負荷ノード②には，点 A, B, C, D の 4 つの電圧値が存在するが，$P_2 = 6.0$ [p.u.] の場合には電圧解の数が減り，負荷ノード②には点 E, F の 2 つの電圧値のみが存在し，その 2 つの値は接近する．通常の潮流計算では，最も電圧値の大きな解（点 A や点 E）のみを求めるが，電圧安定性が問題となる重負荷状態では複数の電圧解（点 E や点 F）を求めることが必要となる．この計算を**多根潮流計算**という．

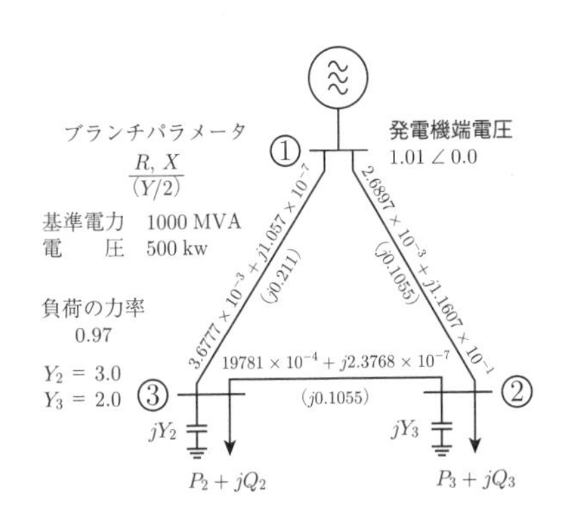

3 ノードモデル系統

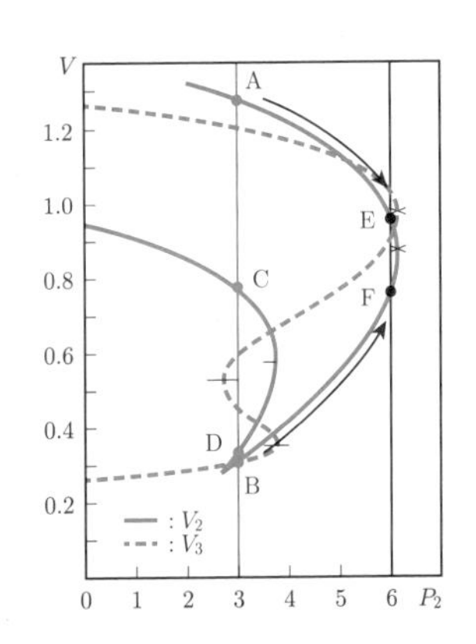

$P_3 = 3.0$ [p.u.] のときの負荷端電圧

5.2 定電力負荷特性

負荷の有効電力 P の静的な電圧特性は，基本的には次式で表される．

$$P = P_0 \left(\frac{V_{\mathrm{r}}}{V_{\mathrm{r0}}} \right)^{\alpha_P} \tag{5.7}$$

ここで，$\alpha_P = 2$ は定インピーダンス特性，$\alpha_P = 1$ は定電流特性，$\alpha_P = 0$ は定電力特性を示す．定インピーダンス特性は，主に照明機器（インバータ蛍光灯を除く）などの負荷に起因し，定電力特性は，主に誘導機（ポンプ，ファン），エアコンなどの負荷に起因する．1995年から1999年までのわが国での計測結果から，α_P の値は東地域（50 Hz）ではおおよそ1.5，中西地域（60 Hz）ではおおよそ1.0となっており，休日よりも平日において，夜間よりも昼間において，α_P が小さくなることから，誘導機，エアコンなどの負荷機器の占める割合が大きくなると，α_P が小さくなると言える．

このように，産業界では誘導機の利用が増え，家庭ではエアコンのほとんどがインバータ制御になり，負荷の低力率化，定電力化が進んでいるので，負荷として定インピーダンスだけではなく，図5.3に示すような定インピーダンス負荷 $\dot{Z}$ と動的な定電力特性負荷 IM の両方を考える必要がある．定インピーダンス負荷を送電

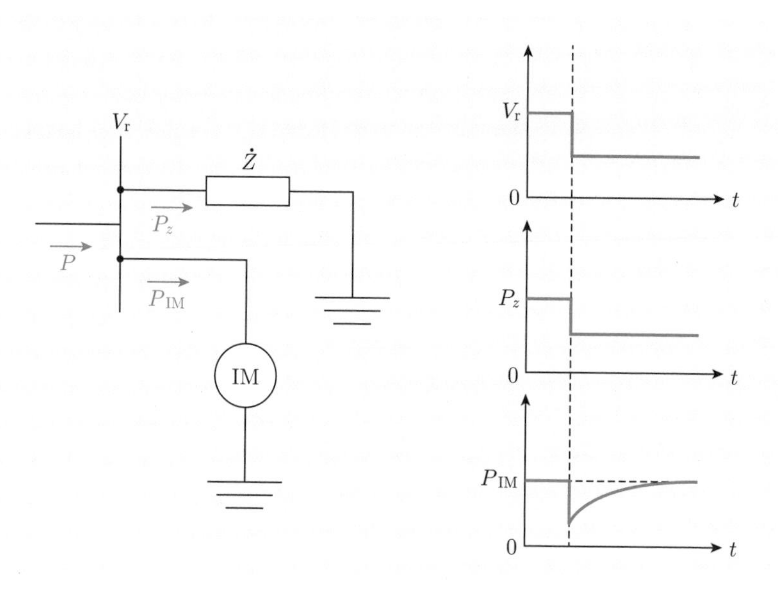

図 5.3　負荷のモデルと動的電圧特性

系統側の並列インピーダンスとみなすと，負荷には動的な定電力特性負荷 IM のみが接続されていると考えてよい．この動的な定電力特性の時間遅れはおおよそ 1～2 秒程度である．

図 5.3 に示す動的な定電力特性は，図 5.4 のすべりを用いた誘導機等価回路モデルとそのすべりに関する微分方程式 (5.8) で表すことができる．

$$\frac{ds}{dt} = \frac{1}{2H}\left(\frac{P_{\mathrm{m}}}{1-s} - P_{\mathrm{e}}\right) \tag{5.8}$$

ここで，s は誘導機のすべり，H は単位慣性定数 [sec]，P_{e} は電気的入力 [p.u.]，P_{m} は機械的出力（機械負荷）[p.u.] である．$1-s=\frac{\omega}{\omega_0}$（$\omega$：誘導機の回転角速度，$\omega_0$：同期回転角速度）は計算上，ほぼ一定値としてよい．(5.8) 式より次の関係が得られる．

(i)　$\frac{P_{\mathrm{m}}}{1-s} > P_{\mathrm{e}}$ のとき，$\frac{ds}{dt} > 0$ より誘導機は減速し，s は大きくなる．

(ii)　$\frac{P_{\mathrm{m}}}{1-s} < P_{\mathrm{e}}$ のとき，$\frac{ds}{dt} < 0$ より誘導機は加速し，s は小さくなる．

すべり s は $s \ll 1$ なので

$$\begin{aligned} P_{\mathrm{e}} &= \frac{r_{\mathrm{m}}}{s}\frac{V_{\mathrm{r}}^2}{\left(\frac{r_{\mathrm{m}}}{s}\right)^2 + x_{\mathrm{m}}^2} = \frac{r_{\mathrm{m}}V_{\mathrm{r}}^2}{\frac{r_{\mathrm{m}}^2}{s} + sx_{\mathrm{m}}^2} \\ &\cong \frac{V_{\mathrm{r}}^2}{\frac{r_{\mathrm{m}}}{s}} \end{aligned} \tag{5.9}$$

となり，P_{e} は V_{r} の二次曲線となる．誘導機が減速し，s が大きくなると，(5.9) 式の $\frac{r_{\mathrm{m}}}{s}$ は小さくなるので，この二次曲線は P の軸に近づく．一方，誘導機が加速し，s が小さくなると，$\frac{r_{\mathrm{m}}}{s}$ は大きくなるので，この二次曲線は P の軸から離れていく．以上の性質を P–V 平面上に描くと図 5.5 に示すようになる．

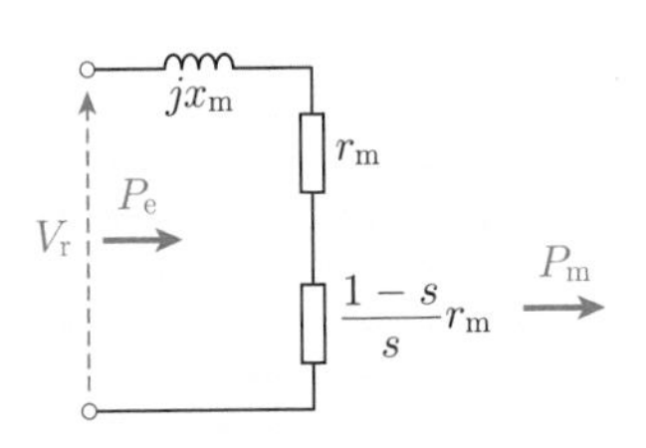

図 5.4　誘導機等価回路

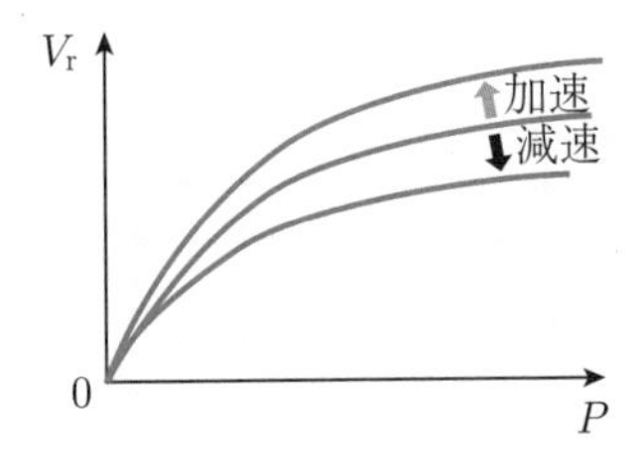

図 5.5　誘導機負荷特性曲線

5.3　電圧安定性の基礎的説明

5.3.1　小擾乱電圧安定性

図 5.6 に示すように，定電力特性をもつ誘導機負荷にリアクタンス x の送電線を介して無限大母線から有効電力 P_e が供給されている．図 5.2 の送電網の特性を示す P–V 曲線と図 5.5 の誘導機の負荷特性曲線は図 5.7 のように同じ平面に描くことができ，その交点が動作点となる，いま，図 5.7(a) に示すように，P–V 曲線の高め電圧解である点 A を動作点とする．この平衡状態では $P_\mathrm{e0} = \frac{P_\mathrm{m0}}{1-s_0}$ となっており，この状態において微小な機械的負荷 ΔP_m が加わったとする．$\frac{P_\mathrm{m0}+\Delta P_\mathrm{m}}{1-s_0} > P_\mathrm{e0}$ となり式 (5.8) より誘導機は減速するので，図 5.7 のように，負荷特性曲線は下に

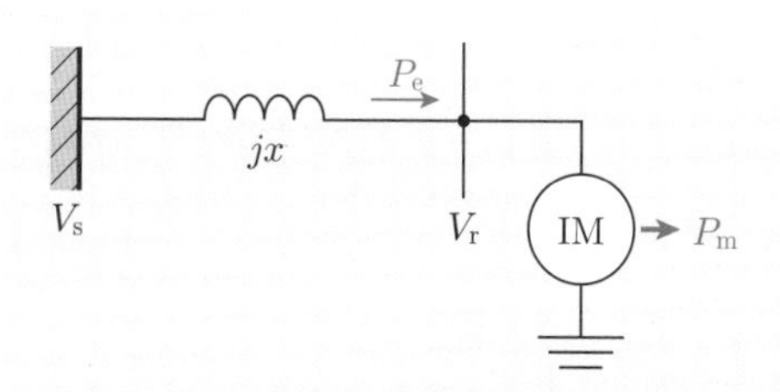

図 5.6　誘導機負荷–無限大母線系統

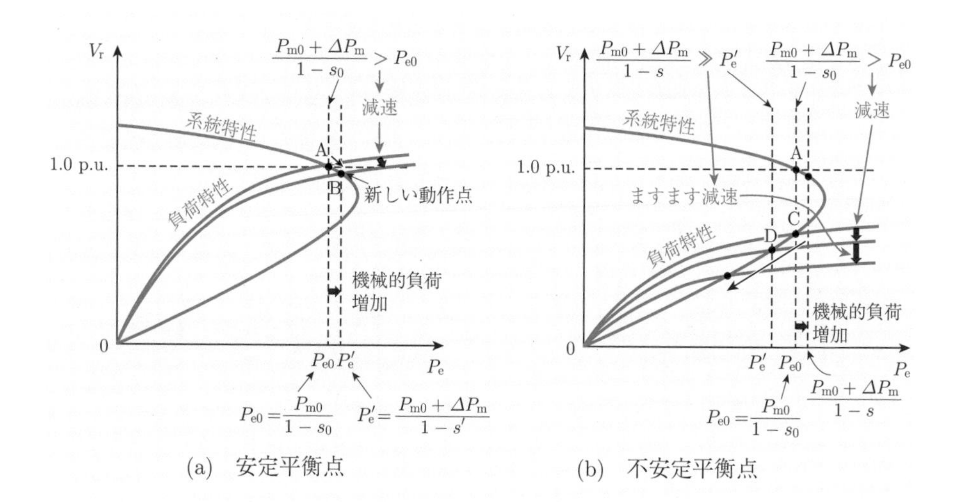

(a)　安定平衡点　　　　(b)　不安定平衡点

図 5.7　P–V 曲線による小擾乱電圧安定性の説明

移動し，動作点は点 B に向かって移動する．点 B において，$P'_{\mathrm{e}} = \frac{P_{\mathrm{m0}}+\Delta P_{\mathrm{m}}}{1-s'}$ が成立すると減速が止まる．つまり，点 B は新たな動作点となるので，点 A は安定である．一方，図 5.7(b) に示すように，P–V 曲線の低め電圧解である点 C を動作点とし，微小な機械的負荷 ΔP_{m} が加わったとすると，$\frac{P_{\mathrm{m0}}+\Delta P_{\mathrm{m}}}{1-s_0} > P_{\mathrm{e0}}$ となり式 (5.8) より誘導機は減速するので，負荷特性曲線は下に移動し，動作点は点 D に向かって移動する．ところが，点 D では，P_{e} は減少するので $\frac{P_{\mathrm{m0}}+\Delta P_{\mathrm{m}}}{1-s} \gg P'_{\mathrm{e}}$ となり，誘導機はますます減速し，負荷端の電圧はどんどん低下し崩壊する．つまり，点 C は不安定である．

以上の考察より，P–V 曲線の高め電圧解は安定な動作点で，低め電圧解は不安定な動作点となり，その境界は臨界潮流点となる．

5.3.2 大擾乱電圧安定性

(1) 負荷が大幅増加する場合

図 5.6 の系統において，図 5.8 に示すように，動作点が電圧高め解の安定平衡点 A にある．時刻 t_0 で負荷 P_{m} が大きく増加し，その負荷の大きさが臨界潮流点をわずかに超えているとする．(5.8) 式より誘導機は減速するので，臨界潮流点 B に向けて移動する．しかしながら，時刻 t_1 で，P_{e} が最も大きくなる点 B に達しても，$\frac{P_{\mathrm{m0}}+\Delta P_{\mathrm{m}}}{1-s} > P_{\mathrm{e\,max}}$ であり，減速は緩やかになるが減速し続ける．点 B を通り過ぎると急速に減速し，負荷端の電圧は崩壊する．つまり，安定平衡点 A においては，点 A から臨界潮流点 B までの有効電力余裕以上の負荷増加により大擾乱電圧不安定（**過渡電圧不安定**とも呼ばれる）になる．

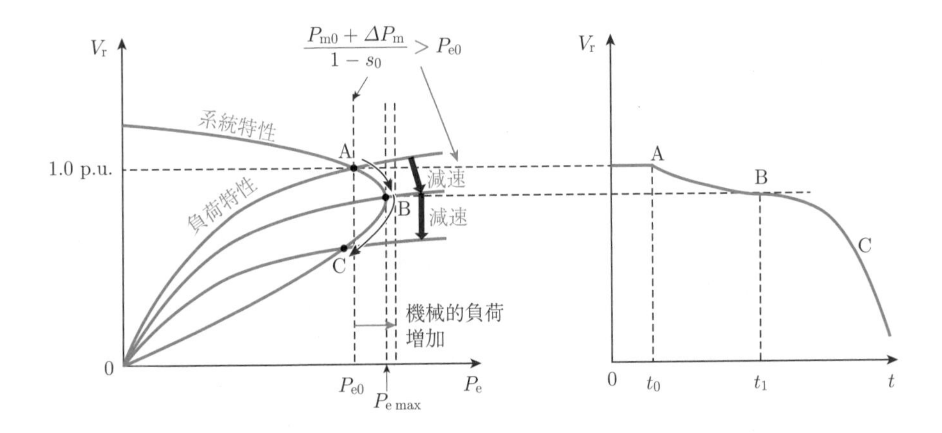

図 5.8 負荷大幅増加ケース

(2)　送電線の一回線開放事故の場合

図 5.6 の系統において，図 5.9 に示すように，動作点が電圧高め解の安定平衡点 A にある．時刻 t_0 で二回線送電線が事故により一回線が開放されると，送電線のリアクタンス x が大きくなるため送電系統の P–V 曲線は左側に萎み，誘導機のすべり s はすぐには変化しないため動作点 A は同じ負荷特性曲線上の点 A′ にジャンプし，誘導機への電気的入力 P_e が減少する．したがって，$\frac{P_{\mathrm{m}0}}{1-s_0} > P'_\mathrm{e}$ となるので誘導機は減速し，時刻 t_1 で，P_e が最も大きくなる臨界潮流点 B に達しても，$\frac{P_{\mathrm{m}0}+\Delta P_\mathrm{m}}{1-s} > P_{\mathrm{e\,max}}$ であれば減速し続け，負荷端の電圧は崩壊する．

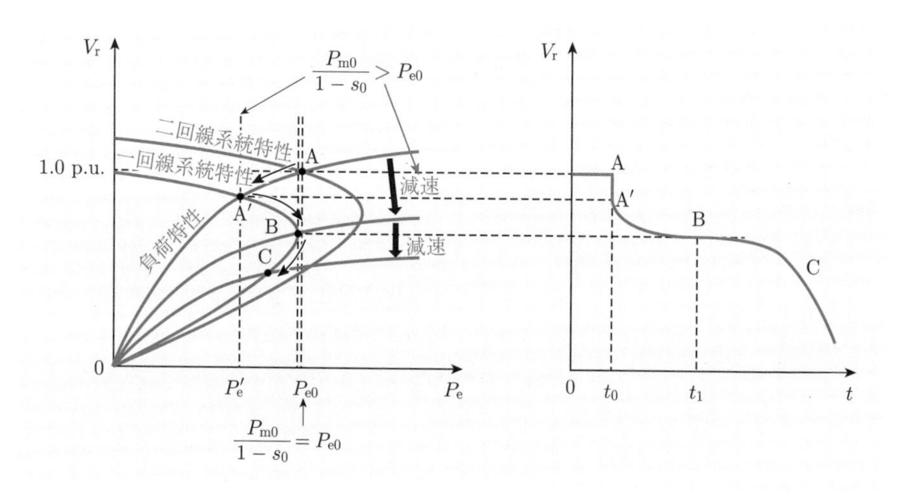

図 5.9　送電線の一回線開放事故ケース

(3)　変圧器タップの上げ動作の場合

図 5.10 に示すタップ付き変圧器をもった送電系統において，負荷が増加し，変圧器の二次側（負荷側）電圧 V_2 が低下し，タップの上げ動作が行われた場合を考

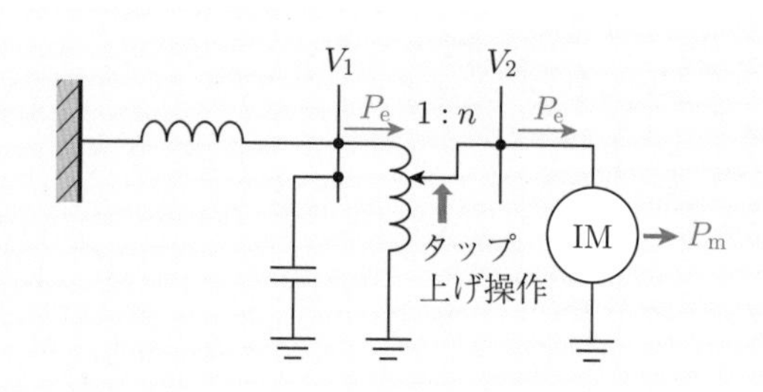

図 5.10　タップ付き変圧器をもった送電系統

える．

まず，変圧器の一次側（系統側）電圧 V_1 について図 5.11(a) を用いて説明する．負荷の誘導機のインピーダンスを $\dot{Z}_2$，タップ動作前の動作点を点 A とする．変圧器の一次側から見たインピーダンス $\dot{Z}_1$ は $\dot{Z}_1 = \frac{\dot{Z}_2}{n^2}$ となる．タップ上げ操作をして，n を大きくすると，$\dot{Z}_1$ は小さくなるので，負荷特性曲線は下方に，動作点は点 A から点 B にジャンプし，V_1 は低下する．タップを上げて V_1 が低下するのは，図 4.14 からもわかる．点 B では，$P_{\mathrm{eB}} > \frac{P_{\mathrm{mA}}}{1-s_{\mathrm{A}}}$ となり誘導機は加速するので，動作点は点 A に移動し止まり，電圧 V_1 は上昇する．つまり，電圧は安定となる．

タップ動作前の動作点を先ほどよりは重負荷状態の点 D とし，タップ上げ操作をすると，動作点は点 D から点 E にジャンプし，V_1 は低下する．しかし，点 E では，$\frac{P_{\mathrm{mD}}}{1-s_{\mathrm{D}}} > P_{\mathrm{eE}}$ となり誘導機は減速するので，動作点は点 F に向かって移動し，ますます減速するので，電圧 V_1 は低下し続ける．つまり，電圧は不安定となる．

次に，変圧器の二次側電圧 V_2 について図 5.11(b) を用いて説明する．タップ動作前の動作点を点 A とする．タップ上げ操作をすると，二次側電圧の P–V 曲線は上にジャンプし，動作点は点 A から点 B にジャンプし，V_2 はわずかに上昇する．点 B では，$P_{\mathrm{eB}} > \frac{P_{\mathrm{mA}}}{1-s_{\mathrm{A}}}$ となり誘導機は加速するので，動作点は点 C に移動し止まり，電圧 V_2 は上昇する．つまり，電圧は安定である．

タップ動作前の動作点を先ほどよりは重負荷状態の点 D とし，タップ上げ操作をすると，動作点は点 D から点 E にジャンプし，V_2 はわずかに低下する．点 E では，$\frac{P_{\mathrm{mD}}}{1-s_{\mathrm{D}}} > P_{\mathrm{eE}}$ となり誘導機は減速するので，動作点は点 F に向かって移動し，ますます減速するので，電圧 V_2 は低下し続ける．つまり，電圧は不安定となる．以上のように，タップ上げ動作をすると，電圧が上昇せずに下降し，崩壊する現象を**変圧器タップの逆動作現象**という．重負荷状態で変圧器タップ操作をするときは．注意をする必要がある．

これまで見てきたように，電圧安定性とは，動的な定電力特性をもつ負荷，つまり微分方程式で表現される定電力特性負荷の安定性であるが，この微分方程式の変数（ここではすべり s）は負荷を等価的に表現してはいるが実際に計測できる変数ではなく，負荷端の電圧が計測され，結果としてそこに低下・崩壊現象がみられるので電圧安定性と呼ばれるのである．

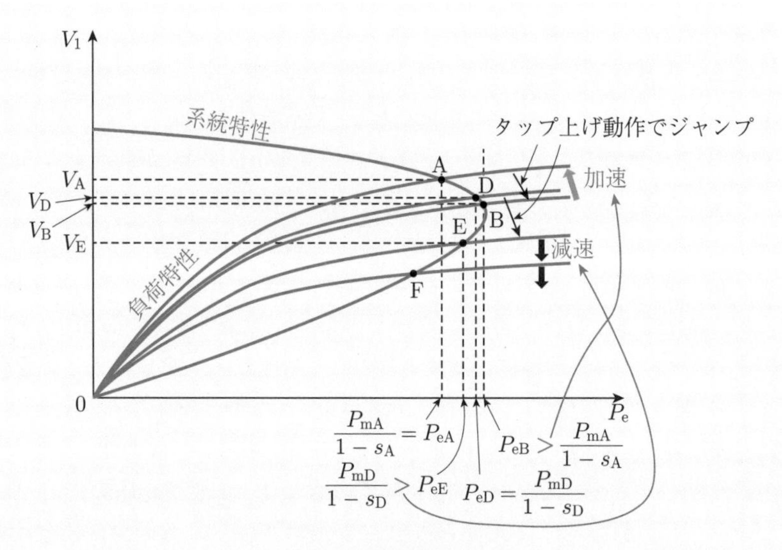

(a)　変圧器一次側電圧での説明

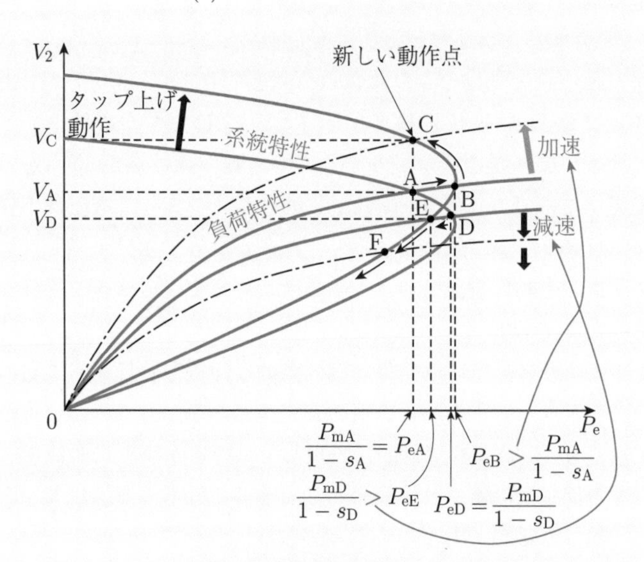

(b)　変圧器二次側電圧での説明

図 5.11　変圧器タップの逆動作現象

5.4 電圧安定性の向上対策

電圧安定性の向上対策には電力用コンデンサの大量設置，4 章で述べた同期調相機，SVC，STATCOM などの無効電力機器の設置，**PSVR**（power system voltage regulator）の発電機への設置，中給でのオンライン監視システムの導入などがある．

5.4.1 電力用コンデンサの投入（遅れ無効電力の注入）

図 5.12 に示すような二回線送電線が一回線になり電圧不安定化した系統において，負荷端に設置された電力用コンデンサを投入する．投入するタイミングを，図 5.13 において動作点が点 A から点 A′ へジャンプし，一回線系統特性上を移動し点 B で投入する場合と点 B を過ぎて点 C で投入する場合を考える．どちらも一回線の送電系統の P–V 曲線の臨界潮流点を過ぎており，定常状態では不安定な領域に入っている．電力用コンデンサを投入すると，図 5.13 に示すように P–V 曲線は膨らみ，点 B は点 B′ に，点 C は点 C′ に負荷特性曲線上をジャンプする．

点 B′ では $\frac{P_{\mathrm{m0}}}{1-s} < P''_{\mathrm{e}}$ となり，式 (5.8) より $\frac{ds}{dt} < 0$ となるので誘導機は加速し，動作点は点 D に向けて移動する．そして，動作点は点 D で停止し，電圧安定性は維持される．

点 C′ では $\frac{P_{\mathrm{m0}}}{1-s} > P'''_{\mathrm{e}}$ となるので誘導機は変わらず減速し続け，負荷端の電圧は崩壊する．この電力用コンデンサの投入タイミングの限界は，投入するコンデンサ量にも依存し，投入が遅れるほど投入量は多く必要となり，投入はできるだけ早い方がよいのは言うまでもない．

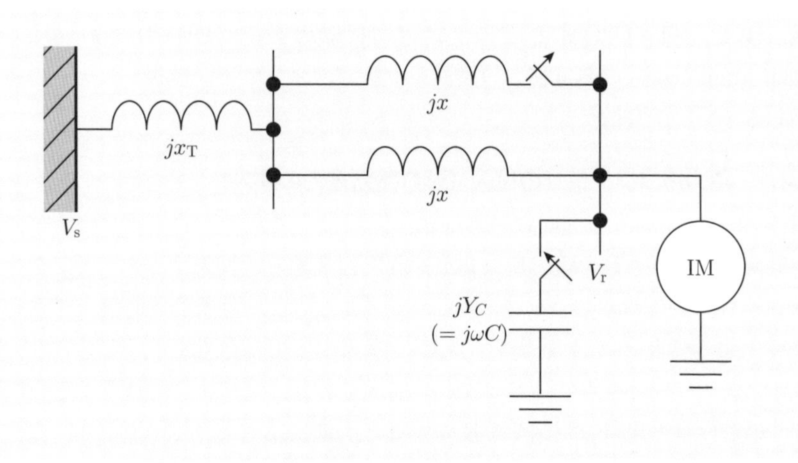

図 5.12 一回線開放事故の電力用コンデンサの投入

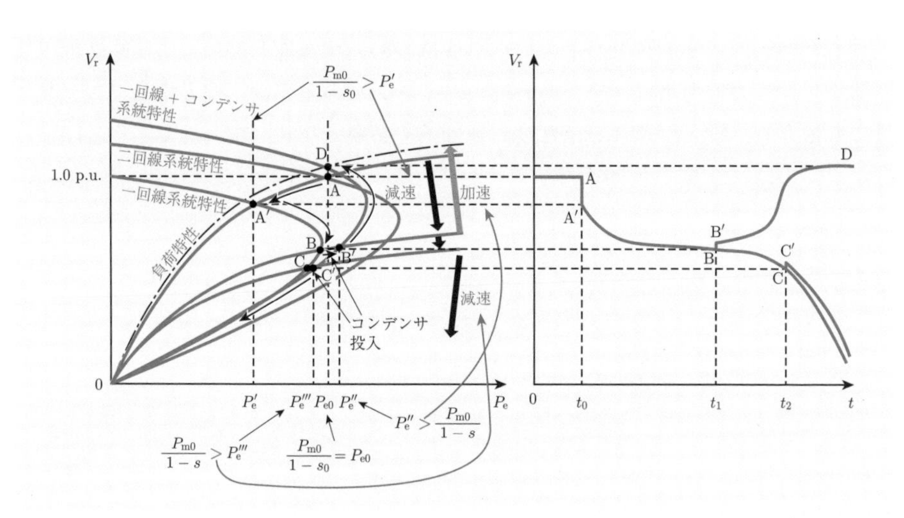

図 5.13 電力用コンデンサ投入の効果

5.4.2 PSVR

PSVR（power system voltage regulator）は，発電機送電電圧制御励磁装置であり，図 5.14 に示すように，発電機出口の昇圧変圧器の二次側（送電端）電圧 V_M を入力とし，この電圧を一定にするように励磁系を制御する．この二次側電圧値は時間帯ごとに設定され，電圧スロープにより各発電機間の無効電力出力配分が調整される．AVR の偏差信号に PSVR の偏差信号を単に加算するだけでは，AVR と比較しゲインが大きくなるため，雷による送電線地絡事故などの外乱が発生したときには電力動揺のダンピングが低下する．そこで，AVR ゲイン低減ブロックにより，昇圧変圧器の一次側の電圧 V_t を一定にするための AVR の制御ゲイン分を差し引き，また位相補償回路を追加し電力動揺を起こさないように安定化を図っている．この制御装置は，昇圧変圧器のリアクタンスを小さくすることと等価であり，送電線を増設するのと同じ効果がある．わが国では，1987 年に東京で発生した電圧不安定現象による大停電事故後に東京電力の基幹系統の発電機に導入された．

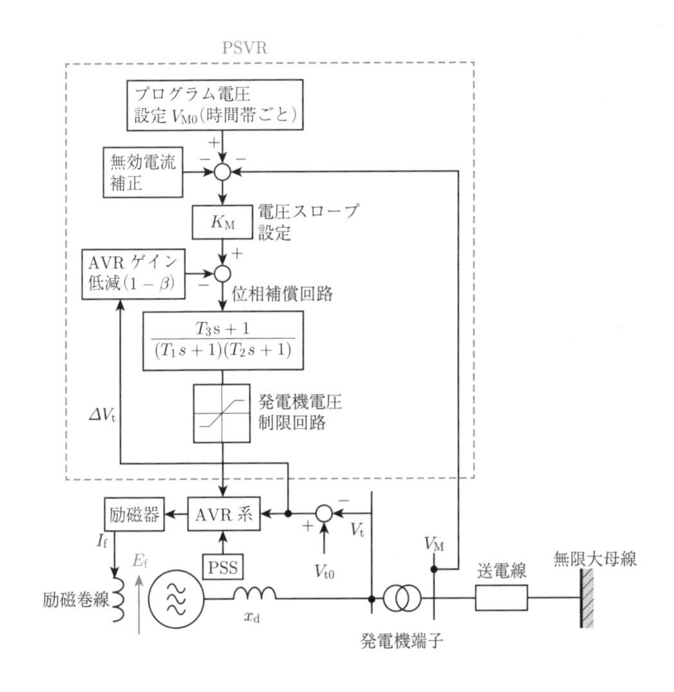

図 5.14 PSVR の制御ブロック図

5.4.3　P–V 曲線によるオンライン監視

電圧不安定現象は，系統状態が重負荷状態，つまり P–V 曲線における臨界潮流点の付近にある場合に発生しやすいので，本監視システムでは，現在の運転点がどの程度臨界潮流点に接近しているかどうかを示す指標として，図5.15に示すような有効電力余裕をオンラインで計算して系統運用者に示している．図5.15の縦軸は基幹系統内の各変電所の電圧であり，横軸は各負荷の有効電力と無効電力を設定したシナリオにしたがって個別に増加させたり，系統内のすべての負荷を同時に増加させたりして，複数ケースに対する有効電力余裕を得ることができる．この計算では，4.5.2項で述べた電圧–無効電力制御システムの動きも考慮するとより精度が向上する．

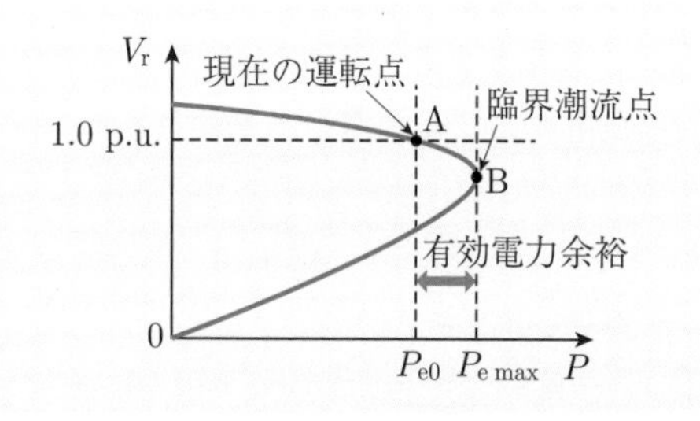

図5.15　オンライン監視システムの概念図

電圧不安定現象によるわが国初の大停電事故

1987年（昭和62年）7月23日の13時00分頃から13時19分にかけて，需要の急上昇に伴い東京電力の500 kV基幹系統の電圧が地域によっては370 kVくらいまで低下（26% 低下）し停電が発生した．これがわが国初の電圧不安定現象による停電事故である．停電の発生の詳細は以下の通りである．

下の左図に示すように，7月23日の12時直前の最大総需要は約3900万kWで，お昼休みに入り需要はいったん3650万kWまで低下し，12時40分あたりからお昼休み明けの戻り需要で増加し始めた．13時00分直後は，通常の2倍の約40万kW/minの速度で増加した．これは2分間で大きな大型火力発電機1ユニット分に相当する増加である．このような急峻な需要増加に対して，電圧を維持するために，500 kV変電所では13時07分までに電力用コンデンサを全量（1057万kV·A）投入し，下の右図に示すように，何とか電圧は500 kV付近を維持していた．しかし，13時10分頃には，需要は過去の最大需要と同じくらいの3930万kWに達し，もう電力用コンデンサは使いきっているので電圧は低下し続け，13 時 15 分には 460 kV，13 時 19 分には 500 kV 系統中央部で 390 kV にまで低下した．その結果，500 kV 系統の 3 箇所の変電所の短絡方向距離リレーともう 1 箇所の変電所の位相比較リレーが動作して，系統全体で 817 万 kW（東京電力の当時の需要の約 $\frac{1}{5}$）が停電（最大 3 時間 21 分）し，それによって系統電圧は回復したが，その後も電圧動揺が続いた．

ここで注目すべき点は，動作した保護リレーが，電圧低下リレーではなく短絡方向距離リレーであったことである．どこにも短絡事故が発生していないにもかかわらず，変電所から見る負荷が，真夏のエアコン需要が多く定電力特性であったために，電圧が下がることによって負荷電流そして送電線電流が大きく増加し，あたかも系統内に短絡事故が発生したかのように保護リレーが判断して動作したのである．

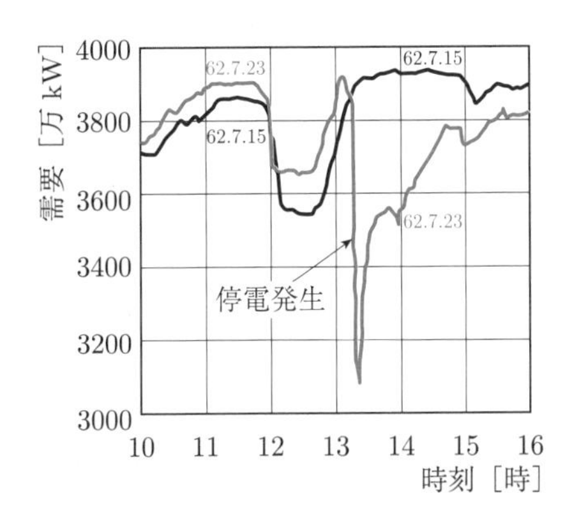

7 月 15 日と 23 日の総需要推移

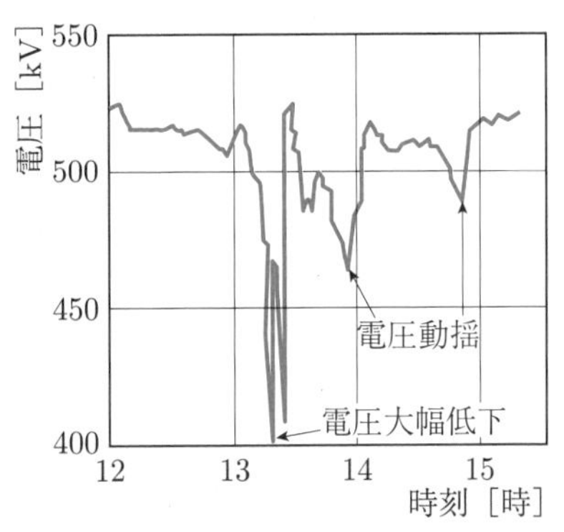

7 月 23 日のある系統中央部変電所の電圧推移

5 章の問題

□**1**　図 4.1 の一負荷無限大母線系統を考える．系統容量は 1000 MV·A，系統電圧は 500 kV，500 kV 送電線は 100 km で，$R = 2.5\,[\Omega]$，$X = 25\,[\Omega]$ である．負荷は，$P + jQ = 3000\,[\mathrm{MW}] + 1500\,[\mathrm{MV{\cdot}A}]$ である．送電端の電圧を $V_\mathrm{s} = 550\,[\mathrm{kV}]$ とするとき，受電端の電圧の大きさ V_r を求め，$\frac{\partial V_\mathrm{r}}{\partial P}$，$\frac{\partial V_\mathrm{r}}{\partial Q}$，$\rho$ を計算せよ．受電端電圧は 2 つ（電圧高め解と低め解）求まるので，それぞれについて計算せよ．ここで，無効電力は遅れを正とし，位相の基準は送電端にとるものとする．

□**2**　図 5.1 の一負荷無限大母線系統において，送電線抵抗 $r = 0$，電力用コンデンサ容量 $Y_C = 0$ とする．送電端電圧は V_s で一定とする．このときの P–V 曲線の臨界潮流点の負荷の有効電力 P，受電端電圧 V_r の値を負荷の無効電力 Q を用いて求めよ．また，送電線リアクタンス x が大きくなると，臨界点がどのように移動するか述べよ．負荷の無効電力 Q が非常に小さく $Q \cong 0$ とおいてよい場合についても求めよ．また，この場合の潮流臨界点での送電端と受電端の位相差も求めよ．

□**3**　図に示す系統を考える．E と jX は系統の背後電圧と短絡インピーダンスである．負荷は力率 1 の静的要素とし，等価抵抗 R で表す．また，タップ付き変圧器の巻数比（$1 : n$）は，負荷時電圧調整装置によって変圧器の二次側電圧値 V_2 が低くなると n を上げるように制御されていると仮定する．変圧器の漏れリアクタンスや励磁アドミタンスは無視する．V_1 は変圧器の一次側電圧値である．次の問に答えよ．

(1)　V_2 を E, X, n, R を用いて表せ．

(2)　問 (1) で求めた式において，n 以外のパラメータはすべて一定であると仮定する．n を増加させたときに V_2 が低下する場合は，どのような場合か，X, n, R の間に成立する不等式で示せ．

(3)　問 (2) で求めた条件で，変圧器タップ動作による不安定現象が発生することを説明せよ．

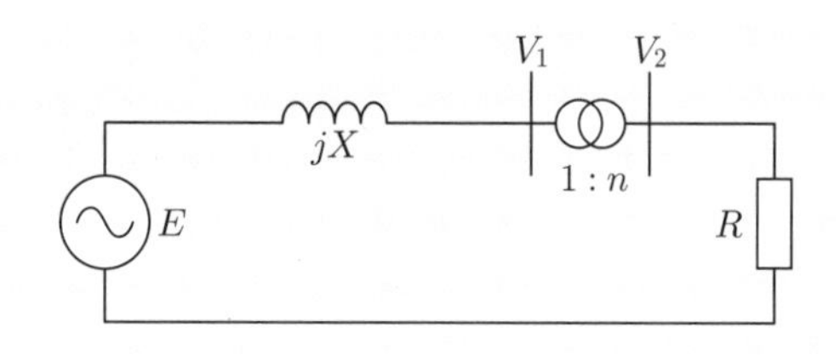

（平成 3 年度電気主任技術者試験第 1 種電力・管理 問 3 より作成）

6 電力システムの信頼性

電力システムにおいて停電（供給支障）が発生すると社会に与える影響は極めて大きい．ここでは，この停電の起こりにくさを電力システムの供給信頼性と定義して，停電の発生原因，供給信頼性の評価指標，その算出手法を説明し，供給信頼性を向上するための一般的対策について学ぶ．次に，大規模停電につながる事故波及について説明し，その対策についても学ぶ．

6 章で学ぶ概念・キーワード

- 供給信頼性
- 電力不足確率（LOLP）
- 期待供給支障電力量（EENS）
- 事故確率
- 予備力
- 事故波及
- 信頼度制御

6.1 電力システムの信頼性の定義

6.1.1 電力システムの信頼性とは

電力システムでは，既定の周波数，電圧，波形をもつ電気，つまり品質の良い電気が停電することなく需要家に供給されることが望まれている．しかしながら，実際には落雷や設備故障などによって瞬時的に電圧が低下したり，場合によっては停電したりすることがある．この良質の電気を停電することなく供給する電力システムのことを 1.1 節で述べたように品質の良い電力システムと広義には定義している．ここでは，電気の品質と停電を分けて，停電（供給支障ともいう）が起こりにくいことを電力システムの**供給信頼性**が高いと定義する．

先に述べた落雷や設備故障によって生じた一次事故が周りの設備に波及して二次的，三次的事故が生じ，一次事故当初健全な設備までが機能を失い大規模停電する場合と，一次的な事故がその設備だけに限られ停電する場合が考えられる．前者は，短時間での事故波及を伴い，安定性など系統の動特性も関わってくるので動的な供給信頼性に相当し，**セキュリティ**（security）と呼ばれる．後者は設備故障のみで事故波及を伴わないので静的な供給信頼性に相当し，**アデカシー**（adequacy）と呼ばれている．本章では，まずアデカシーについて説明し，最後に事故波及を伴う停電について説明する．

需要家に停電が起こらない場合でも，系統内で頻繁に発電機や送電線が故障し，その都度，他の発電機を起動したり他の送電線に切換をしたりして，結果として需要家に停電が起こっていない場合と，発電機や送電線に故障が発生せずに需要家に停電が起こっていない場合では，需要家から見た供給信頼性は同じでも供給者から見た供給信頼性は大きく異なっていると言える．そこで，需要家から見た供給信頼性と供給者から見た供給信頼性に分けて考えることにする．

6.1.2 需要家から見た供給信頼性

需要家から見た供給信頼性を数値的に表現する場合，需要家の停電をどのように表すかによっていろいろな指標が存在する．この供給信頼性の度合いのことを**供給信頼度**という．主なものとして，停電の頻度，継続時間，大きさ（停電範囲である kW または需要家数），そしてそれらを掛け合わせたものなどがある．わが国で代表的に用いられている停電の実態を示す指標として，一需要家当たりの**年間平均停電回数**，**年間平均停電時間**の 2 つがある．

年間平均停電回数

$$= \frac{\sum 停電した需要家数}{期首の需要家数} \text{[回/軒·年]} \tag{6.1}$$

年間平均停電時間

$$= \frac{\sum(停電時間 \times 停電した需要家数)}{期首の需要家数} \text{[分/軒·年]} \tag{6.2}$$

海外でも同様の指標が用いられており，(6.1) 式は **SAIFI**（system average interruption frequency index），(6.2) 式は **SAIDI**（system average interruption duration index）と呼ばれている．これらの他に，停電した需要家にとっての平均停電回数の **CAIFI**（customer average interruption frequency index）や停電した需要家にとっての停電 1 回当たりの平均停電時間の **CAIDI**（customer average interruption duration index）も用いられている．

これらの指標は，実績値から求めており，地域や国の間での停電の比較や年ごとの停電の推移を比較するのに適しているが，負荷状況や発電設備，送電設備など系統の状態が変化した場合にどのように指標が変化するかを読み取ることはできない．そこで，停電指標を確率的な考え方で，将来の系統の状態変化に対応してシミュレーションで求めることができるようにしたのが**電力不足確率**（**LOLP**：loss of load probability）または**電力不足期待値**（**LOLE**：loss of load expectation）と年間の**期待供給支障電力量**（**EENS**：expected energy not supplied または **EUE**：expected unserved energy）である．LOLE の定義は 1 年間や 10 年間の停電時間の期待値であり，分母子の単位をそろえて除すると LOLP と同じものとなる．EENS または EUE の定義は，供給支障電力量そのものを表すものとその供給支障電力量をその考察期間の要求負荷電力量の % で表すものがある．世界では，一般的に後者が用いられており，本書でも後者を扱う．この正規化されたものは，昔は**電力量不足確率**（**LOEP**：loss of energy probability）と呼ばれていたが，最近ではこの用語は用いられていないようである．したがって，ここでは LOLP と正規化された EENS（以降，単に EENS と表す）の 2 つの指標について説明する．

図 6.1 に示すように，ある 1 つの負荷について負荷量を示す需要曲線 $d(t)$ と供給可能量を示す供給可能曲線 $sp(t)$ を考えると，

$$\text{LOLP} \quad p_\ell = \lim_{T\to\infty} \frac{\sum_k T_0^{(k)}}{T}$$
$$= \lim_{T\to\infty} \frac{\text{供給力不足が生じる時間}}{\text{考察期間}} \tag{6.3}$$

$$\text{EENS} \quad p_\mathrm{e} = \lim_{T\to\infty} \frac{\sum_k \int_{[T_0^{(k)}]} (d(t) - sp(t))\, dt}{\int_0^T d(t)\, dt}$$
$$= \lim_{T\to\infty} \frac{\text{停電電力量 [kWh]}}{\text{要求負荷電力量 [kWh]}} \tag{6.4}$$

と表される．停電の頻度を F，一回の停電の継続時間の平均値を $\overline{T}_0$，供給不足電力の平均値を $\overline{P}_\mathrm{d}$ とすると，

$$p_\ell \propto F \times \overline{T}_0 \tag{6.5}$$
$$p_\mathrm{e} \propto F \times \overline{T}_0 \times \overline{P}_\mathrm{d} \tag{6.6}$$

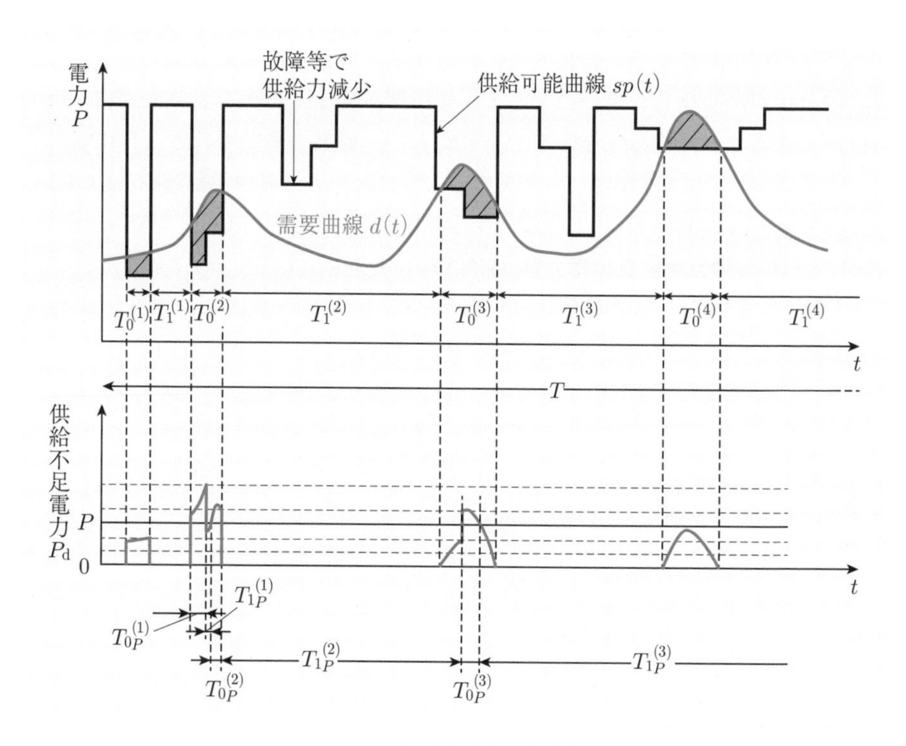

図 6.1　供給力不足の概念図

の関係が成立する．

(6.3) 式の LOLP p_ℓ は，かなり長い時間を考えたとき，その考察時間に対して供給可能量が負荷量を下回って供給支障が起きる時間の総和が占める割合で，停電の大きさ，つまり供給支障電力 P_{d}（以降，**供給不足電力**と呼ぶ）の大きさは考慮していない．1 年 365 日のうち何回か停電し総計として 0.365 日停電する場合も，10 年で 1 回大停電し 3.65 日間，連続停電する場合も同じ $p_\ell = 0.001$ となり，(6.5) 式に示すように頻度と継続時間の積は表現しているが，それぞれについては表現できていない．

(6.4) 式の EENS p_{e} は，かなり長い時間を考えたとき，その考察時間中の要求負荷電力量に対して停電時間に供給不足電力を乗じた停電電力量の総和が占める割合で，(6.6) 式に示すように頻度と継続時間と供給不足電力の積を表現しているが，それぞれについては表現できていない．

そこで，停電の頻度，平均継続時間，供給不足電力それぞれについて表現したい場合は，図 6.1 より大きさが P [MW] 以上の停電が起きる継続時間 T_{0P}，その平均値 $\overline{T}_{0P}$，この停電と停電の間の時間 T_{1P}，その平均値 $\overline{T}_{1P}$ を求め，図 6.2 のように，横軸に供給不足電力の大きさ P，縦軸に継続時間をとり，$\overline{T}_{0P}$ や平均事故発生間隔である $\overline{T}_{0P} + \overline{T}_{1P}$ を描くとよい．$\overline{T}_{0P} + \overline{T}_{1P}$ の逆数

$$F_P = \frac{1}{\overline{T}_{0P} + \overline{T}_{1P}} \tag{6.7}$$

は，大きさが P [MW] 以上の停電が起こる頻度を表している．$P = 0$ は，大きさの如何にかかわらずとにかく停電の起きる場合であり，電力不足確率は

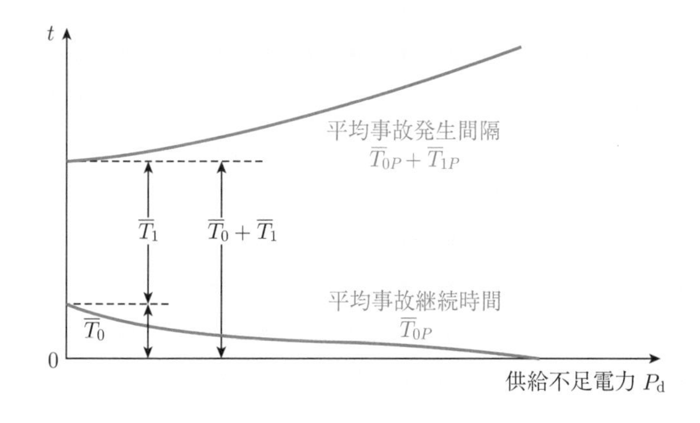

図 6.2　平均事故継続時間と平均事故発生間隔の曲線

$$p_\ell = \frac{\overline{T}_0}{\overline{T}_0 + \overline{T}_1} \cong \frac{\overline{T}_0}{\overline{T}_1} \tag{6.8}$$

となる．この電力不足確率を拡張し

$$p_{\ell P} \equiv \frac{\overline{T}_{0P}}{\overline{T}_{0P} + \overline{T}_{1P}} \cong \frac{\overline{T}_{0P}}{\overline{T}_{1P}} \tag{6.9}$$

と定義すると，この拡張した電力不足確率と供給不足電力 P_d との関係は図 6.3 のように右肩下がりになるが，例えば，曲線 A の場合は小規模の停電は頻繁に起こるが，大規模の停電は起こらないことを示しており，曲線 B の場合は中規模と大規模の停電が頻度は小さいが同じ程度で起こることを示している．

ここで，$\overline{T}_0, \overline{T}_{0P}, \overline{T}_1, \overline{T}_{1P}$ は，10 年や 100 年というかなり長い時間を考えたときの平均値であり，現在の設備事故や負荷変動の確率特性が長期間いつまでも変わらないと仮定して求めたものである．それらから計算される F_P や $p_\ell, p_{\ell P}$ もそのような現実にはあり得ない仮定の下に求めたものであり，上述した $p_\ell = 0.001$ の場合，1000 日（約 2.7 年）経てば必ず事故が起きて丸 1 日停電が継続するということではなく，平均して 1000 日に 1 日の割合で停電が発生するという意味であることに注意すべきである．

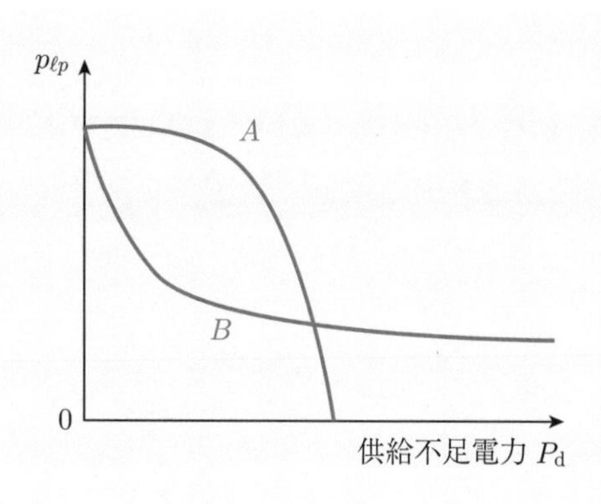

図 6.3 供給不足電力と拡張電力不足確率との関係

6.1.3 供給者から見た供給信頼性

前項 6.1.2 で説明した供給信頼度は，1 つの需要家に対する供給可能量と負荷量の関係から評価しており，需要家により供給信頼度は異なる．つまり，系統内で信頼度の高い地点，低い地点が存在する．例えば，複数の送電ルートで供給される地点の供給信頼度は 1 つの送電ルートで供給される地点よりも高い．

このように需要家地点ごとに異なる供給信頼度をもとに供給者から見た供給信頼性を評価することは難しく，何らかの大胆な仮定をおくことになる．例えば，個々の需要家の供給信頼度に対して，その需要家の負荷のいろいろな性質を考慮して重み付き平均をとって系統全体の供給信頼度とすることも一案である．ある選択した一地点で停電した場合には系統全体が停電したものとして，その代表地点での供給信頼度を系統全体の供給信頼度とするという極端な案もある．送電設備の容量制約や故障を考慮せずに個々の発電設備の故障のみを考慮して，系統全体の発電設備を 1 つの発電所と扱い，系統全体の需要家の負荷を合計して 1 つの需要家として扱うと，その系統全体を 1 つにした需要家の供給信頼度は系統全体の供給信頼度とみなすことができる．これは，電源のみの故障を考えているので**電源信頼度**と呼ばれることもある．いずれにせよ，解く問題に応じて供給信頼性の適切な表現方法を用いることが重要である．

6.2 わが国の供給支障の実態と原因

わが国における一需要家当たりの年間平均停電回数，年間平均停電時間の推移を図6.4に示す．1990年辺りから災害による影響を除くとほぼ一定値になっており，停電回数は0.15〜0.2回/軒·年 程度，停電時間は10〜15分/軒·年 程度である．欧米では，一般に，一需要家当たりの年間平均停電時間は数十分から1時間強程度であり，わが国の値は欧米と比べるとかなり小さい．停電の原因箇所は，以下に述べるように配電系統での事故が大部分を占めている．

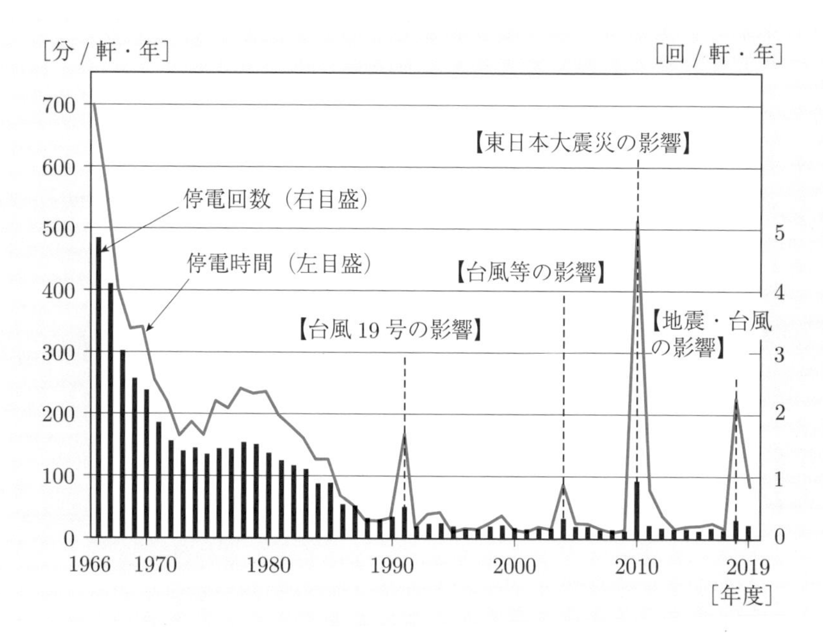

図6.4　わが国の需要家当たりの年間停電回数，時間

［13］ 電気事業連合会ホームページ「INFOBASE」(2021年版) より作成

停電のほとんどは，発電所，送電設備，変電所，配電設備など，いわゆる系統構成要素の事故（故障）や停止によるものであるが，需要予測や出水予測の失敗，燃料不足などにより電力供給と需要のバランスが大きく崩れたときにも停電が起こる．わが国の電力設備での年平均事故発生件数を表6.1に示す．この表の供給支障ありのところを見ると，発・変電所など需要家から遠いところでの設備事故によって停電につながることは少なく，ほとんどが需要家の近くにある6.6 kV 高圧配電

線での事故によって停電している．これは，発電所や送電線などに事故が起こり停電につながる場合には広範囲の大停電となるために，その影響を考えて，発電所は予備力を十分にもって，送電線は多回線化，ループ化をするなど，余裕をもって作られているからである．事故の原因は，発電所や変電所では自然劣化によるものが多く，架空送電線では雷害，地中送電線では自然劣化によるものが多い．6.6 kV 高圧配電線では，風雨によるものが多く，次に自然劣化によるものがくる．

表 6.1　電力設備の年平均事故発生件数（電気工作物の損壊）

		供給支障あり		供給支障なし		合計	
		件数（件）	比率（%）	件数（件）	比率（%）	件数（件）	比率（%）
発電所	水力	12	0.1	48	23.8	60	0.6
	火力	16	0.2	37	18.3	53	0.5
	風力	0	0.0	10	5.0	10	0.1
	原子力	0	0.0	14	6.9	14	0.1
	合計	28	0.4	109	54.0	137	1.3
変電所		61	0.6	16	7.9	77	0.7
送電線	架空	308	2.9	28	13.9	336	3.1
	地中	10	0.1	10	5.0	20	0.2
	合計	318	3.0	38	18.8	356	3.3
高圧配電線	架空	9422	88.6	12	5.9	9434	87.1
	地中	312	2.9	1	0.5	313	2.9
	合計	9734	91.6	13	6.4	9747	90.0
低圧配電線		0	0.0	8	4.0	8	0.1
需要設備		11	0.1	18	9.0	29	0.3
他社事故波及		478	4.5	0	0.0	478	4.4
合計		10630	100.0	202	100.0	10832	100.0

一般電気事業者 2000 年～2009 年度平均（風力は 2003 年から）

［14］　電気学会「電気工学ハンドブック（第 7 版）」，オーム社（2013 年）から引用

6.3 系統構成要素の事故特性

6.3.1 機器の事故特性

ここでは機器の状態を，理想的に運転状態と事故状態の2つに分けて考えることにする．実際には，この2つの状態の他に，作業停止や定期補修の状態が考えられるが，これらは系統の需給に差支えのない期間に計画・実施され，系統の運転に支障を及ぼさないので，これらの状態はその機器の運転記録から取り除いて考えればよいことになる．

その機器の運転記録からの運転状態が図6.5のように表されるものとする．事故継続時間を $T_0^{(k)}$，運転継続時間を $T_1^{(k)}$，その平均値を $\overline{T}_0, \overline{T}_1$ とすると，$\overline{T}_0 + \overline{T}_1$ は1つの事故が起きて次の事故が起こるまでの平均間隔であるので，**平均事故発生間隔**（MTBF：mean time between failures）と呼ばれる．この $\overline{T}_0 + \overline{T}_1$ の逆数は事故頻度になる．$\overline{T}_1$ は，機器が $\overline{T}_1$ 日経過すれば平均して1回事故を起こすことを示しているので，その逆数

$$\lambda = \frac{1}{\overline{T}_1} \text{ [/日]} \tag{6.10}$$

は，単位時間当たり λ 回の事故を起こすことを意味しており，これを**事故率**（または**故障率**）(failure rate) という．また，λ は常に一定と仮定すると，微小時間 dt 内でその機器が事故を起こす確率は $\lambda\, dt$ となる．一方，$\overline{T}_0$ は，機器が事故発生後平均して $\overline{T}_0$ 日経過すれば復旧することを示しているので，その逆数

$$\mu = \frac{1}{\overline{T}_0} \text{ [/日]} \tag{6.11}$$

を**復旧率**（または**修理率**）(repair rate) という．また，μ は常に一定と仮定すると，微小時間 dt 内でその機器が事故から復旧する確率は $\mu\, dt$ となる．$\overline{T}_1 \gg \overline{T}_0$ なので，$\lambda \ll \mu$ である．

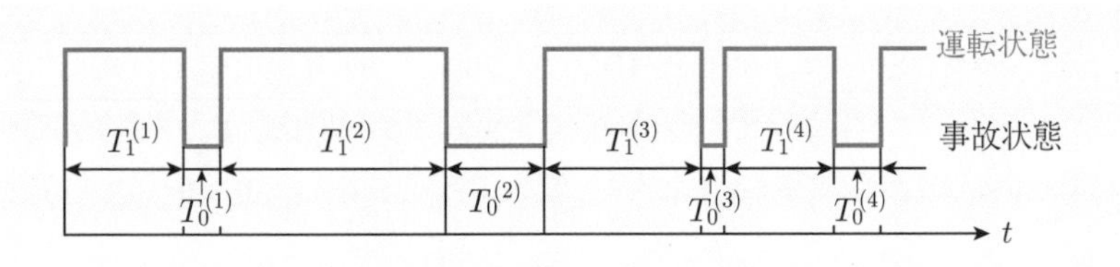

図6.5 機器の運転記録

ここで，事故率 λ は一定と仮定したが，実際には，図 6.6 に示すバスタブ曲線と呼ばれる初期故障，中期故障（偶発故障），末期故障（摩耗故障）の領域で特性が分かれ，λ が長期間一定になるのは偶発的原因によって事故の起こる中期故障の領域である．偶発的要因には，雷害，鳥獣害，樹木接触などが挙げられる．電力設備の事故率の例を表 6.2 に示す．水力発電所の容量は普通，火力発電所の容量よりもかなり小さいので，表では水力発電所の λ は火力発電所より大きいが，実際の設備容量で見ると水力発電所の λ は火力発電所より小さくなることもある．逆に，風力発電所の λ は，実際の容量で見ると表の値よりかなり大きくなる．

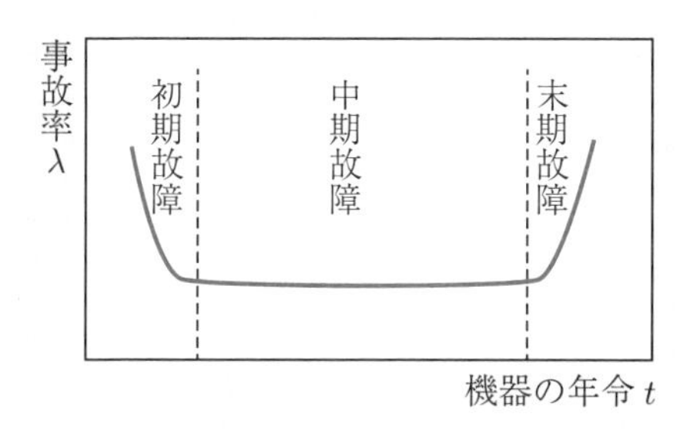

図 6.6　事故率の推移

表 6.2　電力設備の平均事故率（電気工作物の損壊）

設備		事故率 λ	単位
水力発電所		1.00	/(年·1000 MW)
火力発電所		0.27	/(年·1000 MW)
風力発電所		0.18	/(年·100 kW)
原子力発電所		0.26	/(年·1000 MW)
変電所		0.05	/(年·1000 MV·A)
送電線	架空	0.11	/(年·亘長 100 km)
	地中	0.14	/(年·亘長 100 km)
高圧配電線	架空	1.05	/(年·亘長 100 km)
	地中	0.57	/(年·延長 100 km)

一般電気事業者・卸電気事業者 2000～2009 年度平均

［14］ 電気学会「電気工学ハンドブック（第 7 版）」，オーム社（2013 年）から引用

例題 6.1

表 6.2 の事故率の値を用いて，30 万 kW 水力発電所，60 万 kW 火力発電所，1000 kW 風力発電所，200 km 架空送電線の平均運転継続時間 $\overline{T}_1$ を求めよ．

【解答】

30 万 kW 水力発電所　$\overline{T}_1 = \dfrac{1}{1.0 \times 0.3} = 3.3\,[年]$

60 万 kW 火力発電所　$\overline{T}_1 = \dfrac{1}{0.27 \times 0.6} = 6.2\,[年]$

1000 kW 風力発電所　$\overline{T}_1 = \dfrac{1}{0.18 \times 10} = 0.6\,[年]$

200 km 架空送電線　$\overline{T}_1 = \dfrac{1}{0.11 \times 2} = 4.5\,[年]$　■

6.3.2　運転継続時間 T_1，事故継続時間 T_0 の分布特性

運転継続時間 T_1，事故継続時間 T_0 が x より小さい確率 $\mathrm{Prob.}\{T_1 \leq x\}$，$\mathrm{Prob.}\{T_0 \leq x\}$ をそれぞれ $H(x)$，$O(x)$ とすると，$H(\infty) = 1$，$O(\infty) = 1$ を考慮して

$$H(x) = 1 - e^{-\lambda x} \tag{6.12}$$

$$O(x) = 1 - e^{-\mu x} \tag{6.13}$$

となり，指数分布となる．これを x に関して微分すると，T_1, T_0 の確率密度関数

$$\begin{aligned} h(x) &\equiv \mathrm{Prob.}\{T_1 = x\} \\ &= \frac{dH(x)}{dx} \\ &= \lambda e^{-\lambda x} \end{aligned} \tag{6.14}$$

$$\begin{aligned} o(x) &\equiv \mathrm{Prob.}\{T_0 = x\} \\ &= \frac{dO(x)}{dx} \\ &= \mu e^{-\mu x} \end{aligned} \tag{6.15}$$

が得られる．これらを図に示すと図 6.7 になる．(6.14) 式から，$h(x)$ は $h(0) = \mathrm{Prob.}\{T_1 = 0\} = \lambda$ となり，$x = 0$ で最大値をとり，これは事故から復旧した直後に再び事故が起こりやすいことを示している．

(6.14) 式，(6.15) 式の $h(x)$, $o(x)$ を用いて T_1, T_0 の平均値，標準偏差を求めると

$$\begin{aligned}\overline{T}_1 &= \int_0^\infty x\,h(x)\,dx \\ &= \int_0^\infty \lambda x\,e^{-\lambda x}\,dx \\ &= \frac{1}{\lambda}\end{aligned} \tag{6.16}$$

$$\begin{aligned}\sigma(T_1) &= \sqrt{\int_0^\infty \left(x-\overline{T}_1\right)^2 h(x)\,dx} \\ &= \frac{1}{\lambda} = \overline{T}_1\end{aligned} \tag{6.17}$$

同様に

$$\overline{T}_0 = \frac{1}{\mu} \tag{6.18}$$

$$\sigma(T_0) = \frac{1}{\mu} = \overline{T}_0 \tag{6.19}$$

以上の結果で，T_1, T_0 の平均値がそれぞれ $\frac{1}{\lambda}$, $\frac{1}{\mu}$ になるのは定義から当然であるが，標準偏差もそれぞれ $\frac{1}{\lambda}$, $\frac{1}{\mu}$ になる．ここから，データを見て T_1, T_0 の平均値が標準偏差と一致すれば，事故率 λ や復旧率 μ は一定であると判断してよいことになる．

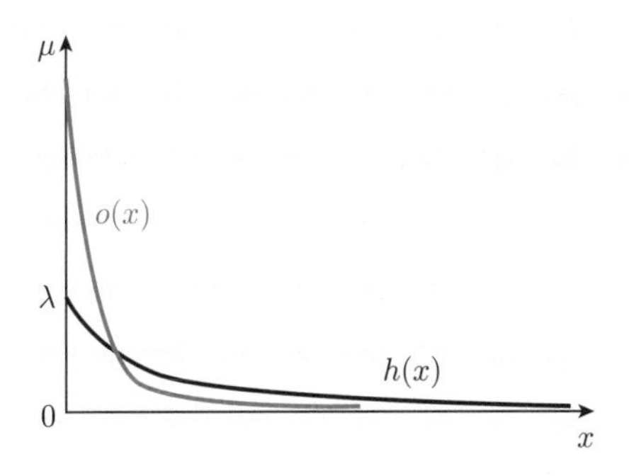

図 6.7 事故継続時間と運転継続時間の確率密度関数

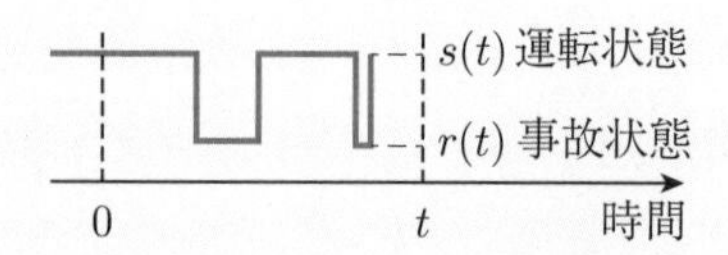

図 6.8　将来の時点での事故確率，運転確率の概念図

事故率 λ が時点 t に関わらず一定であるという仮定は，現在健全に運転している機器が今後どれくらい運転継続できるのかについて，過去にどのくらいその機器が運転を継続してきたかという経歴には無関係であることを示している．これは，$T_1 \geq x$ のもとでの $T_1 \geq x+y$ となる条件付き確率が x に無関係であることが言えればよい．そこで，この条件付き確率を計算すると

$$\begin{aligned}\text{Prob.}\{T_1 \geq x+y \mid T_1 \geq x\} &= \frac{\text{Prob.}\{T_1 \geq x+y\}}{\text{Prob.}\{T_1 \geq x\}} \\ &= \frac{1-H(x+y)}{1-H(x)} \\ &= \frac{e^{-\lambda(x+y)}}{e^{-\lambda x}} \\ &= e^{-\lambda y}\end{aligned} \tag{6.20}$$

となり，x に無関係となることがわかる．

6.3.3　機器の事故確率，運転確率

図 6.8 に示すような，将来の一時点 t において，その機器が事故状態にある確率 $r(t)$ と健全状態にある確率 $s(t)$（$= 1 - r(t)$）を求める．時刻 $t + dt$ で事故状態にある確率 $r(t + dt)$ は

(1)　時刻 t で事故状態にあり，dt 内で復旧しない確率 $r(t)(1-\mu\,dt)$
(2)　時刻 t で健全状態にあり，dt 内で故障が発生する確率 $(1-r(t))\lambda\,dt$

の和になる．したがって，

$$r(t+dt) = r(t)(1-\mu\,dt) + (1-r(t))\lambda\,dt \tag{6.21}$$

$$\therefore \quad \frac{dr(t)}{dt} = \lambda - (\lambda+\mu)r(t) \tag{6.22}$$

この微分方程式を解くと

$$r(t) = r(0)e^{-(\lambda+\mu)t} + \frac{\lambda}{\lambda+\mu}\{1-e^{-(\lambda+\mu)t}\} \tag{6.23}$$

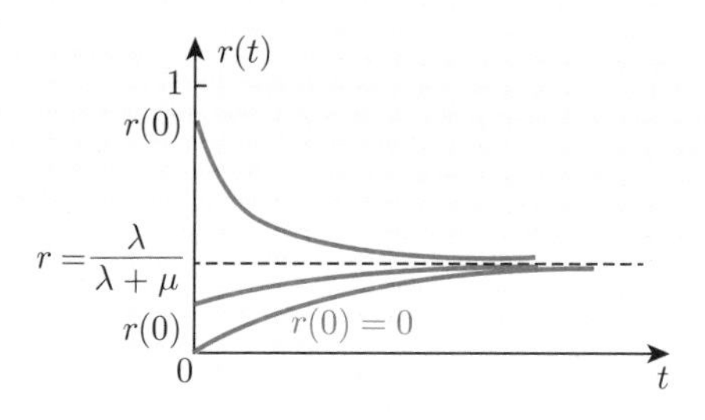

図 6.9 事故確率の推移

$$\therefore \quad s(t) = 1 - r(t)$$
$$= s(0)e^{-(\lambda+\mu)t} + \frac{\mu}{\lambda+\mu}\{1 - e^{-(\lambda+\mu)t}\} \tag{6.24}$$

ここで，$r(0)$, $s(0)$ はそれぞれ，時刻 0 で事故状態にある確率と健全状態にある確率である．$r(t)$ は図 6.9 に示すようになり，時刻 0 での状態に依存する，つまり過去の状態に関係していることがわかる（$s(t)$ も同様）．しかしながら，$t \to \infty$ とすると $r(t)$, $s(t)$ は急速に

$$r(\infty) \equiv r = \frac{\lambda}{\lambda+\mu} = \frac{\overline{T}_0}{\overline{T}_0 + \overline{T}_1} \tag{6.25}$$

$$s(\infty) \equiv s = \frac{\mu}{\lambda+\mu} = \frac{\overline{T}_1}{\overline{T}_0 + \overline{T}_1} \tag{6.26}$$

に収束する．(6.23) 式と (6.24) 式の時定数は，ほぼ $\overline{T}_0$ で決まり非常に短いため，通常は，$r(t)$, $s(t)$ には一定値 r, s を用いてよい．この r を**事故確率**，s（$= 1 - r$）を**運転確率**という．

6.3.4 系統構成機器の事故確率

(1) 火力発電所 [15]

発電設備の事故確率は，次の計画外停止率とほぼ同じとみなすことができる．わが国では，2013 年までは

$$\text{計画外停止率} = \frac{\text{計画外停止日数}}{\text{運転日数} + \text{計画外停止日数}} \times 100\,[\%] \tag{6.27}$$

を算出していたが，2014 年以降は

計画外停止率

$$= \frac{(\text{許可出力}) \times (\text{計画外停止時間}) + (\text{出力抑制量}) \times (\text{出力抑制時間})}{(\text{認可出力}) \times (\text{運転時間} + \text{計画外停止時間})} \times 100\,[\%] \tag{6.28}$$

となり，2013年までより正確な計画外停止率を算出するようになっている．(6.28)式の出力抑制を計画外停止とみなすと，(6.27)式と(6.28)式は同じになる．わが国での火力発電設備の計画外停止率の値は次のようである[15]．

2004年から2013年までの10年では，認可出力35万kW以上（コンバインドサイクルは全機対象）の発電設備について，対象時間帯を平日7時〜22時，運開後4年以降として(6.27)式で算出されており，2.5％である．2014年から2016年の3年間では，認可出力10万kW以上（コンバインドサイクルは全機対象）の発電設備について，対象時間帯を全時間帯として(6.28)式で算出されており，2.6％となる．ほぼ同じ値で，2.5％程度となることが分かる．

(2)　水力発電所[15]

揚水式水力では，1978年から2012年までの35年間では，旧一般電気事業者，卸発電事業者のもつ認可出力5万kW以上の発電設備について，対象時間帯を全時間帯として以下の(6.29)式で算出されており，1.0％である．2014年から2016年の3年間では，保有電源上位20社のもつ認可出力5万kW以上の発電設備について，対象時間帯を全時間帯として以下の(6.30)式で算出されており，2013年までの同じ1.0％となる．

計画外停止率

$$= \frac{\text{計画外停止日数}}{(\text{運転日数} + \text{待機日数}) + \text{計画外停止日数}} \times 100\,[\%] \tag{6.29}$$

計画外停止率

$$= \frac{(\text{認可出力}) \times (\text{計画外停止時間}) + (\text{出力抑制量}) \times (\text{出力抑制時間})}{(\text{認可出力}) \times (1\text{年間}\,8760\,\text{時間} - \text{補修停止時間})} \times 100\,[\%] \tag{6.30}$$

一般水力では，1955年から1957年で，旧一般電気事業者のもつ認可出力5万kW以上の発電設備について，11月〜2月の対象時間帯は不明であるが(6.27)式で算出されたものがあり，0.5％となっている．2014年から2016年の3年間では，一般水力発電設備すべてについて，対象時間帯を全時間帯として以下の(6.31)式で算出されており，自流・調整池式で3.7％，貯水池式で0.7％となっている[15]．

計画外停止率

$$= \frac{\text{計画外停止電力量}}{\text{発電電力量実績} + \text{計画外停止電力量}} \times 100\,[\%] \tag{6.31}$$

(3)　送変電設備

送電線，配電線，変電所に用いられる各種機器の事故確率については，一般的な値を求めることは非常に困難とされている．それは，風雨や雷害などの自然現象による事故が多いことと，絶縁設計によっても事故特性が大きく変わるからである．表 6.3 に，現時点で収集できるデータから計算された送変電設備の事故確率の一例を示す．(1), (2) の発電設備の事故確率と比較すると非常に小さいのが特徴である．

また，実際の運用では，変圧器や遮断器が故障した場合は，故障機器の解列や系統切換でとりあえずの停電解消をするので，変電所の事故復旧時間ということになると 30 分から 1 時間程度とより短くなることに注意する必要がある．送電線についても，通常は二回線送電線で，一回線が故障しても他の回線で送電を継続したり，応急復旧をして暫定送電したりする場合がある．この応急復旧の作業時間は数時間ということで，このようなケースを考慮すると事故確率はより小さくなる．

表 6.3　送変電設備の事故特性

	故障発生頻度	平均運用停止期間 $\overline{T}_0$	事故確率 r [%]
変圧器 [16]	0.0009 [件/台·年] 程度	1 週間以上	1.7×10^{-3} 以上
遮断器 [17]	0.0021 [件/台·年] 程度	1 週間程度	4.0×10^{-3} 程度
送電線*	0.05 [件/亘長 100 km·年] 程度	1 日～数か月	1.4×10^{-2} ～ 1.3 [/100 km]

*：66 kV 以上の送電線を対象とし，自動再閉路で短時間に送電可能な故障を除く．

[16]　CIGRE WG，A2.37，TB642（国際大電力システム会議ワーキンググループ A2.37 の技術報告書 642 号）

[17]　電気学会論文誌 B，116 巻，2 号，p.135（1996 年）より作成

(4) 保護リレー

6.5.7 項でも説明するように，保護リレーは，系統に事故が発生したときに事故を除去するために動作するものなので，保護リレーが故障していることは，系統に事故が起こった時に保護リレーが動作しなかった場合（誤不動作）に判明する．しかしながら，1985 年頃から マイクロプロセッサを使用したディジタルリレーが普及し，保護リレーの自動監視が進んだ結果，故障発見が早くなり，それに伴う対策・改良がその都度行われたので，図 6.10 に示すように，故障発生頻度（$\overline{T}_0 + \overline{T}_1$ の逆数）は，時間とともに低下している．この表から，1 装置当たりの MTBF は約 36 年であることが分かる．平均事故持続時間 $\overline{T}_0$ は，約 12 時間から 1 日となっているので [18]，事故確率 r [%] は $3.8 \times 10^{-3} \sim 7.6 \times 10^{-3}$ と計算される．

保護リレーの事故確率は送変電設備とほぼ同等であるが，保護リレーは系統内に設置されている数が多いために，その故障の影響は大きいものがある．そのために，保護リレーは二重化するなどして，その事故確率をできるだけ小さくするようにしている．

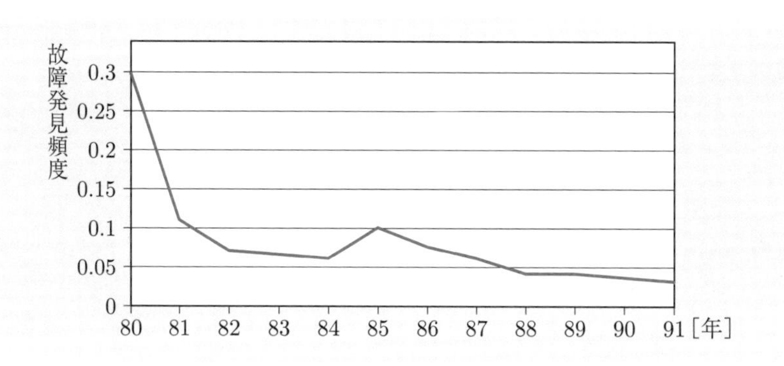

図 6.10 保護リレーの年度別故障発見頻度 [件/装置·年]

[18] 電気協同研究会「第二世代ディジタルリレー」，電気協同研究，第 50 巻，第 1 号，p.46（1994 年 4 月）

6.4 系統の静的な供給信頼度

6.4.1 供給力とその確率

発電機の定格発電容量，送電線や変電設備の送電可能容量など，各系統構成要素 i の供給力（容量）C_i [MW] とその事故確率 r_i が与えられたとき，その系統要素が接続されたシステムの需要家端での供給力とそれに対する確率（**供給力確率**）を求める．ここでは，送電線や変電設備での損失は考えない．

(1) **直列システム**

図 6.11 の直列システムでは，どれか 1 つの要素が故障すれば送電ができず，すべての要素が健全状態の場合に，要素の中の最小供給力だけ送電可能である．したがって，直列システム全体の供給力とその供給力確率は

$$C = \min_i(C_i) \tag{6.32}$$

$$\begin{aligned} s &= \prod_{i=1}^{n} s_i = \prod_{i=1}^{n}(1 - r_i) \\ &\cong 1 - \sum_{i=1}^{n} r_i \quad (\because \ \ r_i \ll 1) \end{aligned} \tag{6.33}$$

事故確率つまり供給力 0 の確率は

$$r = 1 - s \cong \sum_{i=1}^{n} r_i \tag{6.34}$$

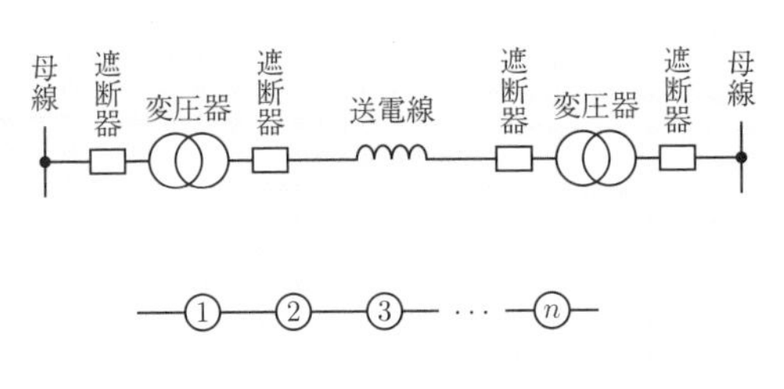

図 6.11 直列システム

(2) **並列システム**

図 6.12 の並列システムでは，直列システムと異なり，どれか 1 つの要素が故障してもシステム全体としての機能が損なわれることはない．各要素で $s_i + r_i = 1$ となるので

$$(s_1+r_1)(s_2+r_2)\cdots(s_n+r_n)=1 \tag{6.35}$$

これを展開すると，故障箇所ごとの確率が得られ

$$\begin{aligned}
&s_1s_2\cdots s_n && ：全部健全\\
&+r_1s_2s_3\cdots s_n+s_1r_2s_3\cdots s_n+\cdots && ：1\text{ 箇所故障}\\
&+r_1r_2s_3\cdots s_n+r_1s_2r_3\cdots s_n+ && \\
&\quad\cdots+s_1r_2r_3s_4\cdots s_n+\cdots && ：2\text{ 箇所故障}\\
&\quad\cdots && \\
&+s_1r_2r_3\cdots r_n+r_1s_2r_3\cdots r_n+\cdots && ：n-1\text{ 箇所故障}\\
&+r_1r_2r_3\cdots r_n && ：全部故障\\
=&\,1
\end{aligned} \tag{6.36}$$

となる．

例えば，この並列システムを n 台の発電機から構成される 1 つの発電所とし，供給力，事故確率がすべての発電機で等しく，それぞれ C [MW], r とすると，k 箇所故障したシステム全体の供給力 $(n-k)C$ に対する供給力確率 $P_{\mathrm{r}}(k)$ は，$P_{\mathrm{r}}(k)={}_n\mathrm{C}_k s^{n-k}r^k$ となる．したがって，システム全体の平均供給力（期待可能供給力）は，$\sum_{k=0}^{n}P_{\mathrm{r}}(k)\cdot(n-k)C=snC$ となる．実際には，供給力や事故確率は系統構成要素ごとに異なるので，供給力ごとにその確率を丁寧に求める必要があり，かなり複雑になる．

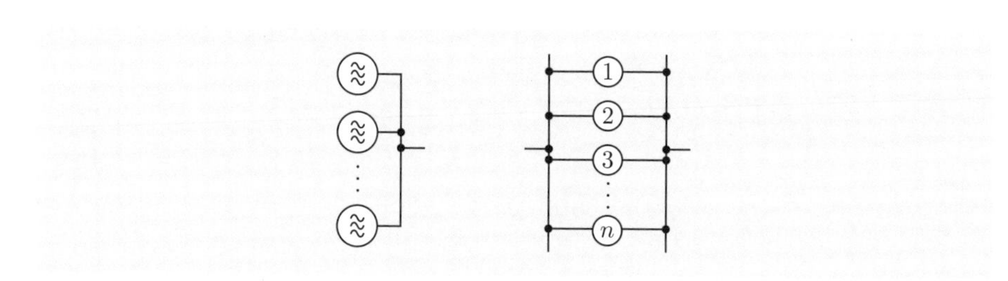

図 6.12 並列システム

(3) 一般の直並列システム

図 6.13(a) に示す直並列システムにおいて，1 つの送電線の送電可能電力を P [MW]，変圧器の送電可能電力を $2P$ [MW]，遮断器，母線の送電可能電力は十分に大きいものとし，母線での事故は考えないものとする．この直並列システム

を，直列要素は (1) の考え方で 1 つの供給力と事故確率をもつ要素に統合し，図 6.13(b) に示すようにできるだけ簡略化して，需要家端 B での供給力 y の値 0 MW, P [MW], $2P$ [MW] に対する供給力確率を求めることができる．

(i)　$y = 2P$ となるのは，要素 a, b, c, d, e, f がすべて健全状態である場合なので

$$\text{Prob.}\{y = 2P\} = s_a s_b s_c s_d s_e s_f \tag{6.37}$$

(ii)　$y = P$ となるには，要素 a, f は両方が健全でなければならない．そして，要素 b, c の両方が健全の場合は，要素 d, e はどちらかが故障でなければならない．要素 b, c のどちらかが健全の場合，要素 d, e は同時故障しなければよい．これは，要素 b, c と要素 d, e を入れ替えても成立する．したがって

$$\begin{aligned}\text{Prob.}\{y = P\} &= s_a s_b s_c (1 - s_d s_e - r_d r_e) s_f \\ &\quad + s_a (1 - s_b s_c - r_b r_c)(1 - r_d r_e) s_f\end{aligned} \tag{6.38}$$

(iii)　$y = 0$ となるのは，1 から (1) と (2) の確率を引けばよいので

$$\text{Prob.}\{y = 0\} = 1 - \text{Prob.}\{y = 2P\} - \text{Prob.}\{y = P\} \tag{6.39}$$

となる．

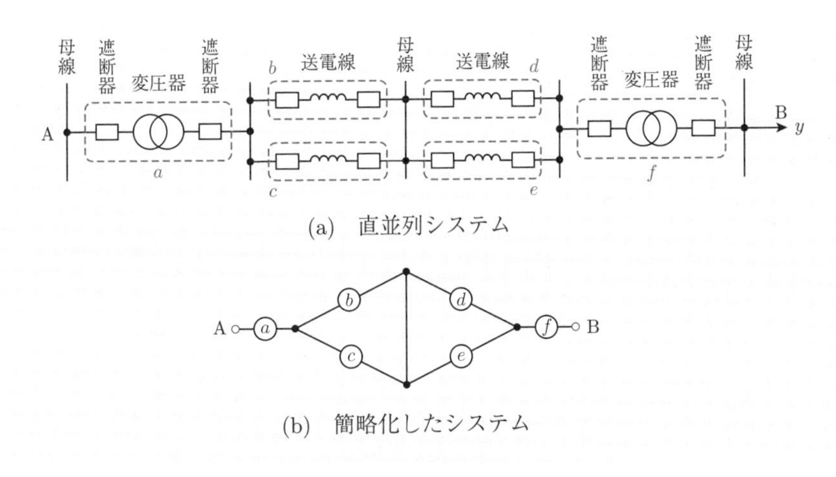

図 6.13　一般システム

ここでは，離散的な供給力 y に対する確率を求めたが，連続的な供給力 y に対する供給力の確率密度関数 $g(y)$ が得られたとすると，供給力が $y \sim y + dy$ の間にある確率は $g(y)\,dy$ となる．

6.4.2　需要家の負荷量とその確率

需要家から見た供給信頼度を考える場合，6.4.1 項で述べたその需要家への供給力の確率特性の他に，その需要家の負荷量の確率特性を与える必要がある．負荷は，2.3 節で述べたように，変動成分には規則的成分と不規則成分を含んでいるので，厳密には，時点間の負荷量に相関を考えて時系列として取り扱う必要があるが，平均運転持続時間 $\overline{T}_1$ 程度の間隔の時点間の負荷量には相関はないと仮定して，負荷量の確率分布を考えることが多い．

例えば，図 2.2 に示すような日負荷曲線を 1 年分集め，それらから負荷 D が x より大きくなる時間を計測し，縦軸を x，横軸を時間にとって図 6.14 のように描く．これを**負荷持続曲線**という．横軸を時間の代わりに，負荷 D が x より大きくなる確率とし，8760 時間のところを 1，つまり $D(0) = 1$ とおくと

$$D(x) = \text{Prob.}\{D \geq x\} \tag{6.40}$$

となる．ここで，$D(\infty) = 0$.

したがって，$1 - D(x) = \text{Prob.}\{D \leq x\}$ を x に関して微分して確率密度関数

$$\text{Prob.}\{D = x\} \equiv -\frac{dD(x)}{dx} \tag{6.41}$$

が得られ，負荷が $x \sim x + dx$ の間にある確率は $-\frac{dD(x)}{dx}\,dx$ となる．また，

$$A \equiv \int_0^\infty D(x)\,dx \tag{6.42}$$

は，負荷持続曲線の面積に当たり，次項にて示すが，単位時間当たりの平均（期待）負荷電力量となる．

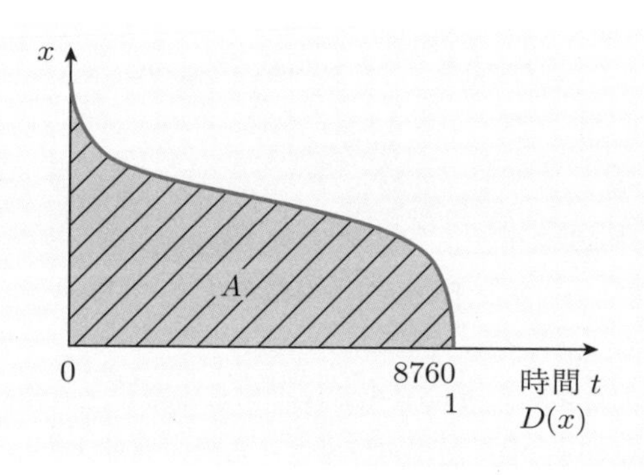

図 6.14　負荷持続曲線

6.4.3　需要家の電力不足確率と期待供給支障電力量の計算

(1)　電力不足確率（**LOLP**）の計算

ある需要家への供給力の大きさを y，負荷の大きさを x とおくと，$y < x$ の場合に供給力不足の大きさは $x - y$ となるので，大きさ 0 以上の供給力不足が起きる確率は次のように計算できる．

ある供給力 y に対して，供給力不足の場合は $x - y \geq 0$ であるので，負荷は $x \geq y$ となり，その確率つまり電力が不足する確率は $D(y)$ となる．供給力 y が $y \sim y + dy$ をとる確率が $g(y)\,dy$ なので，供給力 y を 0 から ∞ まで変化させて

$$\text{電力不足確率}\quad p_\ell = \int_0^\infty D(y)g(y)\,dy \tag{6.43}$$

となり，図 6.15 に示す斜線部の $D(y)g(y)$ の面積になる．6.4.1 項で説明したように，供給力 y に対する確率が $y_1, y_2, \ldots, y_n$ の離散的な供給力に対するものである場合には，式 (6.43) は

$$p_\ell = \sum_{k=1}^{n} \text{Prob.}\{y_k\} D(y_k) \tag{6.44}$$

と表される．

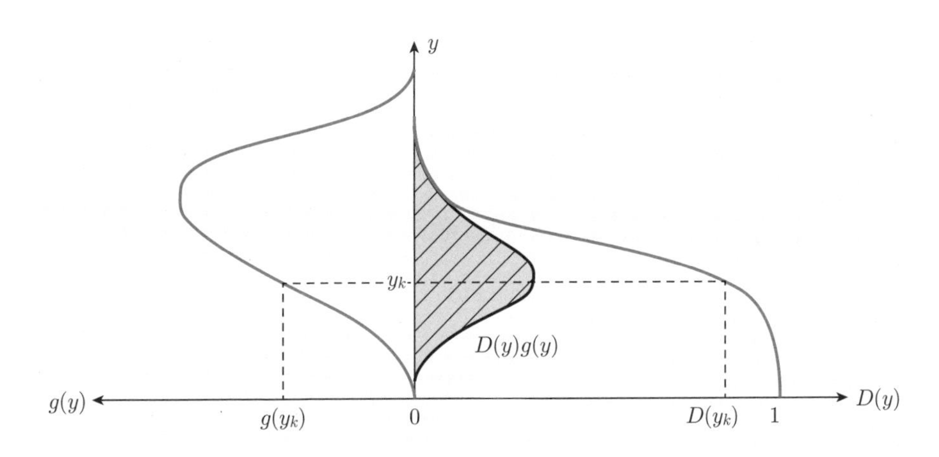

図 6.15　電力不足確率の計算

例題 6.2

n 台の同一の容量 C [MW] の発電機が1つの負荷に供給している．各発電機の事故確率を r とする．途中の送電網は無視する．LOLP が (6.44) 式で表されるとき，1年のうちで停電の起きる平均日数を求めよ．

【解答】 k $(k=0,\ldots,n)$ 台運転している場合，発電機からの供給力とその確率は，kC [MW], ${}_n\mathrm{C}_k(1-r)^k r^{n-k}$ となる．したがって，(6.44) 式より LOLP は

$$\begin{aligned}p_l &= \sum_{k=0}^{n} \mathrm{Prob.}\{y_k\} D(y_k) = \sum_{k=0}^{n} {}_n\mathrm{C}_k (1-r)^k r^{n-k} D(kC) \\ &= \sum_{k=0}^{n} \frac{n!}{k!\,(n-k)!}(1-r)^k r^{n-k} D(kC)\end{aligned}$$

1年のうちで停電の起きる平均日数は

$$365 \times p_\ell = \sum_{k=0}^{n} \frac{365 \times n!}{k!\,(n-k)!}(1-r)^k r^{n-k} D(kC)$$

■

(2) **期待供給支障電力量（EENS, EUE）の計算**

期待供給支障電力量は，(6.4) 式から次のような定義

$$p_\mathrm{e} = \lim_{T\to\infty} \frac{\text{停電電力量 [kWh]}}{\text{要求負荷電力量 [kWh]}} \tag{6.45}$$

となるので，まず分子の停電電力量を求める．

(1) と同様に，ある需要家への供給力の大きさを y，負荷の大きさを x とおくと，$y < x$ の場合に供給力不足の大きさは $x - y$ となるので

$$\text{停電電力量} = \int_0^\infty \left\{ \int_y^\infty -(x-y)\left(\frac{dD(x)}{dx}\right) dx \right\} g(y)\,dy \tag{6.46}$$

$$= \int_0^\infty \left\{ [-(x-y)D(x)]_y^\infty + \int_y^\infty D(x)\,dx \right\} g(y)\,dy$$

（部分積分より）

$$= \int_0^\infty \left\{ \int_y^\infty D(x)\,dx \right\} g(y)\,dy \quad (D(\infty)=0 \text{ より})$$

$$= \int_0^\infty A(y) g(y)\,dy \tag{6.47}$$

ここで，$A(y) \equiv \int_y^\infty D(x)\,dx.$ (6.48)

(6.48) 式の $A(y)$ は図 6.16 の斜線部分の面積である．また，(6.46) 式の $\{\quad\}$ は $A(y)$ になるが，ある供給力 y を与えたときの停電量の期待値を示しており，供給力不足 $x-y>0$ が起きるためには，負荷 x は与えられた y から ∞ までの範囲でとればよく，負荷が $x \sim x+dx$ の間にある確率は $-\frac{dD(x)}{dx}\,dx$ であることから求まる．図 6.17 に (6.48) 式の $A(y)$ と (6.40) 式の $D(y)$ の物理的意味を示す．

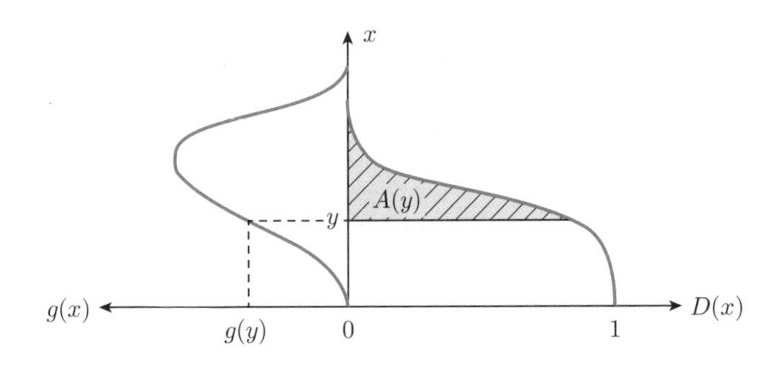

図 6.16　停電電力量の計算

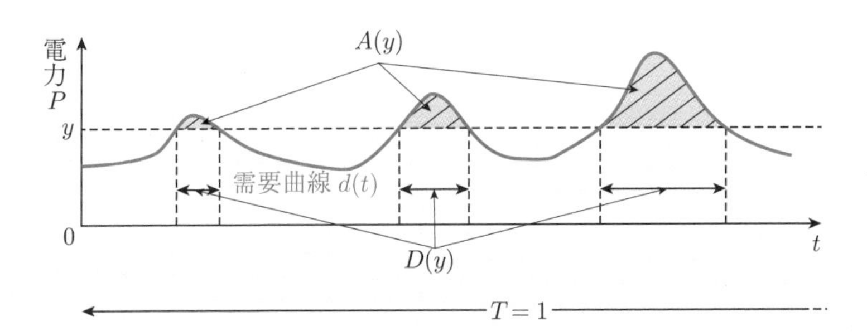

図 6.17　$A(y)$ と $D(y)$ の意味

次に (6.45) 式の分母を求める．

$$
\begin{aligned}
\text{要求負荷電力量} &= \int_0^\infty -x\frac{dD(x)}{dx}\,dx \\
&= [-xD(x)]_0^\infty + \int_0^\infty D(x)\,dx \\
&= \int_0^\infty D(x)\,dx = A
\end{aligned}
\tag{6.49}
$$

この式より図6.14のAは，単位時間当たりの平均（期待）負荷電力量となることがわかる．

したがって，期待供給支障電力量は

$$p_{\mathrm{e}} = \frac{\int_0^{\infty} A(y)g(y)\,dy}{A} \tag{6.50}$$

となる．供給力yに対する確率が$y_1, y_2, \ldots, y_n$の離散的な供給力に対するものである場合には，(6.50)式は

$$p_{\mathrm{e}} = \frac{\sum_{k=1}^{n} \mathrm{Prob.}\{y_k\}A(y_k)}{A} \tag{6.51}$$

と表される．

例題 6.3

一定の負荷電力10万kWを継続的に消費する需要家がある．この需要家に供給する送電網の供給力とその確率はそれぞれ(0万kW, 0.05), (6万kW, 0.02), (12万kW, 0.93)である．この需要家の電力不足確率および期待供給支障電力量を求めよ．

【解答】 (6.44)式より

$$\begin{aligned} p_{\ell} &= \sum_{k=1}^{n} \mathrm{Prob.}\{y_k\}D(y_k) \\ &= 0.05 \times 1 + 0.02 \times 1 + 0.93 \times 0 \\ &= 0.07 \end{aligned}$$

この需要家に対する送電網の供給力が0万kW, 6万kW, 12万kWのとき，不足電力はそれぞれ，10万kW, 4万kW, 0万kWとなるので

(6.51)式より

$$\begin{aligned} p_{\mathrm{e}} &= \frac{\sum_{k=1}^{n} \mathrm{Prob.}\{y_k\}A(y_k)}{A} \\ &= \frac{0.05 \times 10 \times 1 + 0.02 \times 4 \times 1 + 0.93 \times 0}{10 \times 1} \\ &= 0.058 \end{aligned}$$

■

6.5　供給信頼度の一般的向上策

6.5.1　予備力の充実

(1)　予備力の分類

電力需要に対して安定した供給を行うためには，現在および将来の需要に対応ができ，渇水や設備に事故が起きた場合にも対応することのできる電源だけでなく送変電設備なども含めた電力供給設備を建設し的確に運用することが必要である．このためには想定される需要以上の供給力をもつことが必要であり，これを**供給予備力**という．供給予備力は，保有量が多ければ供給支障量は少なくなるが，設備投資や経費が過大となるので，供給予備力の適正保有量は，供給信頼度を確保しつつ経済性の観点からも慎重に検討されなければならない．

この予備力を日常の運用面から分類すると，大きく分けて待機予備力，運転予備力の2つに区別でき，運転予備力の1つとして瞬動予備力がある．**待機予備力**（cold reserve）とは，常時は系統から解列されており，系統に事故が起きたときに起動し，全負荷をとるまでに数時間を要する供給力である．停止待機中の火力が該当し，起動後は長時間発電継続が可能である．

瞬動予備力以外の**運転予備力**（hot reserve）とは，天候急変時などによる需要の急増や，運転中の電源を即時または短時間内に停止，出力抑制しなければならない場合に，系統に並列されていて即刻発電可能であるか，または短時間内（10分程度以内）で起動して負荷をとり，待機予備力が起動して負荷をとるまで継続して発電しうる供給力である．部分負荷運転中の火力発電機余力や停止待機中の水力発電機（揚水発電機を含む）が該当する．

瞬動予備力（spinning reserve）とは，電源脱落時の周波数低下に対して即時に応動を開始し，急速に（10秒程度以内に）出力を上昇させ，少なくとも瞬動予備力以外の運転予備力が発動されるまでの間，継続して自動発電が可能な供給力で，ガバナフリー運転中の発電機のガバナフリー余力が該当する．

大規模電源脱落が発生したときの周波数の変動の様子，並びに各予備力の発動状況の概略を図6.18に示す．大規模電源脱落時には，瞬動予備力が直ちに応動して，周波数の低下を抑制し，続いて瞬動予備力以外の運転予備力が稼働し，既定周波数へ引き戻そうとする．最後に待機予備力が発動され，新たな異常時に備えるために運転予備力の保有量を事故前の状態に戻すことを行う．3.8節の需給調整市場で説明した一次調整力は，表3.2に示すように，応動時間が10秒以内で継続時間が5分以上なので瞬動予備力になり，二次①から三次②までの調整力は，応動時間が5

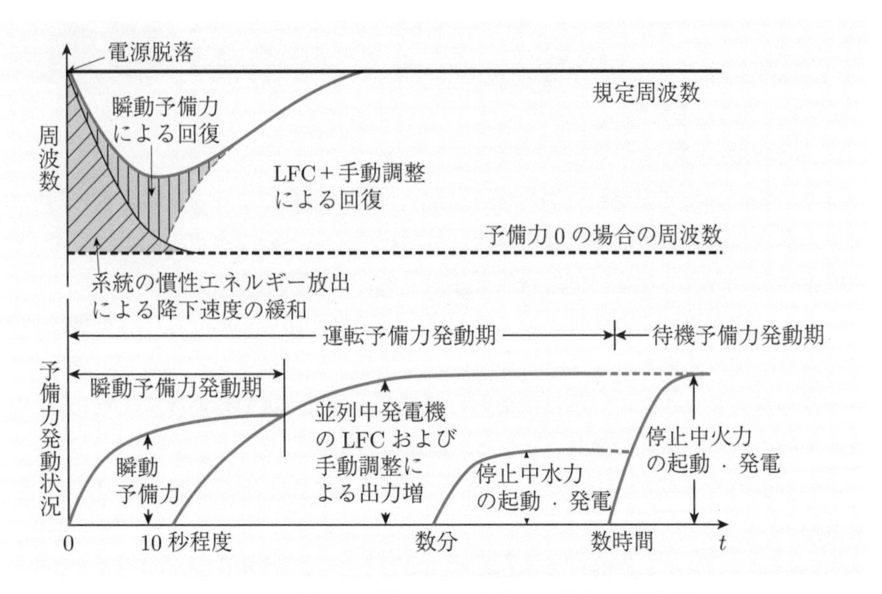

図 6.18 大規模電源脱落時の周波数，予備力の発動状況

分以内から45分以内で，継続時間が30分以上から3時間ということで，瞬動予備力以外の運転予備力に相当する．

(2) 予備力の必要量

ここで，わが国での予備力の必要量の考え方について整理しておく．瞬動予備力の必要量は，定義からも明らかなように，周波数低下許容限度と想定電源脱落量の両方が考慮されており，ガバナフリー必要量に等しいと考えてよく，需給調整市場の一次調整力必要量の(3.78)式に等しい．

瞬動予備力以外の運転予備力は，二次①から三次②までの調整力となるが，広義の瞬動予備力も含めた運転予備力で見ると，3.8.2項(2)で述べた調整力の複合約定の考え方で必要量が算出され，瞬動予備力も含めた運転予備力は(3.82)式に等しくなる．

待機予備力の必要量は，図6.18からもわかるように，瞬動予備力以外の運転予備力にほぼ同量でよいことになる．しかしながら，(1)で述べたように，供給予備力は電力供給設備の建設・運用に関わり長期的に確保されるべきものであるとともに，ある決められた供給信頼度基準を維持するものでなければならないので，需給調整市場で調達する短期的な調整力以上の予備力をもつ必要がある．そこで，わが国で現在用いられている必要予備力の算定手法について述べる．

供給信頼度評価としては，再生可能エネルギー電源大量導入前までは，年間最大需要発生時（8 月の 15 時など）に必要供給力（最大 3 日需要平均値である H3 需要の 108％）が確保されていることを基準としていたが，再生可能エネルギー電源，特に太陽光発電の大量導入に伴い，太陽光発電が高出力となる昼間帯（8 月 15 時など）よりも太陽光発電出力が低出力（またはゼロ）となる夏季点灯帯や冬季最大需要時などに供給予備力が小さくなる傾向がある．このことから，年間最大需要時の供給力確保状況を評価するという確定的供給信頼度評価手法を見直し，1 年の 8760 時間を対象にした確率論的必要供給予備力算定手法を導入している．

まず，供給力確保目標量については，図 6.19 に示すように，年 H3 需要に，偶発的需給変動分，持続的な需要変動分，稀頻度な大規模供給支障事故への対応分，10 年に 1 回程度の猛暑や厳寒などの厳気象への対応分，発電設備の補修による計画停止への対応分を加えた量としている．この H3 需要を超える供給力確保量が供給予備力であり，この予備力の H3 需要に対する割合を**供給予備率**という．

$$\text{供給予備率} = \frac{\text{供給予備力 [MW]}}{\text{需要 (最大 3 日平均電力) [MW]}} \times 100\,[\%] \tag{6.52}$$

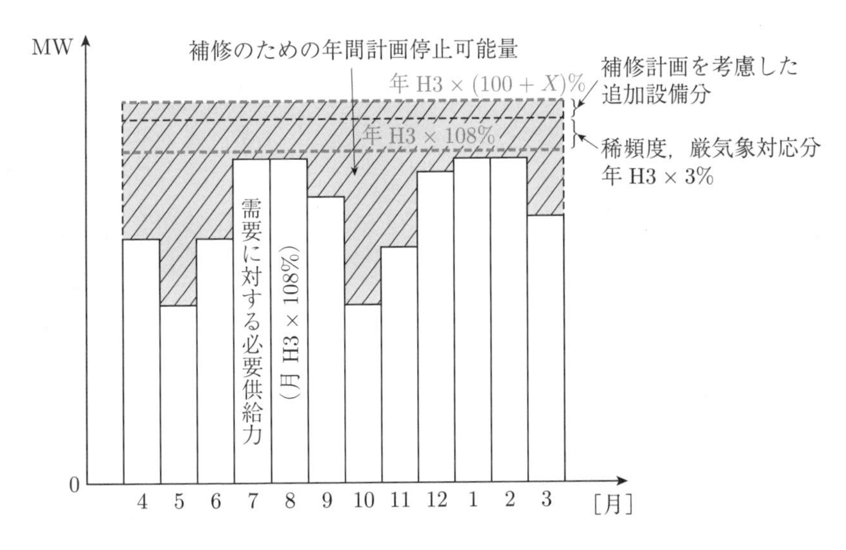

図 6.19　供給確保目標量算定の考え方

それにあわせて，原子力，火力発電などの供給力の他に，天候によって変動する再生可能エネルギー発電や上池の容量によって制約を受ける揚水発電などの供給力を適切に評価し，それを火力発電に相当するkW価値として算定し，供給力に組み入れてこの目標量を確保する．

それに対して，気温などによる需要変動や天候や出水による再生可能エネルギー発電量の変動，事故による発電停止などの偶発的需給変動分を確率的に考慮した1年の8760時間のシミュレーションを1万回程度行い（モンテカルロシミュレーションという），供給信頼度基準として用いられている需要1kW当たりの1年間の停電量の期待値（EUE）を計算する．

そして，この計算されたEUEの値が基準値以下であることを確認する．基準値以上になるのは，供給力確保目標量が少ないことを示しており，確保目標量を増やす．以上のプロセスを繰り返すことにより必要な供給信頼度を維持した予備力が確保されることになる．わが国では，2020年度より，需要1kW当たりの1年間の停電量の期待値（EUE）の基準値として0.048kWh/kW·年が用いられており，そのときの供給信頼度を維持する供給予備率としては11～13％の値が得られている．

(3)　**kWh予備力**

供給信頼度を確保するには，(1), (2)で述べたkWの予備力を確保することの他に，電力自由化後は，燃料に関わるkWhの予備力を確保することも重要になっている．電力自由化前は，地域独占と規制料金により費用回収を保証された電力会社が，供給義務を果たすため，需要にあわせて必要となる発電設備（kW）とLNG燃料（kWh）を計画的に確保してきた．

しかしながら，電力自由化後は，1.4.2項で述べたように，小売事業者に自らの需要に見合った供給力を確保する義務があり，発電所をもたない新規参入の小売事業者の中には，固定費負担がなく安価な卸電力取引市場を中心に電力調達をする者も存在している．一方，発電事業者は発電所ごとに採算性を考慮して競争力のない発電所は休廃止をし，新規電源投資もできず，安価に電力供給をするために，LNG燃料は経済合理的に自らの需要のためにのみ確保をし，余剰在庫をもたなくなっている．またLNG燃料調達のリードタイムは，最短でも約1～1.5か月と長いので，即時の積増しは困難である．

このような状況下で，他の燃料の発電設備のトラブル停止や天候などの関係でLNG火力発電所の稼働率が上昇しLNG燃料の消費が進み，産ガス国の供給設備トラブルなどが重なると，LNG燃料の在庫が大幅に下落し，発電事業者は自らの需要にのみ電力供給をし，卸電力取引市場に余剰電力を出せなくなり需給逼迫状態に陥る．このために，発電事業者は適正なLNG燃料の在庫水準を確保し，LNG燃料調達に計画的に努力し，国やOCCTOは，全国大または複数の系統内での燃料不足を察知し対応することが必要となる．

LNG燃料の余力をどのように定量的に評価するかは難しいが，例えばOCCTOでは，2か月ごとの対象期間で，想定以上の気温変化が続いたときに想定需要が増加し，LNG燃料の在庫が減少し，対象期間の最後にLNG燃料が運用目標下限値に比べてどれくらい残っているかをLNG燃料の余力（kWh換算）とし，その余力を対象期間の総電力量で除したものを余力率として監視している[19]．

6.5.2　補修計画の協調

系統構成機器は，一定期間ごとに運転を停止して検査・補修が行われることになっている．これは前項6.5.1で述べたように，補修のための**計画停止**と呼ばれる．その停止期間は，数日から火力発電所や原子力発電所の定期事業者検査になると数か月に及ぶこともある．図6.19の斜線部分が，補修のための停止可能な発電機容量になるが，この中にうまく当該年度に補修停止しなければならない発電機の容量と補修期間をはめ込む必要がある．需要の大きくなる夏や冬には補修可能量は少なく，需要の小さい春や秋に補修可能量は多くなる．これには，発電機の補修を行う人員，工具，取り換える機器・装置の確保も考慮して年間の最適計画を立てる必要があり，これを**補修計画**という．設定した補修のための年間計画停止可能量が少なく，補修計画が立てられない場合には，図6.19に示すような補修計画を考慮した追加設備分を予備力としてより多く確保することが必要となる．

6.5.3　出水，再生可能エネルギー出力，負荷の予測の精密化

予備力をどれだけ持つかを算定するには，まさに水力発電における出水，太陽光や風力発電における出力，そして負荷の需要を，どれだけの量を見込むかによって決まるといってよい．したがって，これらの量の予測の精密化が極めて重要である．これらの予測は気象データに大きく影響されるので，この気象データの予測精度の向上も求められる．特に予測誤差の大きな太陽光発電出力を正確に予測することが信頼度の向上，調整力や予備力の削減につながる．近年では，複数の予測手法を用いて得られた値を過去の大量データを用いてAI技術で予測することも行われている．

わが国の容量市場

容量市場は，発電事業者の投資回収の予見性を高めるとともに，中長期の供給力（kW）を確保し，再生可能エネルギーの主力電源化を実現するのに必要な調整力（kW）を確保するために，つまり中長期の供給信頼度を維持するために，2020年に創設された制度である．2022年4月時点の制度では，毎年，図に示すようなシングルプライスオークションが行われ，4年後に確実に発電できる電源に1年分の対価（維持費等の固定費）を支払う仕組みになっている．1.4.2項で述べたように，小売り事業者に供給力確保義務が課せられているために，この費用は，各小売り事業者が年間最大需要時の販売電力量シェアで負担することになっている．図における需要曲線は，OCCTOで毎年設定される．目標調達量は図6.19で示した供給確保目標量で，4年後のH3需要の予測値の111％から113％程度であり，その時の指標価格を**Net CONE**（net cost of new entry）としている．Net CONEとは，電源新設の投資回収にあたり容量市場で正味に回収を必要とする金額で，「新規の電源建設の総コスト」から「容量市場以外の収益」を差し引いたものから算定されている．

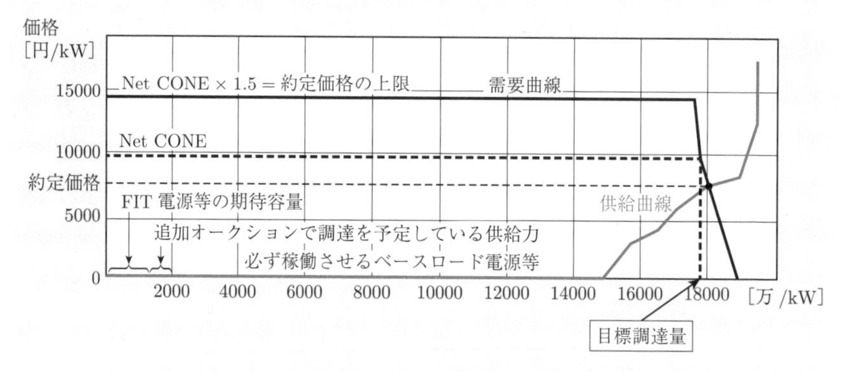

容量市場オークションの概略図

2021年冬の燃料不足によるわが国初の需給逼迫

2020年度の冬（12月～1月）は，寒波が襲来し，例年よりも高めに推移した電力需要に対して，火力発電所の主要燃料であるLNGが，東アジアの他地域も寒波でそのスポット調達ニーズが多くなり，また世界の複数のLNG生産基地でトラブルが発生した結果，世界的な品薄となりLNGの追加調達が困難になった．加えて，急激な

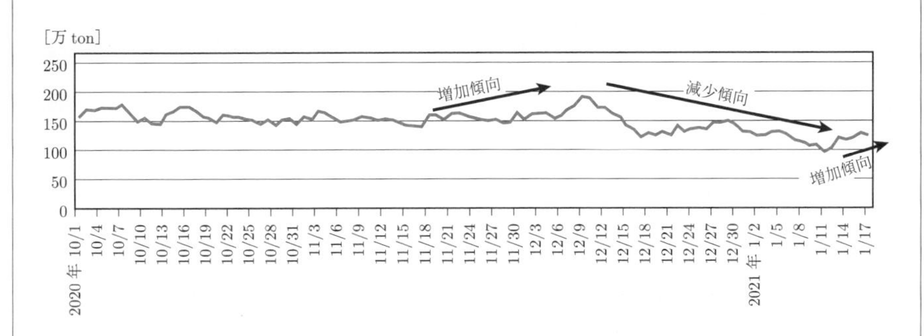

電力会社所有 LNG の在庫推移
［20］ 資源エネルギー庁「第 29 回電力・ガス基本政策小委員会 資料 4-1」
（2021 年 1 月 19 日）より作成

火力発電における LNG 消費量の増加により LNG の在庫が上の図のように枯渇するリスクが生じたことから，火力発電の出力抑制が発生し，供給力不足となった．

燃料切れになると大規模な発電停止が生じるので，これを回避するため，部分出力運転や夜間の発電停止等により燃料消費を抑制した発電所運転となった．そのイメージ図を下に示す．その結果，発電設備は故障していないので定格出力まで発電可能ではあるが，燃料在庫不足に伴う出力抑制により，発電出力が減少した．

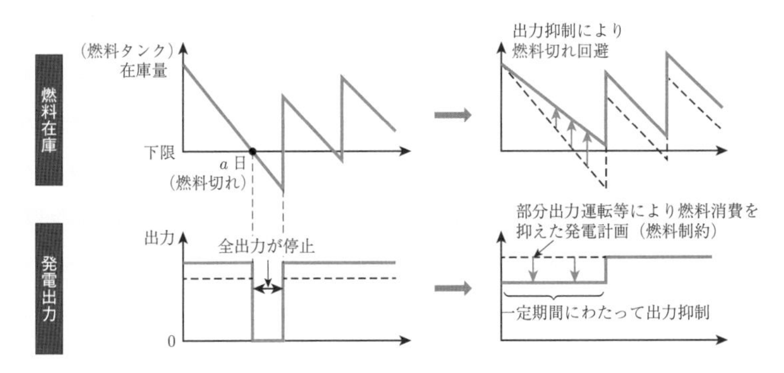

燃料在庫を踏まえた発電所運転（燃料制約）のイメージ
［21］ 資源エネルギー庁「第 30 回電力・ガス基本政策小委員会 資料 5」
（2021 年 2 月 17 日）より作成

この供給力不足に加え，需要の増加に伴い，BG の不足インバランスが全国的に拡大し，エリアによっては，需給を一致させるためにインバランス補給する一般送配電事業者の調整力が不足したため，調整力を含めた広域的な需給運用が行われた．

6.5.4 発電機のユニット容量の適正な選択

発電機のユニット容量は，需要が拡大するとともに図 6.20 に示すように大きくなってきた．2 極機の火力発電機では，100 万 kW レベルになっている．これは，急速な需要拡大に対して，送電網の建設も必要となる発電所の立地を増やすより発電機のユニット容量を増やすことの方が時間的に容易であったこと，そのスケールメリットにより経済性も向上できたことによる．

さて，ユニット容量の選択とは，例えば，ピーク需要 100 万 kW に対する発電設備を考える場合に，100 万 kW 発電機 1 台，50 万 kW 2 台，10 万 kW 10 台で供給できる．もちろんトータルコストは，スケールメリットにより 100 万 kW 発電機 1 台が最も低くなる．しかし，各発電機の供給信頼度は，大きな容量の発電機といっても高いわけではなく，小さな容量の発電機とほぼ同じであると仮定すると，図 6.14 の負荷持続曲線の形にもよるが，ピーク負荷での持続時間が短く，低負荷での持続時間がより長い場合には，例題 6.2 の計算からわかるように，10 万 kW 10 台が最もトータルの供給信頼度（LOLP）が高くなる．同一の供給信頼度を維持することでよければ，10 万 kW の発電機は 10 台より少ない台数で済むので，そのトータルコストと 100 万 kW 1 台のコストを比較し，コストの低い方を選択すればよい．

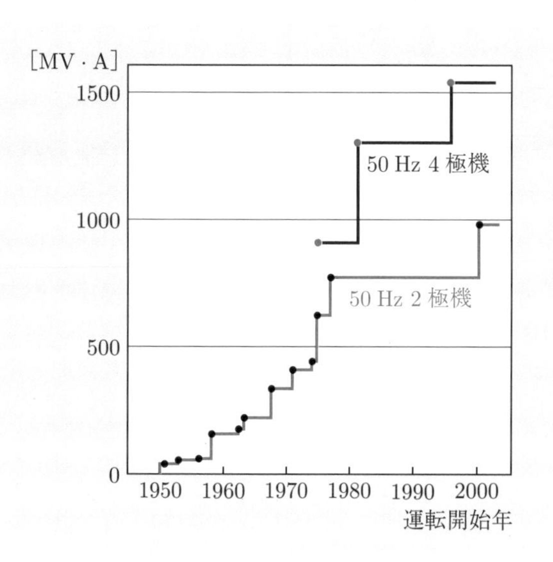

図 6.20　タービン発電機のユニット容量の変遷

6.5.5　系統構成と系統連系

発電機や変圧器，送電線，保護リレーなどの系統構成機器・装置が故障した際の供給支障をできるだけ少なくするように，これらの設備をできる限り並列接続することが，供給信頼度を向上させる．送電線は一回線で送電するよりも二回線で送電するほうが信頼度は向上するし，図 1.3 に示したように，送電網をループ形やメッシュ形にすると一層信頼度が向上する．しかしながら，すべての故障に対して供給支障が起きないようにしようとすると，十分な余裕をもって設備を並列化する必要があり，経済性が損なわれる．そこで，国内外の電力システムでは次のような設備形成上の信頼度基準を定めている．

図 6.21(a) のような発電機 1 台や変圧器 1 台，送電線 1 回線など，1 つの機器・装置が故障しても，原則として供給支障が生じないようにする．また図 6.21(b) に示す送電線二回線故障など機器・装置が 2 箇所以上同時に故障する場合は，稀頻度であるため供給支障は許容するが，供給支障の規模が大きく社会的な影響が懸念される場合は，供給支障の規模を小さくするように対策を行うことになっている．これは **N − 1 規準**（N − 1 criterion）または N − 1 ルールと呼ばれており，世界中で使われている．N − 1 の意味は，系統全体で N 箇所の機器装置の中で 1 箇所故障して健全な設備は $N-1$ 箇所になるということである．もし，N − 2 規準となれば，2 箇所の機器・装置が同時故障をしても供給支障が起きないように設備形成を行う必要があり，供給信頼度はより向上するが，設備コストはかなり高くなる．

機器・装置の並列化を系統規模で考えると，系統を並列化する，つまり 1.3 節で述べたように，系統を連系することにより供給信頼度が向上する．例えば，1 つの系統のピーク負荷時が他の系統のピーク負荷時と異なる場合（ピーク負荷の**不等時性**という），この 2 つの系統を連系することにより，系統全体の負荷を平準化でき，系統全体の予備力を低減することができる．また，複数の系統で同時に事故が起きるのは稀であるので，事故の起きた系統は，事故が起きていない系統から連系線を通じて電力融通を受けることができる．

6.5.6　系統復旧能力の向上

万一停電が起きたときは，できるだけ早く復旧すること，つまり停電時間をできるだけ短くすることが電力システムの信頼性を高めるうえでも必要なことである．火力発電所は，その発電所の故障ではなく，他の事故により系統から一時的に解列されてボイラの火を消してしまうと，再起動し系統に並列するまでに 3.5.2 項で述べたようにかなりの時間とコストがかかる．

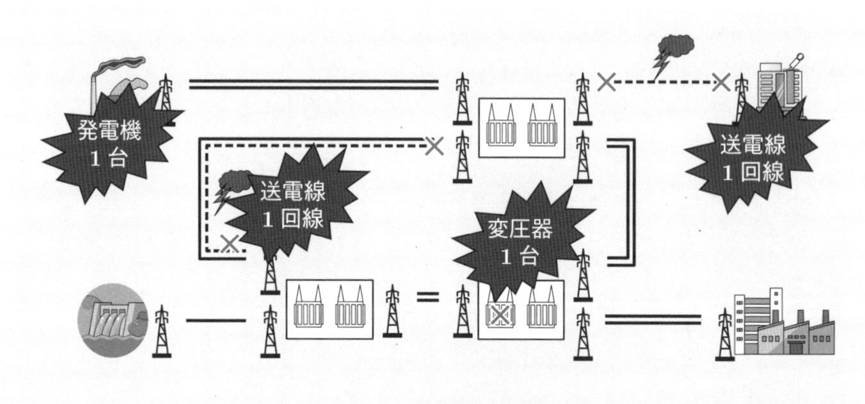

(a)　1箇所故障

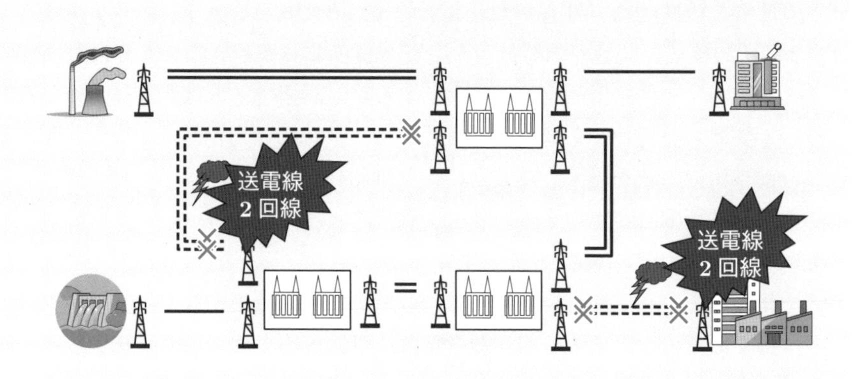

(b)　2箇所故障

図 6.21　設備形成上の想定故障

このような場合には，図 6.22 に示すように，その発電所の最低負荷以上の局地負荷をもった系統をつくって事故系統から分離を行うと，この発電所は運転継続ができ，停電復旧の際にこの発電所から迅速に送電を開始でき，復旧時間を早めることができる．このような系統を**単独系統**という．大型火力発電所の単独系統の運転には，局地負荷の変化に対して発電所出力を一致させるいわゆる需給制御システムが必要となる．

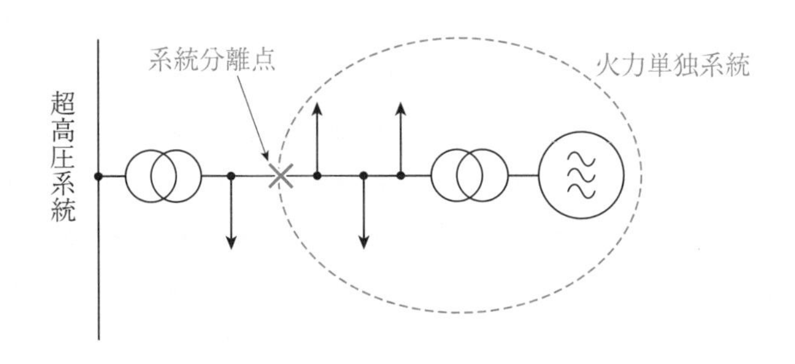

図 6.22　火力単独系統

系統全体が崩壊し停電した場合には，すべての発電所が系統から解列し火力発電所のボイラの火が消える．この場合，大容量の水力・火力発電所では，補機類を動作させるのに必要な所内電源を十分に持っておらず，再起動に必要な所内動力を系統から受電するようになっているので，このままでは起動ができない．そこで各系統では，系統全体の停電復旧のために，小容量のディーゼル発電機などを設けて所内電源を確保して自力で起動できる能力をもった発電所を準備している．これを**ブラックスタート電源**という．わが国では，1 つの系統で複数箇所の水力発電所や揚水発電所をブラックスタート電源として準備しているのが普通である．場所によっては，ディーゼル発電機の代わりに脇にある小さな水力発電所から所内動力を供給し，この小さな水力発電所の所内動力をさらに小さな自力で起動可能な水力発電所から供給するといった親・子・孫水力発電所をもつ例もある．

一般的には，図 6.23 に示すように，ブラックスタート電源からまず周りの送電線に無効電力を供給することによって対地静電容量を充電し，送電電圧を規定電圧に昇圧する．次に，連系された近傍の複数の水力発電所の所内動力分の有効電力を送電し起動を行い，負荷を徐々に連系しながらそれにあわせて有効電力出力を増加させる．続いて，遠方の送電線を充電し電圧を確立していく．そして，同様に連系された火力発電所などに所内動力分の有効電力を送電して起動を行い，負荷を連系しながらその有効電力出力を増加させていくプロセスを繰り返していく．

これらの操作は，基本的には中央給電指令所，地域給電制御所の運転員が手動で行っている．ここにおいても，総負荷需要と総発電出力を一致させて周波数を一定にしなければならず，また送電電圧も一定に維持しなければならないので，有効電力と無効電力の精緻な制御が必要となる．将来，この復旧操作を自動的に行うシステムの開発が望まれている．

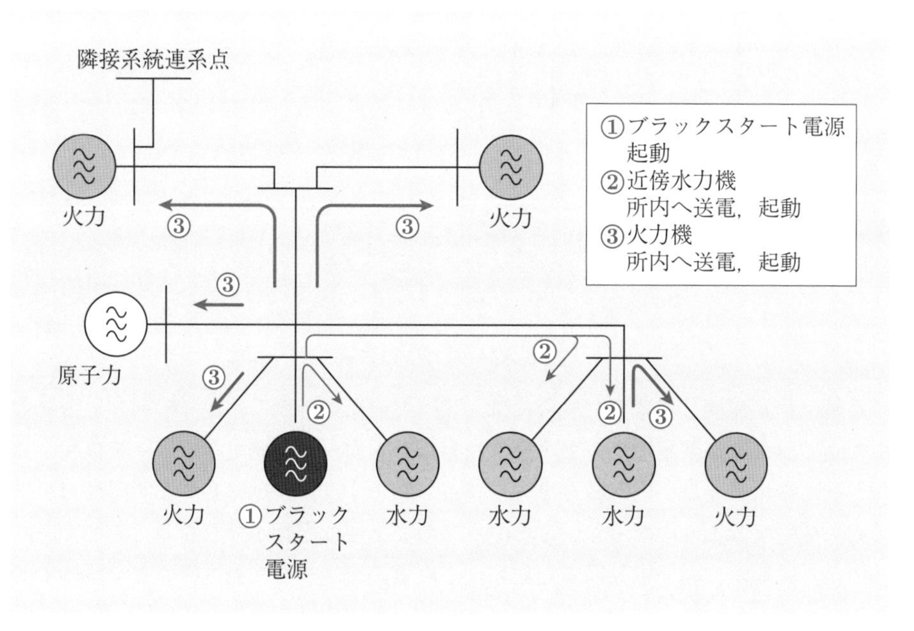

図 6.23　ブラックスタート

6.5.7　保護リレーの信頼性向上

保護リレーは系統構成機器が故障を起こしたとき，直ちにこれを検出して系統から切り離し，故障設備自体や系統が故障の影響を受けないようにするとともに，この故障除去後に故障発生時の状況によっては，故障の影響が系統全体へ波及することがあるので，この波及を防止する．この保護リレーの信頼性を向上させることは，系統事故を正確に除去し大停電を防止することになるので，系統の供給信頼度を大きく向上させることが可能になる．この意味で，他の系統構成機器の信頼性向上とは区別して扱うものとする．

保護リレーは，系統に事故が発生したときに動作するものなので，本来，保護リレーが故障していることは，系統に事故が起こった時に保護リレーが動作しなかった場合（誤不動作）に判明する．もちろん，系統に事故が発生しないときでも保護リレー装置が故障して動作（誤動作）することがある．誤動作も系統に無用の外乱を与えるが，誤動作よりも誤不動作の方が大停電などの系統全体への重大な障害を与えることになるので，この誤不動作をなくすことが系統の信頼度の向上に大きく寄与する．

まず，保護リレーの信頼性向上には，**二重化**が行われる．どちらかの保護リレーが事故を検知すれば遮断器にトリップ信号を出すことになるので，誤不動作の削減には効果があるが，誤動作の増加には目をつぶるということになる．もう1つの対策は，**自動監視**である．ほとんどの保護リレーは，マイクロプロセッサを用いてディジタル化されており，その内部の各部位（アナログ入力部，電源部，CPU，メモリなど）を**常時監視**し，常時監視できない保護リレーから遮断器への信号の出口であるトリップ回路は**自動点検**（強制的に動作させアンサーバックを確認）して，異常を検出した場合は，即座にアラームの表示を行い，その履歴を保存している．これにより，誤不動作と誤動作の両方を低減できる．

日本版コネクト&マネージ

電力システムは，6.5.5 項で述べたように N − 1 規準で設備形成が行われており，例えば下の図のように，二回線 A 送電線の一回線送電線の設備容量（熱容量）が 100 万 kW であり，安定度などの送電容量制約や送電線の短時間過負荷容量を考えない場合，二回線 A 送電線の運用容量は N − 1 規準を適用すると，2 倍の 200 万 kW ではなく一回線設備容量と同じ 100 万 kW となる．

しかしながら，電力自由化により発電事業者が N − 1 規準の運用容量を超えて再生可能エネルギー電源など発電設備の連系を希望することが多くなっており，例えば発電設備 40 万 kW が A 送電線に連系を希望する場合を考えてみよう．この 40 万 kW を連系し，この送電線で一回線事故が発生した場合に，転送遮断装置 Ry で瞬時にこの 40 万 kW の発電設備（従来からある 40 万 kW の発電設備でもよい）を解列することで，一回線の運用容量 100 万 kW を満たし安定に運用ができる，このような転送遮断装置 Ry を用いると，平常時は N − 1 規準の運用容量以上で 200 万 kW までの発電設備を連系することが可能となる．これを **N − 1 電制**と呼んでおり，ループ形系統より放射状形系統において適用が容易である．

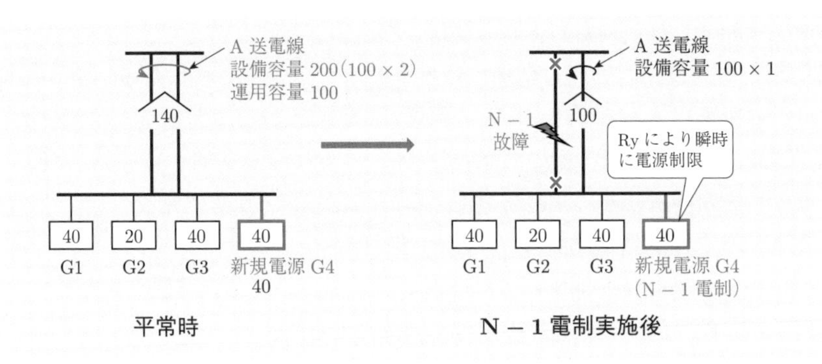

N − 1 電制

また，下図に示すように，送電線には運用容量から最大潮流を差し引いた空容量分しか新規電源は連系できないことになっていた．この空容量は，1 年中使える容量である．しかしながら，この空容量以上の容量の新規発電所の連系希望がある場合，運転中に送電線の潮流が運用容量を超える時間帯だけその発電所の発電出力を空容量まで抑制することを行えば連系が可能となる．このような必要な場合に出力抑制を行うことを前提に電源を連系することを**ノンファーム型接続**と呼んでいる．

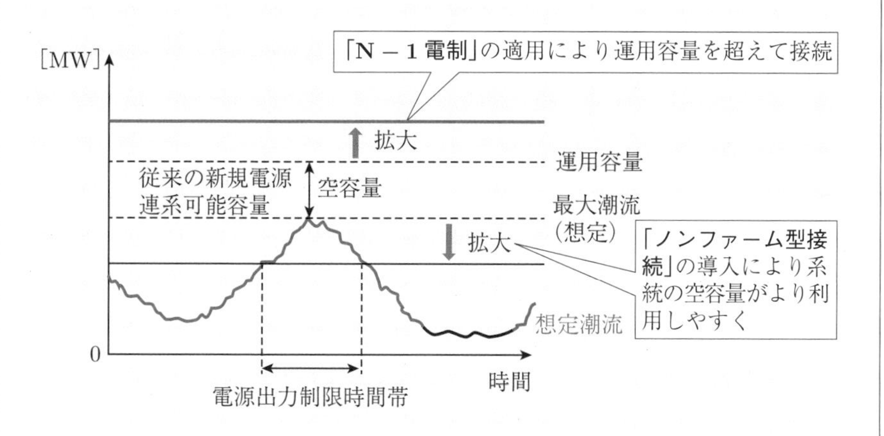

日本版コネクト&マネージ

以上のように，N－1電制やノンファーム接続などによって，送電線を増強することなく送電線への電源の連系容量を増加させる手法を**日本版コネクト&マネージ**と呼んでいる．

6.6　事故波及とその原因

6.6.1　事故波及の原因

前節の6.5.7項で述べたように，電力設備の故障を除去した後に，故障発生時の状況によっては，故障の影響が系統全体へ波及し停電範囲が広がることがある．これを**事故波及**という．事故波及の原因は下の(1)〜(4)に示すように大きく4つの場合に分けられる．もちろん，これらの原因が単独ではなく，複合的に絡み合って大停電が発生することもあることに注意を要する．

(1)　**周波数問題**　系統内の発電機が事故で解列されると，総電量が総負荷量より少なくなるので周波数が低下する．負荷遮断がされず，この周波数低下量が大きい場合には，他の発電機もUFRで解列される．そうするとますます周波数が低下し，よりたくさんの発電機が解列され，停電となる（図6.24）．

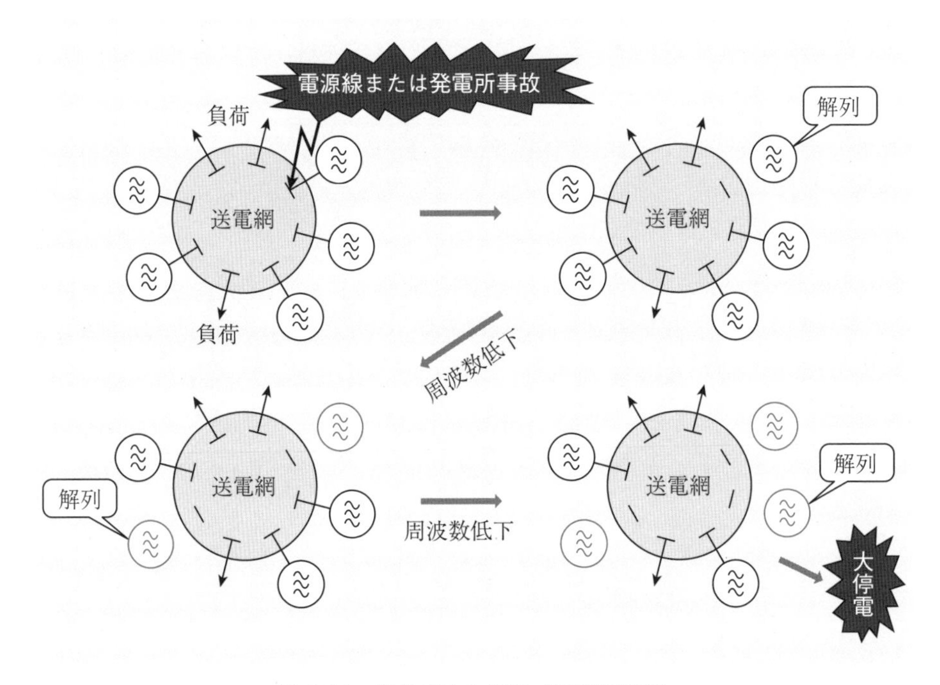

図6.24　事故波及の原因（周波数問題）

(2)　**電圧問題**　負荷が急増したり，遅れ無効電力を供給している調相設備が故障したりした場合，系統電圧が低下する．電圧低下により，調相設備である電力用コンデンサからの遅れ無効電力供給量が減少し電圧が低下する．それによって，定電力特性を持っている負荷では負荷電流が増大し，ますます電圧が低下し，電力用コンデンサを初めとする送電線並列設備が解列し，停電となる（図 6.25）．

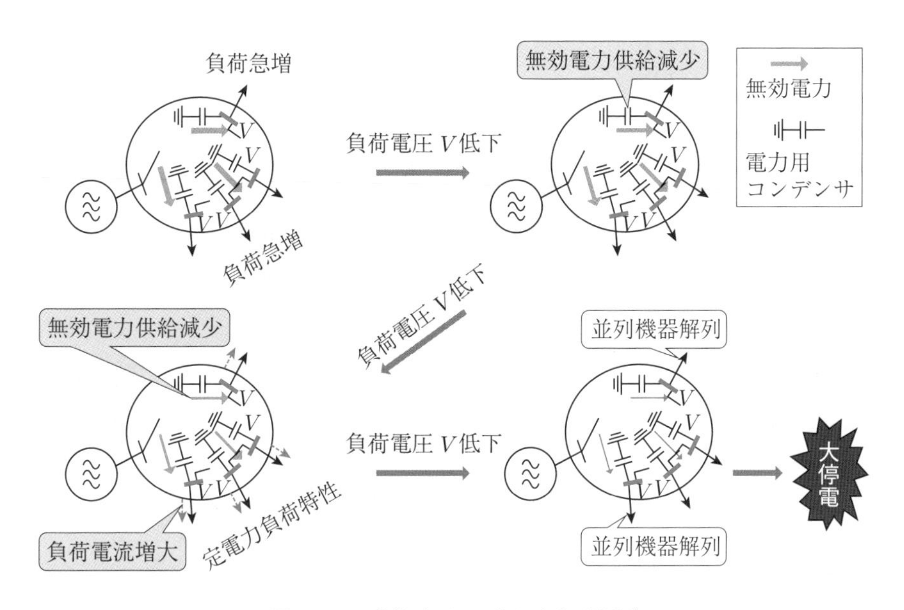

図 6.25　事故波及の原因（電圧問題）

(3)　**過負荷問題**　発電エリアから負荷エリアへの送電線が複数回線ある場合に，ある一回線に事故が発生し解列されると，その送電線に流れていた電流が他回線に加わり，そのためにどれかの回線が過負荷になるとその回線は過電流リレーにより解列される．その回線に流れていた過電流は，他回線に加わり，また過負荷の送電線が解列される．このように連鎖的に送電線が解列されると負荷エリアに電力が送れなくなり，負荷エリアは停電となり，その後，発電エリアにおいて発電量が負荷量を超えて，発電機群が加速脱調し，停電となる（図6.26）．

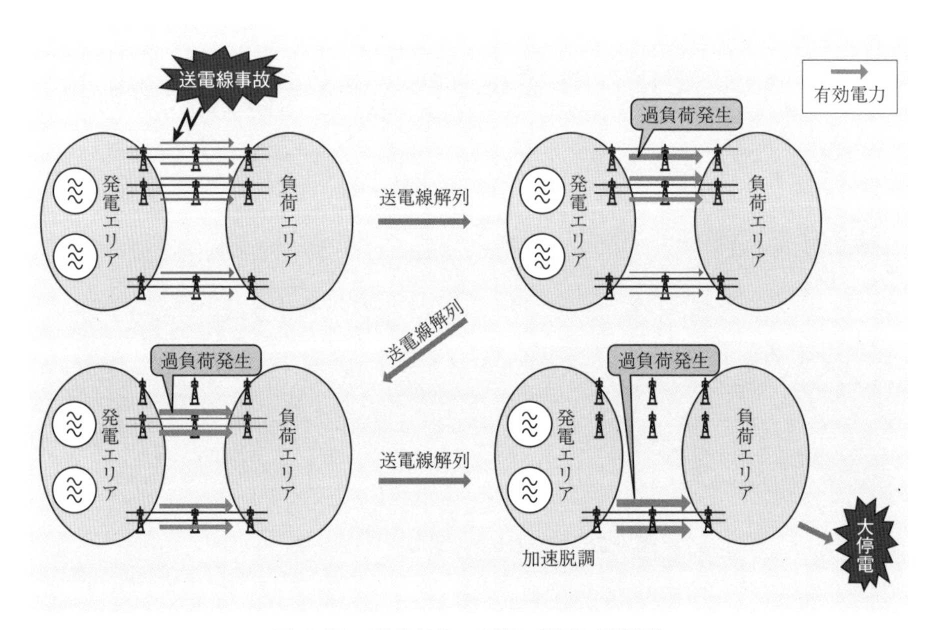

図6.26　事故波及の原因（過負荷問題）

(4)　**脱調・安定度問題**　送電線で地絡事故などが発生すると，発電機が加速脱調する場合がある．この場合，他の発電機もこの発電機に引っ張られ不安定化し，不安定化した発電機は解列されるので，停電となる（図 6.27）．

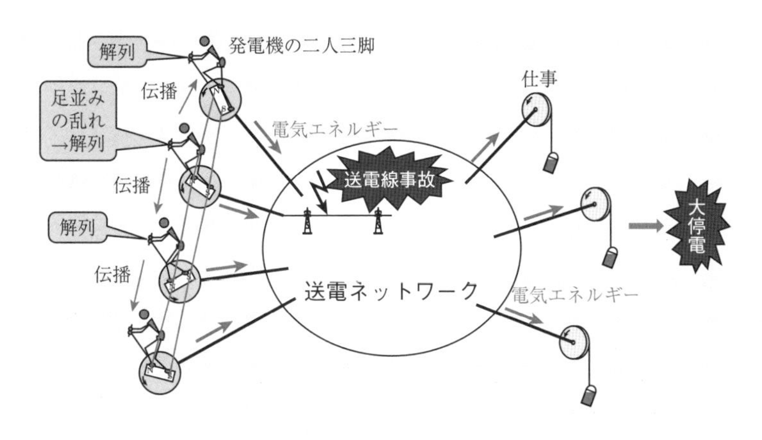

図 6.27　事故波及の原因（脱調・安定度問題）

6.6.2　世界の大停電事故

事故波及による世界での大停電事故を表 6.4 に示す．アメリカでは，1965 年のニューヨーク大停電事故を受けて，国防上，社会経済上 2 度と大停電を起こさないようにということで，北米（アメリカ・カナダ）における系統信頼度維持に関する基準・規則の制定，評価等を目的として，1968 年 6 月に民間組織である**北米信頼度協議会**（**NERC**：north American electric reliability council）が設立された．そして，初めての信頼度基準が制定されている．ただし，この信頼度基準は電力会社への強制力はなかったので，2003 年の北米大停電を受けて，この組織は，2006 年 7 月に国によって**電力信頼度機関**（**ERO**：electric reliability organization）として認定がされ，信頼度基準を強制力のあるものにしている．

世界中のこれまでの事故から次のような共通の性質を見出すことができる．

(1)　発生する時間帯は，必ずしも重負荷となるピーク時間帯ではない．
(2)　系統崩壊するまでの時間は，長くても十数分であるが，復旧までの時間，つまり停電時間は長い．
(3)　単一の原因ではなく，事故が波及していく過程でいくつかの原因が複合している．
(4)　同じ時期に，複数の地域で，事故波及による大停電事故が発生している．

表 6.4　事故波及による大規模停電例

原因 分類	発生系統 （事故通称）	発生年月日 時刻	供給支障量	最大 停電時間	事故波及原因
脱調・ 安定度 問題	関西電力 275 kV 系統 （御母衣事故）	1965/6/22 8:16	294万kW	3時間4分	地絡事故（盲点事故） →**脱調**→周波数低下
過負荷 問題	アメリカ北東部 CANUSE 系統 （ニューヨーク大停電）	1965/11/9 17:15	約2500万kW	13時間30分	**過負荷**→脱調 →系統分離 →周波数低下
	フランス 400 kV 系統	1978/12/19 8:27	2900万kW	8時間30分	**過負荷**→系統分離 →周波数低下
電圧低下 問題	スウェーデン 400 kV 系統	1983/12/27 —	1140万W	5時間20分	設備故障 →送電線ルート断 →**電圧低下**→系統分離 →周波数低下
	フランス 400 kV 系統	1987/1/12 —	約900万kW	—	異常寒波→発電機停止 →**電圧低下**
	東京電力 500 kV 系統 （電圧不安定事故）	1987/7/23 13:19	817万kW	3時間21分	負荷急増→**電圧低下**
脱調・ 安定度 問題	カナダ ハイドロケベック社 735 kV 系統	1989/3/13 2:44	2150万kW	9時間以上	磁気嵐→変圧器飽和 →高調波電流 → SVC 解列 →**系統不安定**
	アメリカ西部 500 kV 系統 （WSCC 事故）	1996/8/10 15:47	3550万kW	9時間	地絡事故 →送電線解列，発電機解列 →**系統不安定**→系統分離 →周波数低下
周波数 問題	マレーシア 500 kV 系統	1996/8/3 17:17	570万W	16時間13分	送電線保守作業ミス →発電機解列 →**周波数低下**
脱調・ 安定度 問題	アメリカ 北東部系統 （北米大停電）	2003/8/14 16:11	6180万kW	43時間	地絡事故→送電線解列 →**系統不安定** →系統分離
過負荷 問題	イタリア 380 kV/220 kV 系統	2003/9/28 3:27	2770万W	18時間12分	地絡事故→送電線解列 →**過負荷**→地絡事故 →送電線解列→**過負荷** →イタリア系統分離 →系統不安定→発電機解列 →周波数低下
脱調・ 安定度 問題	欧州西部・中央部系統 （ポルトガル，スペイン～ スロベキア，クロアチア） （欧州大陸広域停電）	2006/11/4 22:10	1700万W	1時間50分	送電線切断 →**系統不安定** →系統分離 →周波数低下・上昇
周波数 問題	北海道電力 275 kV 系統 （北海道ブラックアウト）	2018/9/6 3:26	約309万kW	約45時間 （350万kW電源 並列まで）	地震→発電機脱落 →**周波数低下**

磁気嵐による大規模停電

表 6.4 の 1989 年 3 月 13 日にカナダのハイドロケベック電力会社で発生した大規模停電は，あまり馴染みのない磁気嵐によるものである．磁気嵐とは，太陽の黒点活動が活発になると太陽表面に爆発（太陽フレア）が発生し，それに伴って高エネルギー粒子（プラズマ）の流れである太陽風がより強くなって地球に到達し，地磁気が通常より大きく変動する現象である．この地磁気の変動周期は数秒～1 日と商用周波数の周期である 20 m 秒より桁違いに大きい．また，磁気嵐の開始時にはインパルス状の急激な変化をする．

送電線と大地の間を貫く地磁気が変化をすると図に示すように三相送電線に同相の零相電流（これを**地磁気誘導電流**という）が流れる．この地磁気誘導電流の周期は，上述したように極めて長いので，商用周波数電流から見ると直流電流と同等となり，変圧器鉄心が飽和し大きな第三次高調波電流が発生することがある．この第三次高調波電流によってハイドロケベック電力会社では調相設備である SVC の保護リレーが動作し SVC が解列し，送電線の電圧制御ができず，1000 km に及ぶ長距離送電系統における安定的な送電ができなくなり送電線が停止した．その結果，ハイドロケベック電力会社の水力発電電力の半分が喪失し，全域停電に至ったのである．

この零相電流である地磁気誘導電流が大きいと，送電線で地絡事故が発生したと保護リレーが勘違いして動作し，送電線が解列され，大停電に至る可能性もある．わが国は，カナダと比べ，緯度が低いために磁気嵐の影響も小さく，送電線距離が短いために地磁気誘導電流は小さい．また，調相設備の保護リレーには高調波対策が施してあるため，カナダの例のように大規模停電には至らないものと考えられている．

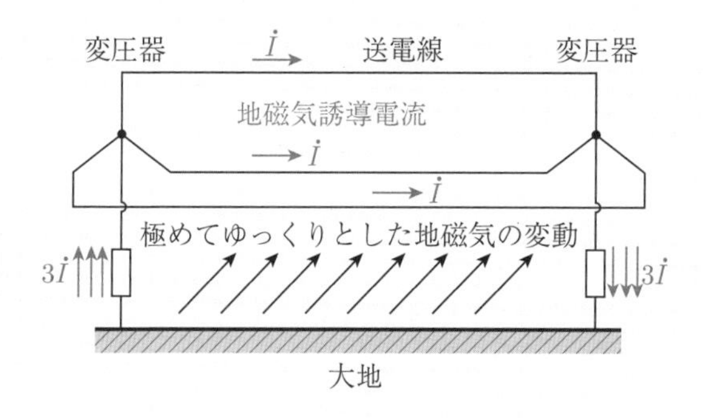

送電線の地磁気誘導電流

わが国初の全域停電（系統崩壊）

わが国で初の全域停電つまり系統崩壊となった通称「北海道ブラックアウト」は，2018年9月6日の午前3時8分に発生した北海道胆振東部地震により，道央の大規模火力発電機2機が脱落し，同時に道央と道東を結ぶ送電線三回線で地絡事故が発生し，道東の水力発電所群も脱落したことから始まった．

これにより一時的に周波数が46.13 Hzまで低下したが，負荷遮断や北海道本州連系設備からの緊急融通によって50 Hzまで回復し，ぎりぎりの需給バランスで何とか周波数を保っていた．しかしながら3時25分に，これまでなんとか持ちこたえていた道央の火力発電機1機が故障停止したため周波数が低下し，負荷遮断を行ったが遮断量が足りず，他の火力発電機も周波数低下による過励磁で停止したため，全域停電となった．深夜であったために，停電時の需要量は約309万kWで，復旧開始時には6.5.6項で説明したブラックスタート電源が用いられ，約350万Wの電源を並列した通常状態まで復旧するのに約45時間かかった．

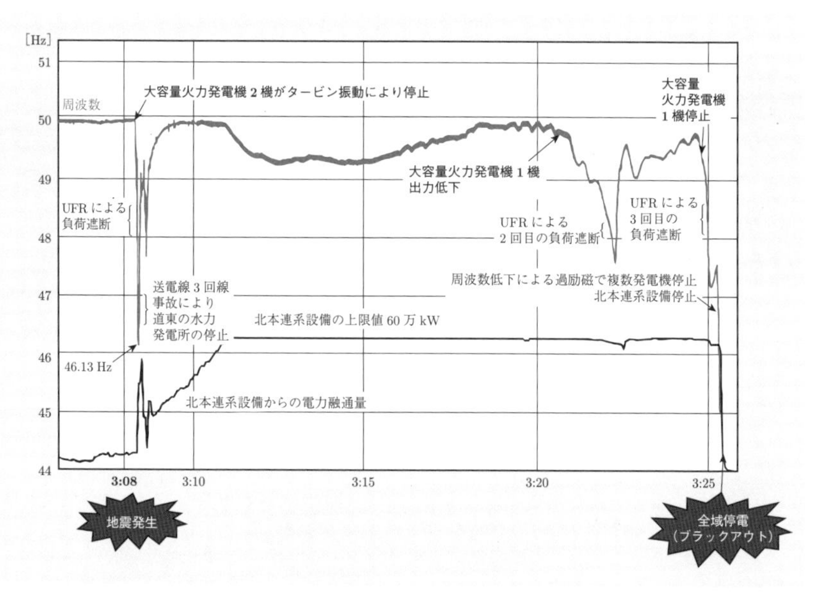

北海道全域停電までの推移

6.7　事故波及の防止対策

事故波及の防止には6.5節で述べた供給信頼度のための一般的向上策と重なるところがあるが，下記のような対策が考えられる．

6.7.1　系統の体質強化

系統内に事故が発生し，その事故が波及して系統崩壊が起こらないようにするには，系統の体質を強化することが基本であるが，この「系統の体質」を定義しておく必要がある．系統の体質は，以下の観点から評価することができる．

(1)　**系統設備の過負荷度**　設備を定格容量ぎりぎりの状態，あるいは過負荷状態で使用していないか．また，設備に短時間過負荷耐量がしっかりと確保されているか．

(2)　**設備の容量選択**　単純事故に対して，N－1規準やN－2規準にしたがって安定に系統を運用できるように，電源や送電設備の容量が適切に選定され設備形成が行われているか．

(3)　**バックアップ機能**　系統内の送電線や電源が一部，系統から脱落しても，迅速に予備設備を活用できるように設備が適正に確保されているか，または，そのように系統連系が適正に行われているか．

(4)　**自力復旧能力**　系統崩壊したときに，直ちに自力で復旧できる電源設備（復旧電源）を十分に保持しているか．

上の(3)で述べた適正な系統連系は，表6.4に示した1965年に発生したニューヨーク大停電や御母衣（みぼろ）事故によって出てきた概念である．1.3.2項で述べたように，1965年までは世界中で系統連系が進められ，連系による発電設備への設備投資の削減，燃料費の削減などによる経済的なメリットと信頼性の向上という両方を実現してきた．ところが，ニューヨーク大停電や御母衣事故などの事故波及による大規模停電が発生し，この事故波及は系統が連系されているために発生することであり，「いたずらに系統連系を強化することは必ずしもよいことではない」と認識されるようになり，**適正連系**の概念が出てきたのである．

適正連系の1つとして，**ブロック化連系**という系統構成の考え方について説明する．これは，1.3.2項で説明したように，系統を適正な規模のブロックに分け，ブロック間の固定点で事故時に系統分離をして全系崩壊を防止することのできる構成で，図6.28に示すような**縦割り連系**と**横割り連系**の2種類がある．

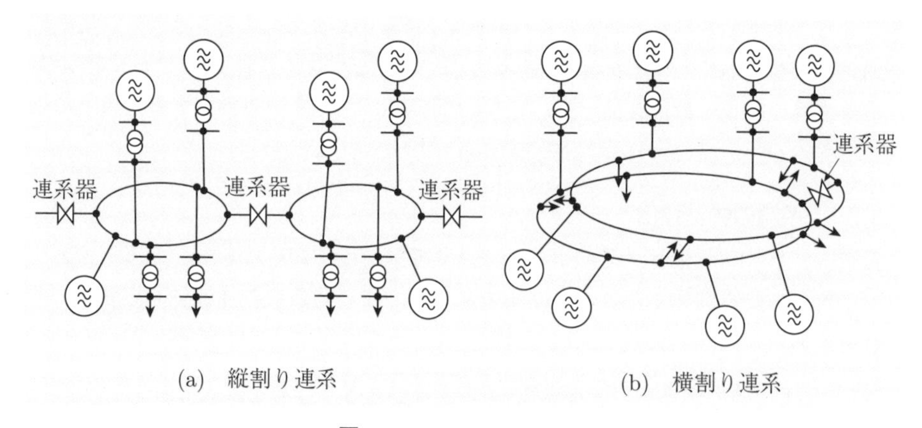

図 6.28　ブロック化連系

事故波及により脱調現象が発生し，その初期の時点で，脱調現象の電気的中心点の両側の系統においてそれぞれ同期が維持されている場合に，その電気的中心点の付近にある連系器に制御信号を送り系統分離を行い，両側の系統がそれぞれ独立して安定に運転できるようにする．このような緊急時のシステムのことを，**脱調分離リレーシステム**といい，このシステムでは連系器は遮断器となる．脱調分離リレーシステムの詳細については，本ライブラリ「基礎 電力システム工学」を参照されたい．

連系器で系統分離後も分離系統を安定に運用するためには，分離系統内で，総発電電力と総需要の需給バランスがとれていることが必要となる．万一，1つの分離系統で需給バランスがとれず，系統崩壊したときには，縦割り連系の場合はその分離系統は全域停電になるが，横割り連系の場合はその分離系統内の半分の需要家が停電となり，半分は生き残る．しかしながら，横割り連系系統の構築費用は二重系となるので高価となる．

6.7.2　信頼度制御

事故波及を防止し信頼度を維持するための最も基本的な対策は，前項 6.7.1 で述べた系統の体質を強化することにある．これには経済的に一定の限度があり，電力システムが大規模複雑化するに伴って事故波及の様相も複雑になり，電源・送電線の立地，建設期間の長期化など系統を構築するうえでの制約も増加してきたことから，系統運用面での対策も重要になってきた．この運用面での信頼度維持対策を，図 6.29 に示すように定常状態，緊急状態，復旧状態の3つに分けて考え，それぞれの状態での制御を**予防制御** (preventive control)，**緊急制御** (emergency control)，

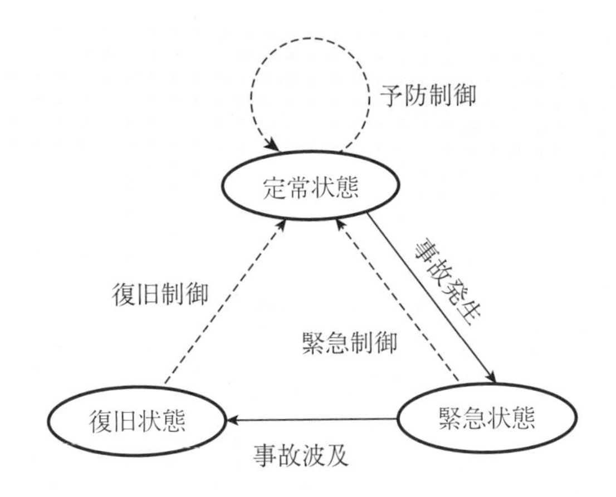

図 6.29　信頼度制御による状態変化

復旧制御（restrative control）と名付けて，**信頼度制御**（security control）と総称している．

(1)　**予防制御**　定常状態における制御目的は，想定される事故に対して，事故波及を最小限にとどめるように，あらかじめ設備の安定運用限界を踏まえて運用することである．単一事故に二重事故もある程度含めたいくつかの過酷な**想定事故**（contingency）に対して想定事故シミュレーションを行い，系統の安定性をチェックし，必要な予防対策をとる．発電調整，負荷切換，系統構成変更などの対策がある．

(2)　**緊急制御**　事故が発生した緊急状態における制御目的は，事故波及を迅速に防止し，できるだけ供給支障量（停電量）を少なくすることである．脱調，周波数の大幅急低下など重大事故と判定されれば，高速に**事故波及防止リレー**や UFR が動作し，前項で述べた系統分離，**電源制限**（**電源遮断**ともいう），**負荷制限**（**負荷遮断**ともいう），電圧低減などが行われる．事故波及防止リレーシステムの詳細については，本ライブラリ「基礎 電力システム工学」を参照されたい．

(3)　**復旧制御**　緊急制御を行ったが不幸にして系統の一部や全系が崩壊した状態である復旧状態における制御目的は，できるだけ速やかに供給を再開して正常状態に復旧することである．6.5.6 項で説明したように発電機の起動，送電線の復旧，負荷の投入，分離系統の並列など広範囲にわたる系統状態を把握したうえでの的確な操作を必要とする．

6章の問題

□**1** (6.12) 式，(6.13) 式を導け．

ヒント：$1 - H(x + dx)$ を $H(x)$ と $\lambda\,dx$ を用いて表現し，微分方程式を導き解けばよい．

□**2** 事故率 λ と復旧率 μ が一定ではなく，図 6.6 に示すように機器の年齢 t の関数 $\lambda(t)$, $\mu(t)$ であるとき，時点 t において，その機器が事故状態にある確率 $r(t)$ は

$$r(t) = e^{-R(t)} \left\{ r(0) + \int_0^t \lambda(\tau) e^{R(\tau)}\,d\tau \right\}$$

$$R(t) = \int_0^t \{\lambda(\tau) + \mu(\tau)\}\,d\tau$$

となることを示せ．なお，(6.22) 式は $\lambda(t)$, $\mu(t)$ に対しても成立する．

□**3** 図 6.13(a) に加えて下図のように母線に母線連絡遮断器 g を設置したとき，需要家端 B での供給力 y の値 0 MW, P [MW], $2P$ [MW] に対する供給力確率を求めよ．

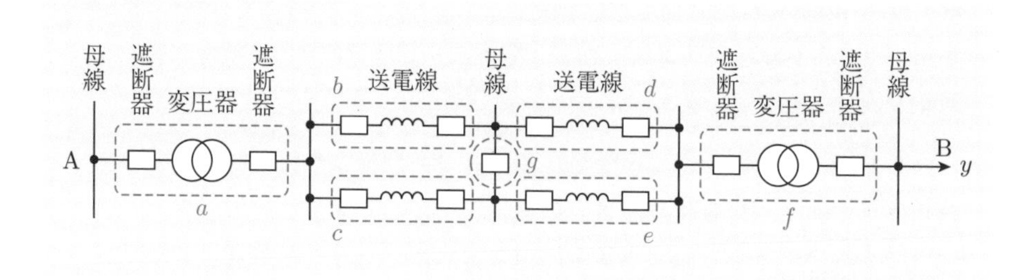

□**4** 一定の負荷電力 37 万 kW を継続的に消費する需要家がある．この需要家に単機容量が 10 万 kW の発電機 5 台で供給するものとする．個々の発電機の事故確率は 3 % である．この需要家の電力不足確率 p_ℓ（LOLP），期待供給支障電力量 p_{e}（EENS）を求めよ．

□**5** 下図のように電源容量 100 MW，送電容量 100 MW，負荷電力 70 MW の 2 つの系統が負荷側で連系されている．発電機，送電線の事故確率をそれぞれ 0.05, 0.01 とする．連系線は故障しないものとし，各系統は自系統の発電力に余裕のある分だけを連系線を介して他系統に融通するものとする．

各負荷の電力不足確率 p_ℓ（LOLP）と期待供給支障電力量 p_e（EENS）を，次の 3 つの連系線の送電容量 C_T の場合について求めよ．

(1) $C_T = 0\,[\mathrm{MW}]$

(2) $C_T = 10\,[\mathrm{MW}]$

(3) $C_T = 50\,[\mathrm{MW}]$

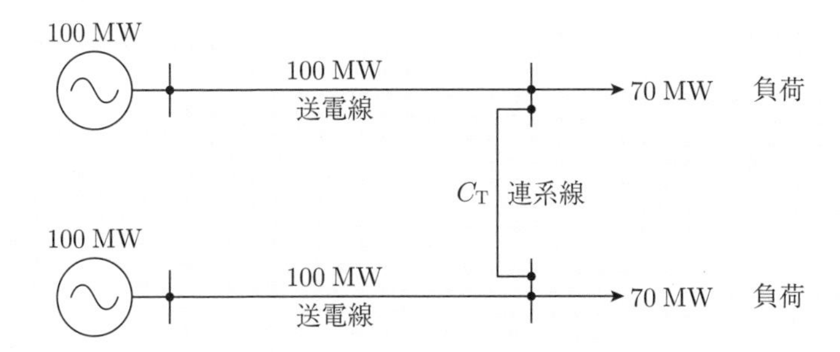

□**6** 雷雲があるエリアに近づいてきたときに，そのエリア近辺の発電設備や送電設備でとられる信頼度制御の中の予防制御について，どのような対策が考えられるか述べよ．

7 電力システムの設備計画

電力システムは，**1.2** 節で述べたように，発電設備や送配電設備にメンテナンスも含めて巨大な投資が必要である．したがって，適切な設備投資を行うには，設備計画において経済性評価を行い経済的な計画案を選択することが重要となる．この経済性評価についての基礎理論とともに経済性比較の方法について説明する．また，系統計画，電源計画の概要についても説明する．

7 章で学ぶ概念・キーワード

- 現在価値
- 残存価値
- 原価係数
- 資本回収係数
- 均等化経費
- 系統計画
- 電源計画

7.1 経済性評価

7.1.1 基礎理論

現在時点の P [円] を**利子率** α で複利運用し，n 年後に S [円] になるとすると

$$P = \frac{S}{(1+\alpha)^n} \tag{7.1}$$

となる．逆に，利子率が α のとき，n 年後の S [円] という価値を生み出す**現在価値**が P [円] ということもできる．ここで，$\frac{1}{(1+\alpha)^n}$ を**現価係数**という．

毎年 R [円] 積み立てをして利子率を α で複利運用し，n 年後に必要な資金 S [円] を準備するものとすると

$$\begin{aligned} S &= R(1+\alpha)^{n-1} + R(1+\alpha)^{n-2} + \cdots + R(1+\alpha) + R \\ &= R\left\{\frac{(1+\alpha)^n - 1}{\alpha}\right\} \end{aligned} \tag{7.2}$$

$$\therefore \quad R = \frac{\alpha}{(1+\alpha)^n - 1} S \tag{7.3}$$

となり，R を**減債基金**といい，$\frac{\alpha}{(1+\alpha)^n-1}$ を**減債基金係数**という．減債基金は，元来，公債や社債などの債券の発行体が債券の償還のために継続的に一定金額を積み立てて準備しておく資金という意味で用いられている．

例題 7.1

毎年同額を積み立てながら，35 年間の利子率 1% の複利運用で建設資金 2000 億円を貯める場合，毎年の積立金額を求めよ．

【解答】 利子率 1%，35 年の減債基金係数は $\frac{0.01}{(1+0.01)^{35}-1} = 0.0240$ なので，$2000 \times 0.024 = 48$ [億円] ■

次に，現在時点で P [円] を融資し，n 年間にわたって利子率を α で複利運用しながら毎年 R [円] ずつ元利金の返済を受けるものとする．これは，年金原資 P [円] を n 年間にわたって年利子率を α で複利運用しながら毎年 R [円] ずつ取り崩していくことと同じである．

$$[[\{P(1+\alpha) - R\}(1+\alpha) - R](1+\alpha) - R] \cdots - R = 0 \tag{7.4}$$

$$\therefore \quad P(1+\alpha)^n - R(1+\alpha)^{n-1} - R(1+\alpha)^{n-2}$$

$$- \cdots - R(1+\alpha) - R = 0 \tag{7.5}$$

$$\therefore \quad P(1+\alpha)^n = R\frac{(1+\alpha)^n - 1}{\alpha} \tag{7.6}$$

$$\therefore \quad R = \frac{\alpha}{(1+\alpha)^n - 1}(1+\alpha)^n P = \left\{\frac{\alpha}{(1+\alpha)^n - 1} + \alpha\right\} P \tag{7.7}$$

ここで，$\frac{\alpha}{(1+\alpha)^n-1} + \alpha$ は**資本回収係数**といい，先に説明した減債基金係数と利子率の和になる．(7.7) 式より次式が得られる．

$$P = \frac{(1+\alpha)^n - 1}{\alpha(1+\alpha)^n}R \tag{7.8}$$

ここで，$\frac{(1+\alpha)^n-1}{\alpha(1+\alpha)^n}$ は資本回収係数の逆数で，**年金現価係数**といい，n 年間にわたって毎年 R [円] の収入を得るために，現在時点でどのくらいの投資をすべきかを示す係数である．

例題 7.2

発電所建設費 2000 億円を利子率 1％，35 年返済で借りた場合，毎年 1 回の年間返済額を求めよ．

【解答】 利子率 1％，35 年の資本回収係数は $\frac{0.01}{(1+0.01)^{35}-1} + 0.01 = 0.0340$ なので，

$$2000 \times 0.034 = 68\,[\text{億円}]$$

■

7.1.2 建設案の経済比較

電力設備は，一旦建設されると長期間にわたって利用されるために，建設に投資された資金は長期間で回収される．ここでは，発電所を建設することを考えよう．建設資金を C_0 [円]，利子率を α，t 年後の償却額を C'_t [円]，耐用年数を n 年，n 年後の**残存価値**を $\overline{C}$ [円] とする．残存価値 $\overline{C}$ は

$$\overline{C} = C_0 - (C'_1 + C'_2 + \cdots + C'_n) \tag{7.9}$$

となり，t 年後の**年経費** C_t は

$$C_t = C'_t + \alpha\{C_0 - (C'_1 + C'_2 + \cdots + C'_{t-1})\} \tag{7.10}$$

と表され，t 年の償却額と残存価値に対する金利（建設資金の借入先に対して支払われる利息）の和となる．

電力設備の年経費 C_t とは，実際に建設した電力設備を運用していくために毎年必要な経費のことで，前述した減価償却費，金利や諸税などの資本費と，人件費，修繕費，燃料費，損失電力などの運転費の和である．減価償却費は，電力設備の建設資金全額をその建設時点の費用とせず，耐用年数に応じて配分し，その年の経費に計上する費用である．減価償却の方法には，定額法と定率法があるが専門書を参照されたい．耐用年数は，税法で設備ごとに決められており，**法定耐用年数**と呼ばれる．次に，経済比較の方法について述べる．

(1)　まず，総経費を現在価値換算する．毎年の経費を現在価値換算して足し合わせると

$$C=\frac{C_1}{1+\alpha}+\frac{C_2}{(1+\alpha)^2}+\cdots+\frac{C_n}{(1+\alpha)^n} \tag{7.11}$$

C_tに(7.10) 式を代入すると

$$\begin{aligned}
C&=\frac{1}{1+\alpha}(C_1'+\alpha C_0)+\frac{1}{(1+\alpha)^2}(C_2'+\alpha C_0-\alpha C_1')\\
&\quad+\cdots+\frac{1}{(1+\alpha)^n}\{C_n'+\alpha C_0-\alpha(C_1'+C_2'+\cdots+C_{n-1}')\}\\
&=\alpha C_0\left\{\frac{1}{1+\alpha}+\frac{1}{(1+\alpha)^2}+\cdots+\frac{1}{(1+\alpha)^n}\right\}\\
&\quad+C_1'\left\{\frac{1}{1+\alpha}-\frac{\alpha}{(1+\alpha)^2}-\cdots-\frac{\alpha}{(1+\alpha)^n}\right\}\\
&\quad+C_2'\left\{\frac{1}{(1+\alpha)^2}-\frac{\alpha}{(1+\alpha)^3}-\cdots-\frac{\alpha}{(1+\alpha)^n}\right\}\\
&\quad+\cdots+C_{n-1}'\left\{\frac{1}{(1+\alpha)^{n-1}}-\frac{\alpha}{(1+\alpha)^n}\right\}+C_n'\frac{1}{(1+\alpha)^n}\\
&=C_0\left\{1-\frac{1}{(1+\alpha)^n}\right\}+\frac{1}{(1+\alpha)^n}(C_1'+C_2'+\cdots+C_{n-1}'+C_n')\\
&=C_0\left\{1-\frac{1}{(1+\alpha)^n}\right\}+\frac{1}{(1+\alpha)^n}(C_0-\overline{C})\quad(\because\ \ (7.9)\text{ 式})\\
&=C_0-\frac{1}{(1+\alpha)^n}\overline{C}
\end{aligned} \tag{7.12}$$

が得られる．この式は，総経費の現在価値が建設資金 C_0 から n 年後の残存価値 $\overline{C}$ の現在価値を引いたものになることを示している．

(2)　次に，複数の発電所の建設計画案があるとし，その耐用年数が異なる場合に，総経費を等価の同一額毎年経費（**均等化経費**）に換算して比較する方法を示す．ここで，2 つの計画案 (A) と (B) があり，その計画案の耐用年数はそれぞれ n 年と m 年とする．この場合，(7.11) 式の総経費の現在価値換算では比較ができない．

計画案 (A) では，現在価値換算した総経費 C は (7.12) 式より

$$C = C_{0\mathrm{A}} - \frac{1}{(1+\alpha)^n}\overline{C}_{\mathrm{A}} \tag{7.13}$$

毎年の経費を同じ額の C_{A} [円] として均等化すると

$$\begin{aligned} C_{0\mathrm{A}} - \frac{1}{(1+\alpha)^n}\overline{C}_{\mathrm{A}} &= \frac{C_{\mathrm{A}}}{1+\alpha} + \frac{C_{\mathrm{A}}}{(1+\alpha)^2} + \cdots + \frac{C_{\mathrm{A}}}{(1+\alpha)^n} \\ &= \frac{(1+\alpha)^n - 1}{\alpha(1+\alpha)^n}C_{\mathrm{A}} \end{aligned} \tag{7.14}$$

$$\therefore \quad C_{\mathrm{A}} = \frac{\alpha(1+\alpha)^n}{(1+\alpha)^n - 1}\left\{C_{0\mathrm{A}} - \frac{1}{(1+\alpha)^n}\overline{C}_{\mathrm{A}}\right\} \tag{7.15}$$

となり，総経費の現在価値に資本回収係数を乗じたものになる．

計画案 (B) においても同様に

$$C_{\mathrm{B}} = \frac{\alpha(1+\alpha)^m}{(1+\alpha)^m - 1}\left\{C_{0\mathrm{B}} - \frac{1}{(1+\alpha)^m}\overline{C}_{\mathrm{B}}\right\} \tag{7.16}$$

が得られる．

もし，$C_{\mathrm{A}} < C_{\mathrm{B}}$ であれば，計画案 (A) が有利となる．

この方法は，耐用年数が異なる場合に，両案とも耐用年数が切れた後も同一設備を継続的に建設し続けるという仮定をおいて比較していることを前提としている．

7.2 設備計画

7.2.1 最適設備計画

設備計画とは，電力設備を新たに建設，または更新するにあたって，経済性を指標とする最適な設備内容と規模，場所，時期を，さまざまな制約条件のもとで決定することである．制約条件としては，将来の供給信頼性，系統安定性を満足できるか，将来の需要に対して費用回収のできる設備利用率を確保できるか，調達可能な資金の範囲内か，どのような新技術が利用可能か，将来の燃料費や建設費の動向による影響がどのようなものか，などさまざまな条件を考慮する必要がある．

発電所を建設するには，送電線の建設も必要になる．また，発電所と送電線の建設リードタイムも大きく異なる．その意味では，発電所の建設計画（**電源計画**）と送電線の建設計画（**系統計画**）とはしっかりと協調し最適化する必要がある．しかし，電力自由化により，発電事業者と送配電事業者が法的分離（発送電分離の1つの方式）をしている現在では，発電事業者は事業利益を最大化するように電源計画を立て，送配電事業者は社会コスト最小になるように系統計画を立て，また，送配電事業者が発電事業者の電源計画が分からないという状況では，両者が協調して最適な計画を立てることは非常に難しくなっている．

7.2.2 系統計画

経済成長が著しい時期は，負荷需要が大きく伸び，それに伴って発電所がたくさん建設され，送電網も増強されてきた．しかし，低経済成長下では，人口が伸びず負荷需要が減少する地域がある一方，地球温暖化対策として太陽光発電や風力発電の再生可能エネルギー電源が大量に設置される地域もある．

後者に対しては，1.3.3項の図1.15に示した系統計画（マスタープラン）が国主導で立てられている．図1.15のマスタープランにおいては，送電線建設コスト最小化だけでなく，計画された送電網増強による便益，すなわち再生エネルギー電源導入による燃料費削減分やCO_2対策コストの削減分，系統安定化対策コスト削減分等を算出し，この便益がコストを上回ることも確認しながら計画されている．

また，負荷需要の減少も考慮する場合，送電網は増強だけではなく縮小も考えて全体最適化することが求められる．例えば，送電計画費用（送電線の建設費 + 撤去費 + 保守費）を最小にするだけでなく，供給コスト（発電コスト + 負荷遮断量や再エネ電源出力抑制量に応じたペナルティコスト），送電線混雑費用（送電線混雑による発電コストの増分）などの費用も最小化する，つまり送電計画による便益も最大化する多目的最適化を行い，図 7.1 のようなパレート解を求める．このパレート解から**費用便益分析**より費用便益が最大となる計画を選定することが理論的には考えられる．費用便益の指標としては，以下の式などがある．

$$\text{費用便益} = \frac{\text{計画前の (供給コスト + 混雑費用)} - \text{計画後の (供給コスト + 混雑費用)}}{\text{送電計画費用}} \tag{7.17}$$

将来の予測需要や再生可能エネルギー電源出力の不確実性に対するロバスト性などを考慮して計画を選定することも可能である．

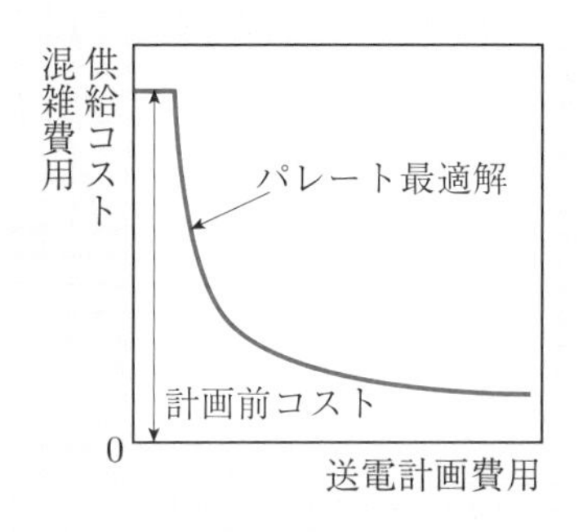

図 7.1 送電計画のパレート解

7.2.3 電源計画

電力自由化前の発送電一貫体制での電源計画では，発電設備の総量が需要との関係で何万 kW 必要かという**電源設備量計画**と，原子力，火力，水力あるいはベース負荷対応，ミドル負荷対応，ピーク負荷対応など特性の異なる電源の最適組合せを求める**電源構成計画**，および電源の地理的配置を最適化する**電源分布計画**とがあった．発送電分離後は，このような電源計画の意味，必要性は変化しているが，前の 2 つの計画は，今後も重要性は変わらないので説明しておく．

(1) **電源設備量計画** この計画では，維持すべき供給信頼度 LOLP を決めて，それに対して 6.4.3 項 (1) の計算方法で，設定した将来時点に必要な供給力の最小値を求めている．この際に考慮する偶発的変動要因として次の 4 つの要素がある．

①発電設備の故障などによる計画外停止
②一般水力の出水変動
③太陽光発電や風力発電の自然変動電源の出力変動
④需要の想定値からの変動

これらを独立な事象として確率合成して，供給力の変動である 6.4.3 項 (1) の $g(y)$ に置き換えて扱う．ただし，ここでは送電網の故障は扱わない．

わが国において発送電分離後は，6.5.1 項 (2) の図 6.19 で説明したように，OCCTO で設定される，供給信頼度指標として EUE を用いた供給確保目標量がこの供給力にあたるが，容量市場に対しては 4 年後の値であるために，この手法を用いてもっと長期の将来時点の供給確保目標量を計算することが必要である．

(2)　**電源構成計画**　2050 年のカーボンニュートラルに向けて，今後は LNG 火力発電や CCS 付火力発電，アンモニア・水素発電も導入されると想定されている．また，揚水発電や蓄電池，蓄熱装置などのエネルギー貯蔵装置も大量に導入される可能性が高い．これまで電源設備の最適構成比率を求める電源構成計画は，長期的な目標として策定されるもので，10 年程度ごとに見直しが行われれば十分であったが，カーボンニュートラルのようなエネルギー情勢に大きな変化が起きるときには，これらの電源構成計画は大きな改定が必要となる．以前の発送一貫体制下で実際に行われてきた検討手順は次のようである．

①(1) の電源設備量計画で求めた設備量（kW），エネルギーセキュリティ（kWh），環境の観点から実行可能な多数の計画案を作成する．
②将来の燃料価格を想定する．ある計画案について，目標年の毎日の時々刻々の需要変化に対応して 3 章で説明した最経済運用シミュレーションを行い，1 年分の総燃料費と固定費の合計をその年のコストとする．
③現時点の既設設備から出発して②の目標年までの毎年について，設備をできるだけ目標年電源構成に近づけながら最経済運用を行い，その年のコストを算出する．
④毎年のコストを現在価値換算して足し合わせて総コストを求める．
⑤すべての計画案について，②～④を行い，最経済的な案を選択する．

電源構成計画問題における意思決定

2050年カーボンニュートラルに向けて，アンモニアや水素などの新しい発電燃料をいつ，どれくらい本格導入するかの意思決定問題は電源構成計画において興味のある問題である．東京電力で1969年に初めて南横浜火力発電所でLNGを導入した経緯と重なるところがあるからである．

当時の東京電力社長であった木川田氏は，当時の主力燃料であった石油より30%も高価であったアラスカプロジェクトからのLNGを，環境性がよく公害を発生しないということで，他の役員の反対を押し切って決断したと言われている．その後，1973年の石油ショックで石油燃料費が大幅値上げとなったが，LNGの価格は長期契約などの理由でそれほど上昇せず，石油よりも安価に使えることとなり，現在では，長期的視点から，この木川田氏の意思決定は先見性に富んだ成功例と言われている[22]．新しい燃料については，その供給量や価格の予想も重要であるが，一方で，その予測誤差が大きい場合，つまり不確実性も考慮に入れた過渡期の対応手段もあわせて準備しておく必要がある．アンモニアや水素などの新しい燃料の導入は，環境規制の強化で，再生可能エネルギー電源が主力になり，石油・石炭が使えなくなり，LNGの価格も世界情勢や政策で大きく変動する状況で，発電事業者は，どのような意思決定をいつ行うのであろうか．

7章の問題

□**1**　下表に示す設備 A 案と設備 B 案の 2 つがある．両案の均等化経費を求め，どちらの案が有利か示せ．

設備	建設費 [万円]	耐用年数 [年]	残存価値 [万円]	毎年運用費 [万円]	利子率 [%]
A	6000	8	0	1100	5
B	20000	20	5000	500	5

□**2**　問題 1 の設備 A 案と設備 B 案の 40 年間更新しながら使い続けた場合の現在価値を求め，どちらが有利か示せ．

□**3**　ある発電機の購入原価は，2 億円，法定耐用年数は 15 年，見積残存価値は 2 千万円であるとする．毎年，同額ずつ償却する場合（定額法），毎年の減価償却費，減価償却率，10 か年末における残存価値をそれぞれ求めよ．

参考文献

1章

［1］ 資源エネルギー庁「電気事業便覧 2017」(2018年)

［2］ 福島敏ほか「電力系統における蓄電池利用・制御技術の最新動向」，電気学会誌，137巻10号（2017年）

［3］ 資源エネルギー庁「電力系統の構成及び運用に関する研究会 報告書」(2007年4月)

［4］ 資源エネルギー庁「電気事業の財務・会計等」(2016年10月5日)

［5］ 電気学会全国大会資料「東京電力の電力系統―これまでの発展と今後の展望」(2005年)

［6］ 環境エネルギー政策研究所「データでみる日本の自然エネルギーの現状（2019年度電力編)」(2020年7月20日)

［7］ 資源エネルギー庁「再生可能エネルギー大量導入・次世代電力ネットワーク小委員会　中間整理（第4次)」(2021年10月)

［8］ 資源エネルギー庁，九州電力株式会社「第17回系統WG 参考資料1」(2018年10月10日)

2章

［9］ 電気学会技術報告，第869号，p.21, p.26, p.62（2002年3月）

3章

［10］ 電気学会技術報告，第1386号，表3.35（2016年）

［11］ OCCTO「第13回需給調整市場検討小委員会 資料2」(2019年8月1日)

5章

［12］ 電気学会論文誌B，100巻，9号，p.509（1980年）

6章

［13］ 電気事業連合会ホームページ「INFOBASE」(2021年版)

［14］ 電気学会「電気工学ハンドブック（第7版)」，オーム社（2013年）

［15］ OCCTO「第25回調整力及び需給バランス評価等に関する委員会 資料4参考資料」(2018年3月5日)

[16]　CIGRE WG, A2.37, TB642（国際大電力システム会議ワーキンググループ A2.37 の技術報告書 642 号）
[17]　電気学会論文誌 B，116 巻，2 号，p.135（1996 年）
[18]　電気協同研究会「第二世代ディジタルリレー」，電気協同研究，第 50 巻，第 1 号，p.46（1994 年 4 月）
[19]　資源エネルギー庁「第 38 回電力・ガス基本政策小委員会資料」（2021 年 8 月 27 日）
[20]　資源エネルギー庁「第 29 回電力・ガス基本政策小委員会 資料 4-1」（2021 年 1 月 19 日）
[21]　資源エネルギー庁「第 30 回電力・ガス基本政策小委員会 資料 5」（2021 年 2 月 17 日）

7 章

[22]　宮田明則「高密度電力系統における不確定条件下での設備計画手法に関する研究」，東京大学博士論文（2002 年）

索　引

ア　行

カ　行

サ　行

タ 行

ナ 行

ハ　行

マ　行

ヤ　行

ラ　行

欧　字

著者略歴

横山 明彦（よこやま あきひこ）

1984年　東京大学大学院工学系研究科博士課程修了，工学博士

現　在　東京大学名誉教授，電気学会フェロー，GIGRE 会員

主要著書

新スマートグリッド（日本電気協会新聞部，2015）

電気回路ハンドブック（共編著，朝倉書店，2016）

基礎 電力システム工学（共著，数理工学社，2022）

新・電気システム工学＝TKE-18

先端 電力システム工学

―変革期にある電力システムの安定運用に向けて―

2022年10月10日©　　初 版 発 行

著者　横 山 明 彦　　発行者　矢 沢 和 俊

印刷者　小宮山恒敏

【発行】　株式会社　数理工学社

〒151-0051　東京都渋谷区千駄ヶ谷1丁目3番25号

編 集 ☎（03）5474-8661（代）　サイエンスビル

【発売】　株式会社　サイエンス社

〒151-0051　東京都渋谷区千駄ヶ谷1丁目3番25号

営 業 ☎（03）5474-8500（代）　振替 00170-7-2387

FAX ☎（03）5474-8900

印刷・製本　小宮山印刷工業（株）

≪検印省略≫

ISBN978-4-86481-091-3

PRINTED IN JAPAN

サイエンス社・数理工学社の

ホームページのご案内

https://www.saiensu.co.jp

ご意見・ご要望は

suuri@saiensu.co.jp まで．